地下防水工程施工技术标准

Technical standard for underground waterproof engineering

ZJQ08 - SGJB 208 - 2017

中国建筑第八工程局有限公司

中国建筑工业出版社

地下防水工程施工技术标准

Technical standard for underground

waterproof engineering

ZJQ08 - SGJB 208 - 2017

中国建筑第八工程局有限公司

*

中国建筑工业出版社出版、发行（北京海淀三里河路 9 号）

各地新华书店、建筑书店经销

北京红光制版公司制版

环球东方（北京）印务有限公司印刷

*

开本：850×1168 毫米 1/32 印张：10¼ 字数：266 千字

2017 年 6 月第一版 2017 年 9 月第二次印刷

定价：**42.00** 元

统一书号：15112 · 30060

本社网址：http://www.cabp.com.cn

网上书店：http://www.china-building.com.cn

《建筑工程施工技术标准（2017 年版）》
编 委 会

总策划：黄克斯

主　任：校荣春

副主任：马荣全　邓明胜

编　委：王　杰　高克送　王桂玲　李本勇　刘继锋
王学士　刘　涛　于　科　李忠卫　程建军
刘永福　叩殿强　梁　涛　毕　磊　周光毅
亓立刚　丁志强　陈新喜　万利民　戈祥林
徐玉飞　陈俊杰　张善友　朱　健　冯国军
苗冬梅　邓程来

主　编：马荣全

副主编：邓明胜

编　辑：刘　涛　邓程来　赵　俭　李　浩

序

在第39届国际标准化组织大会上，习近平主席指出，中国将积极实施标准化战略，以标准助力创新发展、协调发展、绿色发展、开放发展、共享发展。

我国建筑业标准化，不仅是保障建筑产品质量、安全的重要依据，规范建造过程的有效手段，而且是推进企业产业结构调整和优化升级的技术支撑，增强企业的市场竞争力的重要途径。标准化在支撑企业发展、促进科技进步、规范建造过程中的作用日益凸显，越来越成为企业核心竞争力的重要体现。从一定意义上说，标准就是竞争制高点，就是规则话语权，就是企业和建筑产品通向市场的通行证。企业必须尽快培育和打造出具有企业特色的核心竞争力，而企业技术标准化既是核心竞争力的重要体现，又是塑造企业核心竞争力的有效途径。

三流企业出产品，二流企业出品牌，一流企业出标准。中国建筑第八工程局有限公司（以下简称中建八局）作为我国建筑业的特大型企业，一直致力于企业标准化建设工作并在行业内起到引领作用。经过多年的努力和艰辛的工作，我们走出了一条“企业发展科研，科研充实标准，标准支撑企业”的发展之路，造就和培育了一支较高水平的科技研发力量。中建八局发展成长的历程中，积累了大量的工程实践，也为技术标准化工作奠定了良好的基础。随着行业技术标准规范不断推陈出新，为满足企业生产经营活动国际化、高端化的需要，我们适时启动企业技术标准的升级换代工作，旨在吸纳行业发展的最新技术和自身积累的先进技术，从技术的深度、广度两个维度上保持标准的适应性、先进性，期望能在未来的市场竞争中，更加规范企业的经营生产行为，指导企业的理性发展。

本系列技术标准是我局技术人员辛勤劳动和智慧结晶的再现，也是全体职工实践的总结。本系列标准作为我们同我国建筑业同行的交流学习的媒介，希望与建筑业同行一道集思广益、凝聚共识，共同探索标准化在完善技术标准建设、促进可持续发展中的积极作用，为人类创造更加美好的生存空间做出贡献。

本系列标准在编制过程中，得到了王玉岭、谢刚奎、杨春沛、戴耀军等专家的大力帮助与指导，在此一并表示深切的感谢。

中国建筑第八工程局有限公司

董事长：

丛书前言

企业技术标准是工程施工活动的重要依据和实施标准，随着国家、行业标准规范的升级更新，国内外建筑业及我局建造技术的快速发展，原2005版企业施工技术标准已不适应我局施工管理需要。根据《中国建筑第八工程局有限公司“十三五”发展规划》的要求，于2016年初启动了《建筑工程施工技术标准》的修编及新增标准的编制工作。

《建筑工程施工技术标准》编制工作是一项工作量大、涉及面广的系统性工程，为此，我们根据现行新版国家行业施工及验收规范，结合我局在实际工作中的需要，对2005版企业技术标准重新进行了梳理，新增了部分技术标准，逐步形成覆盖企业生产经营全领域的系列标准。在标准编制中，在结构上与中国建筑工程总公司施工工艺标准靠近，在内容上尽量宽泛和具体，以强化可实施性，同时体现集团企业标准的一致性。另外考虑到企业技术标准的相对先进性，我们将专利、工法、绿色施工技术等自主知识产权成果等融入其中，体现中建八局特色施工技术。此外，新型模板、装配式混凝土结构工程、钢与混凝土组合结构工程等应用越来越广，本系列标准将其列入并作为内控的标准加以规范，目的在于进一步提升和培育我局在这方面的优势。本系列标准具有以下五个特点：

全面性：本标准内容全面，其主要内容是施工工艺和相关技术规定，还包括施工准备、材料质量控制、劳动组织、质量要求、安全措施、质量验收等管理上的内容，综合反映施工技术与管理的结合。凡国家验收规范中有的分部、分项工程，标准中均有相应的施工工艺与之对应。一个分项有多种施工工艺和材料的，尽量将各种工艺均纳入本标准，以适应我局在全国各地施工的要求。

先进性：淘汰落后工艺，引进较成熟和先进的施工工艺。将中建八局近年来的先进施工工艺和科技成果纳入标准，体现我国建筑施工领域新材料、新机具、新工艺、新技术、新结构体系的水平和发展，力求达到国内先进水平。

可操作性：企业技术标准是使所施工的项目保证达到或超过国家质量验收规范规定质量标准的支持性文件，主要解决各项工程施工的方法和技术问题，是施工操作的依据，具有较强的可操作性。严格按照标准组织施工就可以避免质量问题。

实用性：与当前实际采用的施工技术和工艺紧密结合，把常用的施工技术和质量通病的防治作为重点。

知识性：在编写中，对新工艺、新材料、新机具、新技术尽量进行较全面的介绍，可作为初、中级技术人员的一套完整的学习培训教材。

本系列标准由 22 个单项标准构成，涵盖了建筑工程的所有分部分项工程。

目前，房屋建筑施工领域的企业标准编制工作已完成。工程建造技术的发展日新月异，企业技术标准的持续改进也是一项常态化的工作。随着科学技术进步、市场需求、企业经营目标和管理机制的变动而调整、发展、更新，并具有预测性和可扩充性，使其成为一个动态、开放的体系。同时充分保证有关技术法规和强制性标准的贯彻要求，紧紧围绕企业的经营目标和工作重点提供科学合理的技术支撑。

由于时间紧迫，工作量大，加之水平有限，肯定存在不少错误，恳请业内专家学者提出批评意见。

中国建筑第八工程局有限公司

总经理：校荣春

前　言

根据中建八局《关于开展局技术标准修编工作的通知》（局科字〔2016〕334号）的要求，技术标准编制组经广泛调查研究，认真总结工程实践经验，参考有关国家、行业及地方规范标准，并在广泛征求意见的基础上，修编了《地下防水工程绿色施工技术标准》（2005版）。

为方便配套使用，在章节编排上与《地下防水工程质量验收规范》GB 50208－2011保持对应关系。主要是：总则、术语、基本规定、主体结构防水工程、细部构造防水工程、特殊施工法结构防水工程、排水工程、注浆工程和子分部工程验收等共九章，其主要内容包括技术和质量和管理、施工工艺和操作要点、质量标准和验收三大部分。

本标准修订的主要技术内容是：

1　本标准章节编排与现行质量验收规范章节相对应。

2　对变动较大的内容进行了改写，如：原《地下防水工程绿色施工技术标准》中“4.7细部构造”中的内容改写为“5细部构造防水工程”，并对原标准中的内容进行了扩充，如原“4.7.4.7桩头”扩充为“5.7桩及格构柱”。

3　新增了“4.7膨润土防水材料防水层”、“6.4沉井”、“6.5逆筑结构”、“7.3塑料排水板排水”、“附录A修编依据表”、“附录B地下工程用防水材料的质量指标”、“附录E防水卷材接缝粘结质量验收”、“附录F防水材料耐水性试验方法”、“附录G地下防水工程施工资料与记录”等。

4　取消“5.3复合式衬砌”，其内容糅合到“6.2地下连续墙”、“6.3盾构法隧道”、“6.5逆筑结构”中。

5　增加了施工过程中特殊过程的识别与控制以及环境因素

和危险源的识别、评价与控制要求，使施工过程的技术、质量、环境保护、节能降耗、职业健康安全、文明施工等内容有机结合，实现绿色施工。

本标准中有关国家规范中的强制性条文以黑体字列出，必须严格执行。

本标准由中建八局广州公司负责日常管理及具体技术内容的解释。在执行过程中，各单位注意总结经验，积累资料，随时将有关意见和建议反馈给中建八局广州公司（通信地址：广州市黄埔区科学城科学大道 99 号合景科汇金谷产业园科汇二街 8 号，邮政编码：510663，邮箱：gzjszlb@qq.com），以供修订时参考。

本标准组织单位：中国建筑第八工程局有限公司

本标准主编单位：中国建筑第八工程局有限公司广州公司

本标准参编单位：中国建筑第八工程局有限公司广西公司
中国建筑第八工程局有限公司浙江公司

本 标 准 主 编：万利民

副　　主　　编：王四久

主 要 起 草 人：蔡庆军　张皆科　王宏伟　何嘉骏
白才仁　梁雄杰　孔德胜

本标准审核专家：邓明胜　王桂玲　邓程来　毕　磊
葛振刚

2005 版前言

本标准系根据中国建筑第八工程局《关于〈施工技术标准〉编制工作安排的通知》（局科字［2002］348 号）文件要求，由中建八局广州分公司编制完成的。

在编写过程中，编写组认真学习研究了国标《建筑工程施工质量验收统一标准》GB 50300－2001、《地下工程防水技术规范》GB 50108－2002、《地下防水工程质量验收规范》GB 50208－2002，还参照了国标《地下铁道工程施工及验收规范》GB 50299－1999、中华人民共和国行业标准《公路隧道设计规范》JTJ 026－90、《公路隧道施工技术规范》JTJ 042－94 等十余个技术规范和文献资料，结合本企业地下防水工程的施工经验，按照满足国家新版《验收规范》质量要求的原则，经反复讨论确定了编写大纲。初稿形成后，经本企业内、外有关专家审查、反复讨论和修改，最后定稿上报审批。

本标准为实施国家颁布的《建筑工程施工质量验收统一标准》GB 50300－2001、《地下工程防水技术规范》GB 50108－2002、《地下防水工程质量验收规范》GB 50208－2002 而制定。为方便配套使用起见，在章节编排上与《地下防水工程质量验收规范》GB 50208－2002 保持对应关系。主要内容有：总则、术语、基本规定、地下建筑防水、特殊施工法防水、排水、注浆、子分部工程验收等八个章，共包括技术和质量管理、施工工艺和操作要点、质量标准和验收三大部分。本标准中引用有关国家规范中的强制条文仍以黑体列出，在施工中必须严格执行。

本标准将来可能需要进行局部修订，有关局部修订的信息和条文内容，局将另行发布。

为了提高标准的质量，请各单位在执行本标准的过程中，注意总结经验，积累资料，随时将有关意见和建议反馈给中建八局技术质量部，以供今后修订参考。局科技部地址：上海市浦东新区源深路269号，邮政编码：200135。

本标准主要编写和审核人员：

主　　编：王玉岭

副 主 编：万利民　付　梓

主要参编人：郭青松　郭春华　靖腊梅

审 核 专 家：肖绪文　卜一德

目　次

1 总 则

1.0.1 为了贯彻国家颁布的现行国家规范、行业标准，加强地下防水工程施工技术管理，规范施工工艺，在符合设计要求、满足使用功能和国家相关标准的条件下，做到技术先进、经济合理、保证质量、保护环境和安全施工，编制本标准。

1.0.2 本标准适用于地下防水工程的施工及质量验收。

1.0.3 地下防水工程施工应根据设计图纸的要求进行，所用的材料应按设计要求选用，并应符合现行材料标准的规定和环保要求。凡本标准无规定的新材料，应根据产品说明书的有关技术要求（宜通过试验验证），制定操作工艺标准，并经法人层次总工程师审批后，方可使用。

1.0.4 地下防水工程的施工应遵循“防、排、截、堵相结合，刚柔相济，因地制宜，综合治理”的原则。地下防水工程的施工必须符合环境保护的要求，并采取相应措施。

1.0.5 本标准编制时依据的现行主要国家、行业及地方标准如下：

《建筑工程施工质量验收统一标准》GB 50300

《地下防水工程质量验收规范》GB 50208

《地下工程防水技术规范》GB 50108

其他参考的相关规范、标准、规程见附录A。

1.0.6 地下工程防水的施工及验收除应执行本标准外，尚应符合现行国家、行业及地方有关标准的规定。

2 术 语

2.0.1 地下防水工程 underground waterproof engineering

对房屋建筑、防护工程、市政隧道、地下铁道等地下工程进行防水设计、防水施工和维护管理等各项技术工作的工程实体。

2.0.2 防水等级 grade of waterproof

根据地下工程的重要性和使用中对防水的要求，所确定结构允许渗漏水量的等级标准。

2.0.3 刚性防水层 rigid waterproof layer

采用较高强度和无延伸能力的防水材料，如防水砂浆、防水混凝土所构成的防水层。

2.0.4 柔性防水层 flexible waterproof layer

采用具有一定柔韧性和较大延伸率的防水材料，如防水卷材、有机防水涂料构成的防水层。

2.0.5 外防外贴 waterproof layer adhered on the positive side of finished structure

在已完成的主体结构迎水面施作防水材料的施工工艺。

2.0.6 外防内贴 pre-applying the sheet membrane on retaining structure

当围护结构或支护结构作为地下工程结构外模，或采用砖胎模作为底板端模时，防水卷材或防水涂料施作于外模内侧表面的施工工艺。

2.0.7 防窜水性能 transverse-flowing water prevention property

防水层与基层满粘，防止水在压力作用下在粘结界面内流窜的性能。

2.0.8 遇水膨胀止水条 water swelling strip

具有遇水膨胀性能的遇水膨胀腻子条和遇水膨胀橡胶条的统称。

2.0.9 可操作时间 operable time

单组分材料自容器打开或多组分材料自混合起，至不适宜施工的时间。

2.0.10 涂膜抗渗性 impermeability of film coating

涂膜抵抗地下水渗入地下工程内部的性能。

2.0.11 涂膜耐水性 water resistance of film coating

涂膜在水长期浸泡下保持各种性能指标的能力。

2.0.12 聚合物水泥防水涂料 polymer cement waterproof coating

以聚合物乳液和水泥为主要原料，加入其他添加剂制成的双组分水性防水涂料。

2.0.13 高分子自粘胶膜防水卷材 self-adhesive waterproofing membrane with macromolecular carrier

以合成高分子片材为底膜，单面覆有高分子自粘胶膜层，用于预铺反粘法施工的防水卷材。

2.0.14 预铺反粘法 pre-applied full bonding installation

将覆有高分子自粘胶膜层的防水卷材空铺于基面上，然后浇筑结构混凝土，是混凝土浆料与卷材胶膜层紧密结合的施工方法。

2.0.15 自粘聚合物改性沥青防水卷材 self-adbering polymer modified bituminous waterproof sheet

以高聚物改性沥青为主体材料，整体具有自粘型的防水卷材。

2.0.16 湿铺防水卷材 wet applied water sheet

采用水泥净浆或水泥砂浆，与混凝土基层粘结的具有自粘性的聚合物改性沥青防水卷材。

2.0.17 塑料防水板防水层 water-proofing course of water-tight plastic

采用由工厂生产的具有一定厚度的抗渗能力的高分子薄板或

土工膜，铺设在初期支护与内衬砌间的防水层。

2.0.18 暗钉圈 concealed nail washer

设置于塑料防水板内侧，并由与防水板相热焊的材料组成，用于固定防水板的垫圈。

2.0.19 无钉铺设 non-nails layouts

将塑料防水板通过热焊固定于暗钉圈上的一种铺设方法。

2.0.20 背衬材料 backing material

嵌缝作业时填塞在嵌缝材料底部并与嵌缝材料无粘结力的材料，其作用在于缝隙变形时使嵌缝材料不产生三向受力。

2.0.21 预注浆 pre-grouting

工程开挖前使浆液预先充填围岩裂隙，以达到堵塞水流、加固围岩的目的所进行的注浆。

2.0.22 衬砌前围岩注浆 surrounding ground grouting before lining

工程开挖后，在衬砌前对毛洞的围岩加固和止水所进行的注浆。

2.0.23 回填注浆 back-fill grouting

在工程衬砌完成后，为充填衬砌和围岩间空隙所进行的注浆。

2.0.24 衬砌后围岩注浆 surrounding ground grouting after lining

在回填注浆后需要增强衬砌的防水能力时，对围岩进行的注浆。

2.0.25 超前管棚注浆 fore poling grouting

隧道开挖前，沿开挖轮廓线外边缘，在设计范围内，按一定的外插角和间距插入钢管，钢管外露末端支撑在钢拱架上形成管棚，压注水泥基灌浆材料，进行岩体超前支护和加固的方法。

2.0.26 密封垫 gasket

由工程加工预制，在现场粘贴于管片密封垫沟槽内，用于管片接缝防水的密封材料。

2.0.27 螺孔密封圈 bolt hole sealing washer

为防止管片螺栓孔渗漏水而设置的密封垫圈。

2.0.28 加强带 strengthening band

在原留设伸缩缝或后浇带的部位，留出一定宽度，采用膨胀率大的混凝土与相邻混凝土同时浇筑的部位。

2.0.29 诱导缝 inducing joint

通过适当减少钢筋对混凝土的约束等方法在混凝土结构中设置的易开裂的部位。

2.0.30 喷射混凝土 shotcrete

利用压缩空气或其他动力，将按一定配比拌制的混凝土混合物沿管路输送至喷头处，以较高速度垂直喷射与受喷面，依赖喷射过程中水泥于骨料的连续撞击，压密而形成一种混凝土。

2.0.31 闭合压缩力 closed compression force

管片弹性橡胶密封垫完全压入密封沟槽时，单位长度密封垫上需要施加的压力。

3 基本规定

3.1 一般规定

3.1.1 地下防水工程施工前，应做好以下技术及管理准备工作：

1 进行图纸会审，复核设计做法是否符合现行《地下工程防水技术规范》GB 50108、《地下防水工程质量验收规范》GB 50208 的要求，并掌握施工图中的细部构造及有关技术要求。

2 地下防水施工前应先进行深化设计并经过审批，深化设计内容应包括：地下防水施工设计说明、地下防水材料做法表、地下防水细部节点图（包括施工缝、变形缝、诱导缝、后浇带、穿墙管、埋设件、桩及格构柱、通道接头、孔口、坑、槽等）等。地下防水深化设计宜采用 BIM 技术。

3 应复核结构、基层、标高、尺寸、坡度等是否符合要求。

4 核对各种材料的见证抽样、取样、送试、检测是否符合要求。

5 编制地下防水工程施工方案，进行技术交底，应先做样板经业主（监理）或设计认可后再大面积施工。

3.1.2 地下防水工程是一个子分部工程，其分项工程的划分应符合表 3.1.2 的要求。

3.1.3 地下防水工程必须由持有相应资质等级证书的防水专业队伍进行施工，并应建立质量管理和环境管理体系，主要施工人员应持有省级及以上建设行政主管部门或其指定单位颁发的执业资格证书或防水岗位证书。

3.1.4 施工单位应按有关的施工工艺标准及经审定的施工技术方案施工，并应对施工全过程实行质量控制。

3.1.5 施工方案和技术交底中应包含环境保护、节能降耗、健康安全等控制措施。

表 3.1.2 地下防水工程的分项工程

子分部工程	分项工程	检验批
地下防水工程	主体结构防水	防水混凝土、水泥砂浆防水层、卷材防水层、涂料防水层、塑料板防水层，金属板防水层、膨润土防水材料防水层
	细部构造防水	施工缝、变形缝、后浇带、诱导缝、穿墙管、埋设件、预留通道接头、桩及格构柱、孔口、坑、池
	特殊施工法结构防水	锚喷支护、地下连续墙、盾构隧道、沉井、逆筑结构
	排水	渗排水、盲沟排水、隧道排水、坑道排水、塑料排水板排水
	注浆	预注浆、后注浆、结构裂缝注浆

3.1.6 地下工程所使用防水材料的品种、规格、性能等必须符合现行国家或行业产品标准和设计要求和国家相关环境法律、法规要求。应优先使用国家推广应用的新材料、新技术，严禁使用国家明令禁止使用的材料。

3.1.7 防水材料必须经具备相应资质的检测单位进行抽样检验，并出具产品性能检测报告。

3.1.8 防水材料的进场验收应符合下列规定：

1 对材料的外观、品种、规格、包装、尺寸和数量等进行检查验收，并经监理单位或建设单位代表检查确认，形成相应验收记录。

2 对材料的质量证明文件进行检查，并经监理单位或建设单位代表检查确认，纳入工程技术档案。

3 材料进场后应按本标准附录 B 和附录 C 的规定抽样检验，检验应按执行见证取样送检制度，并出具材料进场检验报告。

4 材料的物理性能检验项目全部指标达到标准规定时，即为合格；若有一项指标不符合标准规定，应在受检产品中重新取样进行该项指标复验，复验结果符合标准规定，则判定该批材料为合格。

3.1.9 地下防水工程的施工，应建立各道工序的自检、互检和交接检的“三检”制度，并有完整的检查记录；工程隐蔽前，应由施工单位通知有关单位进行验收，并形成隐蔽工程验收记录；未经监理单位或建设单位代表对上道工序的检查确认，不得进行下道工序的施工。

3.1.10 地下防水工程的分项工程检验批和抽样检验数量应符合下列规定：

1 主体结构防水工程和细部构造防水工程应按结构层、变形缝或后浇带等施工段划分检验批。

2 特殊施工法结构防水工程应按隧道区间、变形缝等施工段划分检验批。

3 排水工程和注浆工程应按结构层、隧道区间、变形缝或后浇带等施工段划分检验批。

4 各检验批的抽样检验数量：细部构造应为全数检查，其他均应符合本标准的规定。

3.1.11 地下工程应按工程设计的防水等级标准进行验收。地下工程渗漏水调查与检测应按本标准附录C执行。

3.1.12 地下防水工程的分项工程施工质量检验的主控项目，必须达到本标准规定的质量标准，方可认定为合格；一般项目80%以上的检查点（处）符合本标准规定的质量要求，其他检查点（处）不得有明显影响使用，并不得大于允许偏差值的50%为合格。

3.1.13 地下防水工程完工后，承包（或总承包）单位应组织自检，在自检合格的基础上，由施工项目专业质量检查员填写检验批的质量验收记录，监理工程师（建设单位项目专业技术负责人）组织项目专业质量检查员等进行验收；分项工程质量应由监理工程师（建设单位项目专业技术负责人）组织项目专业技术负责人等进行验收；分部（子分部）工程质量由总监理工程师（建设单位项目专业负责人）组织施工项目经理和有关勘察、设计单位项目负责人进行验收。

3.2 防水等级及地下工程防水设防要求

3.2.1 防水等级

地下工程的防水等级应分为三级。其中建筑地下工程的防水等级不应低于二级，隧道及其他地下工程防水等级不应低于三级，各等级判定标准应符合表3.2.1-1和表3.2.1-2的规定。

表3.2.1-1 地下工程防水等级及判定标准

防水等级	标 准
一级	不允许渗水，结构表面无湿渍
二级	建筑地下工程：不允许滴漏、线漏，可以有零星分布的湿渍和渗水点；总湿渍面积不应大于总防水面积（包括顶板、侧墙、底板）的1‰；任意$100m^2$防水面积上的湿渍和渗水点不应超过2处，单个湿渍的最大面积不应大于$0.1m^2$； 渗漏水总量应包括湿渍和渗水点的数量、总渗水面积
	隧道及其他地下工程：不允许线漏，可以有湿渍和零星分布的滴漏和渗水点；总湿渍面积不应大于总防水面积的2‰；任意$100m^2$防水面积上的湿渍、渗水点不应超过2处，单个湿渍或渗水点的面积不应大于$0.2m^2$；平均渗水量不应大于$0.05L/(m^2\cdot d)$，任意$100m^2$防水面积上的渗水量不应大于$0.10L/(m^2\cdot d)$； 渗漏水总量应包括湿渍、渗水点和滴漏的数量、渗水面积与渗水量
三级	有少量渗水和漏水点，不得有线流和漏泥砂； 任意$100m^2$防水面积上的漏水或湿渍点数不应超过7处，单个漏水点的最大漏水量不应大于2.5L/d，单个湿渍或渗水点的最大面积不应大于$0.3m^2$。 渗漏水总量应包括湿渍、渗水和滴漏的数量、渗水面积与漏水量

表 3.2.1-2　不同防水等级的适用范围

防水等级	适用范围
一级	人员长期停留的场所；因有少量湿渍会使物品变质、失效的贮物场所及严重影响设备正常运转和危及工程安全运营的部位
二级	人员经常活动的场所；在有少量湿渍的情况下不会使物品变质、失效的贮物场所及基本不影响设备正常运转和工程安全运营的部位
三级	人员临时活动的场所

3.2.2　建筑地下工程

1　建筑地下工程的防水设防要求，应根据防水等级、工程部位、工程地质条件、结构特点、环境条件、施工方法及材料性能等因素确定。

2　建筑地下工程主体结构防水应符合下列规定：

1）侧墙采用分离式结构、复合式结构时，侧墙应设置柔性防水层，并与结构顶板及底板防水层形成整体封闭的外包防水层。

2）叠合式结构、逆筑结构的侧墙或桩位密、反梁多的底板，通过采取增加配筋、优化混凝土配合比及提高抗裂性能等措施后，可采用防水混凝土结构自防水体系。

3　明挖法建筑地下工程主体结构和接缝防水设防要求，应符合表 3.2.2-1 和表 3.2.2-2 的规定。

表 3.2.2-1　明挖法建筑地下工程主体结构防水设防要求

<table>
<tr><td rowspan="2">防水等级</td><td>主体结构</td><td colspan="4">外设防水层</td></tr>
<tr><td>防水
混凝土</td><td>卷材
防水层</td><td>涂料
防水层</td><td>砂浆
防水层</td><td>膨润土防水
毯防水层</td></tr>
<tr><td>一级</td><td rowspan="2">应选</td><td colspan="4">应选两道</td></tr>
<tr><td>二级</td><td colspan="4">应选一道</td></tr>
</table>

表 3.2.2-2 明挖法建筑地下工程接缝防水设防要求

工程部位	施工缝							后浇带								变形缝					诱导缝				
	结构断面内			结构迎水面				结构断面内					结构迎水面			结构断面内	结构背水面	结构迎水面			结构断面内		结构迎水面		
防水措施	钢板止水带或丁基橡胶腻子钢板止水带	遇水膨胀止水胶（条）	预埋注浆管	水泥基渗透结晶防水涂料	防水涂料	防水卷材	聚合物水泥防水砂浆	补偿收缩混凝土	钢板止水带	丁基橡胶腻子钢板止水带	预埋注浆管	遇水膨胀止水胶（条）	外贴式橡胶止水带（底板、侧墙）	防水涂料（侧墙、顶板）	防水卷材	橡胶止水带或钢边橡胶止水带	可卸式橡胶止水带	外贴式橡胶止水带或密封材料	防水卷材	防水涂料	丁基橡胶腻子钢板止水带	诱导器	密封材料	防水卷材	防水涂料
设防要求	应选一种或两种			可选	应选一种			应选	应选一种		可选一种		应选一种			应选	应选一种或两种			应选一种		应选一种			

4 明挖法建筑地下工程主体结构外设防水层的设置除应符合表 3.2.2-1 的规定外，尚应符合下列规定：

1）宜采用能使防水层与主体结构满粘并防窜水的防水材料及施工工艺。

2）防水层宜连续包覆结构迎水面。

3）卷材-卷材相邻使用时，两层卷材之间应满粘。

4）不同种类的防水材料相邻使用时，材料性能应相容。

3.2.3 隧道及其他地下工程防水设防要求

1 隧道及其他地下工程应根据结构特点、防水等级、周边环境、水头压力及腐蚀介质特点等采用全包或局部外包防水系统。

2 明挖法隧道及其他地下工程防水设防要求应符合表 3.2.3-1 和表 3.2.3-2 及本标准第 3.2.2 条第 2、4 款的规定。

表 3.2.3-1　明挖法隧道地下工程主体结构防水设防要求

防水等级	主体结构	外设防水层			
	防水混凝土	卷材防水层	涂料防水层	砂浆防水层	膨润土防水毯防水层
一级	应选	应选两道			
二级		应选一道			
三级		宜选一道			

表 3.2.3-2　明挖法隧道地下工程接缝防水设防要求

工程部位	施工缝						后浇带							变形缝				诱导缝				
	结构断面内				结构迎水面		结构断面内			结构迎水面		结构断面内	结构背水面	结构迎水面			结构断面内	结构迎水面				
防水措施	钢板止水带或丁基橡胶腻子钢板止水带	遇水膨胀止水胶（条）	预埋注浆管	水泥基渗透结晶防水涂料	防水涂料	防水卷材	补偿收缩混凝土	橡胶止水带或钢边橡胶止水带	钢板止水带	遇水膨胀止水胶（条）	预埋注浆管	防水涂料	防水卷材	橡胶止水带或钢边橡胶止水带	可卸式橡胶止水带	外贴式橡胶止水带或密封材料	防水卷材	防水涂料	橡胶止水带或钢边橡胶止水带	外贴式橡胶止水带或密封材料	防水卷材	防水涂料
设防要求	应选一种			可选	应选一种		应选	应选一种		宜选一种		宜选一种		应选	应选一种		宜选一种		应选	应选	宜选一种	

3　矿山法隧道工程防水设防要求应符合表 3.2.3-3 和表 3.2.3-4 的规定。

表 3.2.3-3　矿山法隧道工程二次衬砌防水设防要求

工程部位		衬砌结构				
		主体结构	外设防水层			
防水措施		防水混凝土	塑料防水板＋分区预埋注浆系统	防水卷材	防水涂料	防水砂浆
防水等级	一级	应选	应选一道或两道			
	二级	应选	应选一道			
	三级	应选	宜选一道			

表 3.2.3-4　矿山法隧道工程接缝防水设防要求

工程部位	施工缝							变形缝			
	结构断面内					结构迎水面		结构断面内		结构迎水面	
防水措施	预埋注浆管	遇水膨胀止水条（胶）	钢板止水带或丁基橡胶腻子钢板	橡胶止水带或钢边橡胶止水带	塑料防水板＋外贴式塑料止水带	防水卷材或塑料防水板	水泥基渗透结晶防水涂料	中埋式橡胶止水带或钢边橡胶止水带	塑料防水板＋外贴式塑料止水带	防水卷材＋外贴式橡胶止水带	密封材料
设防要求	应选一种				应选一种		可选	应选一种		应选	宜选

4　盾构法隧道宜采用高精度管片，管片接缝密封垫沟槽中应安装接缝密封垫，连接管片的螺栓孔应采取密封措施，并宜根据隧道防水和运营要求采取全断面或部分区段嵌缝。隧道内部可根据围岩条件及使用要求，浇筑混凝土内衬或其他内衬。处于中等以上腐蚀性地层的混凝土管片，应采用耐腐蚀混凝土或在管片迎水面涂刷耐腐蚀的防水涂层。

3.3 地下工程防水施工基本要求

3.3.1 明挖法地下工程防水施工中的降水应符合下列规定：

1 在浇筑底板混凝土前及地下防水工程期间，应保持地下水位稳定在垫层底板标高 500mm 以下；

2 工程底板范围内的降水井，在降水结束后应封堵密实。

3.3.2 地下工程细部构造防水加强层材料应与主体防水层材性相容，防水加强层的宽度宜为 300mm～500mm，厚度应符合表 3.3.2 的规定。

表 3.3.2 防水层加强层最小厚度

材料名称			最小厚度（mm）
防水卷材	改性沥青类	聚酯胎基	3.0
		高分子膜基	1.5
	三元乙丙橡胶防水卷材		1.5
	自粘改性沥青聚乙烯胎防水卷材		2.0
	聚乙烯丙纶复合防水卷材		0.7
防水涂料	聚氨酯防水涂料		1.5
	喷涂聚脲防水涂料		1.0
	非固化橡胶沥青防水涂料		1.5
	聚合物水泥防水涂料		1.5

3.3.3 防水层的基层应坚实、平整、清洁，无孔洞、无裂缝，阴角处宜做成圆弧或 45°坡角，基层干燥程度应符合所选防水材料的施工要求。

3.3.4 防水材料的施工环境条件应符合下列规定：

1 严禁在雨天、雪天、五级及以上大风时露天施工。

2 冷粘法、自粘法施工的防水卷材的环境气温不宜低于 5℃，热熔法、焊接法施工的防水卷材的环境气温不宜低于 −10℃。

3 聚氨酯、聚脲、聚合物水泥防水涂料的施工温度宜为

5℃～35℃，非固化橡胶沥青防水涂料的施工温度不宜低于－10℃。

4 防水卷材施工过程中下雨或下雪时，应做好已铺卷材的收头密封和保护工作。涂膜固化前，应采取保护措施。

5 防水混凝土、防水砂浆的施工温度宜为5℃～35℃。

6 膨润土防水材料的施工温度不低于－20℃。

3.3.5 柔性防水层的保护层应符合下列规定：

1 顶板防水层应做细石混凝土保护层，并应符合下列规定：

1）回填土采用机械碾压时，保护层厚度不宜小于70mm。

2）回填土采用人工夯实时，保护层厚度不宜小于50mm。

3）防水层与保护层之间应设置隔离层。

2 底板防水层宜设置厚度不小于50mm的细石混凝土保护层；高分子自粘胶膜预铺防水卷材防水层可不设保护层。

3 侧墙采用外防外贴法施工的防水层宜采用砌体保护，也可采用软质材料保护。

3.3.6 明挖法施工地下工程混凝土和防水层的保护层验收合格后，应及时回填，并应符合下列规定：

1 基坑内杂物应清理干净，无积水。

2 防水层外800mm以内宜采用灰土、黏土、粉质黏土或素混凝土回填，回填土中不得含有石块、碎砖、灰渣、有机杂物以及冻土。

3 回填土应分层夯实。人工夯实每层厚度不应大于250mm，机械夯实每层厚度不应大于300mm；工程顶板回填土厚度超过500mm后，方可采用机械回填碾压。回填土压实系数不应小于0.94。

3.4 安全与环境保护

3.4.1 地下工程的防水施工，应符合国家现行有关安全与劳动和环境保护的规定：

1 防水工程中不得采用现行国家标准《职业性接触毒物危

害程度分级》GBZ/T 230 中划分为Ⅲ级（中度危害）和Ⅲ级以下毒物的材料。

2 地下工程使用的防水材料及其配套材料，应符合现行行业标准《建筑防水涂料中有害物质限量》JC 1066 的规定，不得对周围环境造成污染。

3 当配制和使用有毒材料时，现场必须采取通风措施，操作人员必须穿防护服、戴口罩、手套和防护眼镜，严禁毒性材料与皮肤接触和入口。

4 有毒材料和挥发性材料应密封贮存，妥善保管和处理，不得随意倾倒。

5 使用易燃材料时，应严禁烟火。

6 使用有毒材料时，作业人员应按规定享受劳保福利和营养补助，并应定期检查身体。

7 基层清理应采取控制扬尘的措施。

8 防水层应采取成品保护措施。

3.4.2 卷材防水层施工应符合下列规定：

1 宜采用自粘型反水卷材。

2 采用热熔法施工时，应控制燃料泄漏，并控制易燃材料储存地点与作业点的间距。高温环境或封闭条件施工时，应采取措施加强通风。

3 防水层不宜采用热熔法施工。

4 采用的基层处理剂和胶粘剂应选用环保型材料，并封闭存放。

5 防水卷材余料应回收处理。

3.4.3 涂膜防水层施工应符合下列规定：

1 液态防水涂料和粉末状涂料应采用封闭容器存放，余料应及时回收。

2 涂膜防水宜采用滚涂或涂刷工艺，当采用喷涂工艺时，应采取遮挡等防止污染的措施。

3 涂膜固化期内应采取保护措施。

3.4.4 应全面实施绿色施工，在保证质量、安全等基本要求的前提下，通过科学管理和技术进步，最大限度地节约资源与减少对环境负面影响的施工活动，实现“四节一环保”（节能、节地、节水、节材和环境保护）。

4 主体结构防水工程

4.1 防水混凝土

4.1.1 一般规定

1 本节适用于抗渗等级不小于P6的地下混凝土结构。不适用于环境温度高于80℃的地下工程。处于侵蚀性介质中，防水混凝土的耐侵蚀性要求应符合现行国家标准《工业建筑防腐蚀设计规范》GB 50046和《混凝土结构耐久性设计规范》GB/T 50476的有关规定。

2 防水混凝土的施工配合比应通过试验确定，试配混凝土的抗渗等级应比设计要求提高0.2MPa。

3 防水混凝土宜采用预拌混凝土，其质量应符合现行国家标准《预拌混凝土》GB/T 14902和《混凝土质量控制标准》GB 50164的规定。

4 防水混凝土结构底板的混凝土垫层，强度等级不应小于C15，厚度不应小于100mm，在软弱土层中不应小于150mm。

5 防水混凝土结构，应符合下列规定：

1）顶板结构厚度不应小于200mm，底板及侧墙结构厚度不应小于250mm。

2）裂缝宽度不得大于0.2mm，并不得贯通。

3）钢筋保护层厚度应根据结构所处的环境类别和作用等级按现行国家标准《混凝土结构耐久性设计规范》GB/T 50476选用。

4.1.2 施工准备

1 技术准备

参见本标准第3.1.1条中相关内容。

2 材料准备

防水混凝土、止水螺栓、钢筋、模板、预制钢筋间隔件（垫块)、模板内撑条、预埋件（施工缝、后浇带、穿墙管、预埋件等防水细部构造预埋）。

3 机具设备

1）机械设备

混凝土输送泵、插入式振动器、平板式振动器等。

2）主要工具

大平锹、小平锹、铁板、水桶、胶皮管、串筒、溜槽、铁钎、抹子、试模等。

4 作业条件

1）完成钢筋绑扎、模板支设，办理隐检预检手续，并在模板上弹好混凝土浇筑标高线。

2）模板内的垃圾、木屑、泥土、积水和钢筋上的油污等清除干净。木模板在浇筑前1h浇水湿润，但不得留有积水；模板内侧应刷好隔离剂。

3）参见本标准第3.3.1条中相关内容。

4.1.3 材料质量控制

1 防水混凝土

1）防水混凝土采用预拌混凝土，入泵坍落度宜控制在120mm～160mm，坍落度每小时损失不应大于20mm，坍落度总损失值不应大于40mm。

2）混凝土在浇筑地点的坍落度，每工作班至少检查两次。混凝土的坍落度试验应符合现行《普通混凝土拌合物性能试验方法标准》GB/T 50080的有关规定。混凝土实测的坍落度与要求坍落度之间的偏差应符合表4.1.3-1的规定。

表4.1.3-1 混凝土坍落度允许偏差

要求坍落度（mm）	允许偏差（mm）
≤40	±10
50～90	±15
≥90	±20

3）泵送混凝土在交货地点的入泵坍落度，每工作班至少检查两次，混凝土入泵时的坍落度允许偏差应符合表 4.1.3-2 的规定。

表 4.1.3-2 混凝土入泵时的坍落度允许偏差

要求坍落度（mm）	允许偏差（mm）
≤100	±20
＞100	±30

4）防水混凝土抗渗性能，应采用标准条件下养护混凝土抗渗试件的试验结果评定。试件应在浇筑地点制作，并符合以下规定：

（1）连续浇筑混凝土每 500m^3 应留置一组抗渗试件（一组为 6 个抗渗试件），且每项工程不得少于两组。采用预拌混凝土的抗渗试件，留置组数应视结构的规模和要求而定。

（2）抗渗性能试验应符合现行《普通混凝土长期性能和耐久性能试验方法标准》GB/T 50082 的有关规定。

2 预埋件

详见本标准第 5 章 细部构造防水工程。

3 模板

质量应符合《模板工程施工技术标准》ZJQ 08 - SGJB 011 - 2017 的要求。

4 止水螺栓

止水螺栓螺杆上应满焊止水环或采取其他止水构造措施。当设计无明确规定，止水环应为 100mm×100mm 的方形止水环。

5 预制钢筋间隔件（垫块）

混凝土结构钢筋保护层厚度控制宜采用预制钢筋间隔件，其技术指标应符合现行行业标准《混凝土结构用钢筋间隔件应用技术规程》JGJ/T 219 的规定。其中，水泥基类钢筋间隔件应符合下列规定：

1）水泥砂浆间隔件的强度不应小于防水混凝土的强度；

2）混凝土间隔件的混凝土强度应比构件混凝土的强度等级至少提高一级，且不应低于C35。

6 模板内撑条

1）钢筋内撑条应满焊止水环，止水环要求同止水螺杆；

2）混凝土内撑条要求同预制钢筋间隔件。

4.1.4 施工工艺

1 工作流程

施工方案编制→配合比设计→施工技术交底→施工现场准备→防水混凝土拌制→防水混凝土运输→防水混凝土浇筑→防水混凝土养护

2 工艺流程

1）侧墙：

定位放线→钢筋绑扎→模板安装→混凝土浇筑→拆模→养护

↓ ↑ ↘

施工缝、后浇带、穿墙管、预埋件等防水细部构造预埋 清孔→嵌缝→刷防水涂料

2）底板、顶板：见《混凝土结构工程施工技术标准》ZJQ 08－SGJB 204－2017。

4.1.5 施工要点

1 钢筋绑扎

1）防水混凝土结构内部设置的各种钢筋或绑扎铁丝，不得进入保护层；

2）马凳应置于底铁上部，不得直接接触模板。

2 模板安装

1）用于防水混凝土的模板应拼缝严密、支撑牢固；

2）固定模板用螺栓的防水做法见图4.1.5，拆模后应采取加强防水措施将留下的凹槽封堵密实，并宜在迎水面涂刷防水

涂料。

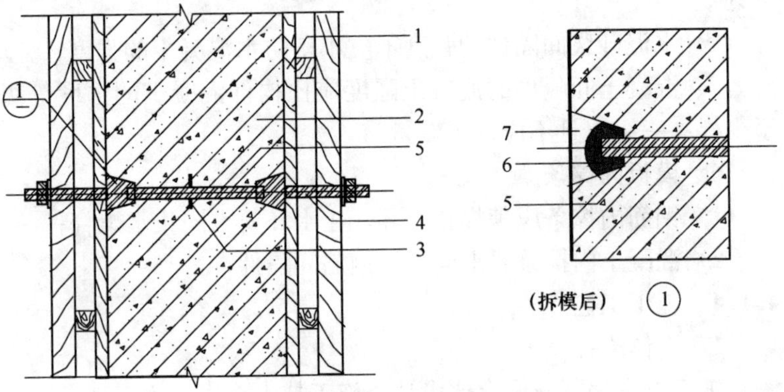

图 4.1.5 固定模板用螺栓的防水做法

1—模板；2—结构混凝土；3—止水环；4—工具式螺栓；5—固定模板用螺栓；6—嵌缝材料；7—聚合物水泥砂浆

3）防水混凝土不宜过早拆模，拆模时混凝土表面温度与周围气温之差不应超过 15℃～20℃，以防止混凝土表面出现裂缝。对于地下结构部分，拆模后应及时回填土，以利于混凝土后期强度的增升和获得预期的抗渗性能。

3 预埋件

详细做法见第 5 章 细部构造防水工程。

4 混凝土浇筑及养护

1）防水混凝土拌合物在运输后如出现离析，必须进行二次搅拌。当坍落度损失后不能满足施工要求时，应加入原配合比的水泥浆或掺加同品种的减水剂进行搅拌，严禁直接加水。

2）防水混凝土应分层连续浇筑，分层厚度应符合现行国家标准《混凝土结构工程施工规范》GB 50666 的规定；大体积混凝土分层浇筑厚度不大于 500mm。

3）防水混凝土必须采用机械振捣密实，振捣时间宜为10s～30s，以混凝土开始泛浆和不冒气泡为准，并应避免漏振、欠振和超振。

4）底板和顶板混凝土初凝前，宜分别对混凝土表面抹压处理。

5）防水混凝土终凝后应立即进行养护，养护时间不得少于14d。

6）大体积防水混凝土的施工应采取以下措施：

（1）在设计许可的情况下，掺粉煤灰混凝土设计强度等级的龄期宜为60d或90d；

（2）采用低热或中热水泥或掺加粉煤灰、磨细矿渣粉等掺合料；

（3）掺入减水剂、缓凝剂、膨胀剂等外加剂；

（4）在炎热季节施工时，采取降低原材料温度、减少混凝土运输时吸收外界热量等降温措施；

（5）混凝土内部埋设管道，进行水冷散热；

（6）采取保温、保湿养护，混凝土中心温度与表面温度的差值不应大于25℃，混凝土表面温度与大气温度的差值不应大于25℃。

7）防水混凝土的冬期施工应符合下列规定。

（1）混凝土入模温度不应低于5℃；

（2）宜采用综合蓄热法、蓄热法、暖棚法等养护方法，不得采用电热法或蒸汽直接加热法，并应保护混凝土表面湿润，防止混凝土早期脱水；

（3）应采取保温、保湿措施。

8）雨期施工中，需采取必要的雨期施工措施。施工时提前收听天气预报，及时掌握天气变化情况，为保证施工的连续性，采取小雨不停、大雨避开的做法。如遇雨天施工，应准备足够的塑料布、彩条布，对施工中遇雨的混凝土及时进行覆盖，并在适当位置提前留好施工缝。

9）主体结构外防水层施工前，对不影响混凝土主体结构安全的外表面的裂缝、孔洞、夹渣、疏松等缺陷应修补平整。其外观质量缺陷的处理应符合现行国家标准《混凝土结构工程施工质量验收规范》GB 50204 的规定。

5 螺栓孔嵌缝、涂刷防水涂料

详见本标准第 4.4 节涂料防水层。

4.1.6 成品保护

1 保证钢筋、模板的位置正确，防止踩踏钢筋和碰坏模板支撑。

2 保护好预埋穿墙管、电线管、电线盒、预埋铁件及止水片（带）的位置正确，并固定牢靠，防止振捣混凝土时碰动，造成位移、挤偏和表面铁件陷进混凝土内。

3 在拆模和吊运其他物件时，应避免碰坏施工缝接口和损坏止水片（带）。

4 地下室外墙拆模后应及时回填土，防止地基被水浸泡，造成不均匀沉陷，或长时间曝晒，导致出现温度收缩裂缝。

4.1.7 安全、环保措施

1 混凝土振动器操作人员应穿胶鞋、戴绝缘手套，振动器应有防漏电装置，不得挂在钢筋上操作。

2 使用钢模板，应有导电措施，并设接地线，防止机电设备漏电，造成触电事故。

3 工地污水的排放要做到生活用水和施工用水的分离，严格按市政和市容规定处理。

4 对于影响周围环境的工程安全防护设施，要经常检查维护，防止由于施工条件的改变或气候的变化影响其安全性。

4.1.8 质量标准

Ⅰ 主 控 项 目

1 防水混凝土的原材料、配合比及坍落度必须符合设计要求。

检验方法：检查出厂合格证、质量检验报告、计量措施和现场抽样试验报告。

2　防水混凝土的抗压强度和抗渗压力必须符合设计要求。

检验方法：检查混凝土抗压、抗渗试验报告。

3　防水混凝土的变形缝、施工缝、后浇带、穿墙管道、埋设件等设置和构造，均须符合设计要求，严禁有渗漏。

检验方法：观察检查和检查隐蔽工程验收记录。

Ⅱ　一 般 项 目

1　防水混凝土结构表面应坚实、平整，不得有露筋、蜂窝等缺陷；埋设件位置应正确。

检验方法：观察和尺量检查。

2　防水混凝土结构表面的裂缝宽度不应大于0.2mm，并不得贯通。

检验方法：用刻度放大镜检查。

3　防水混凝土结构厚度不应小于250mm，其允许偏差为+8mm、-5mm；迎水面钢筋保护层厚度不应小于50mm，其允许偏差为±5mm。

检验方法：尺量检查和检查隐蔽工程验收记录。

4.1.9　质量验收

1　检验批的验收由监理工程师或建设单位项目技术负责人组织项目专业质量检查员等进行验收。

2　每检验批按混凝土外露面积每100m^2抽查1处，每处10m^2，且不少于3处。

3　验收时检验各种原材料的试验报告。

4　当地方标准有统一规定时，按当地标准执行。当地方无统一标准时，检验批质量验收记录宜采用表4.1.9“防水混凝土检验批质量验收记录”。

表 4.1.9 防水混凝土检验批质量验收记录

编号：______

<table>
<tr><td colspan="2">单位（子单位）
工程名称</td><td></td><td>分部（子分部）
工程名称</td><td></td><td>分项工程名称</td><td></td></tr>
<tr><td colspan="2">施工单位</td><td></td><td>项目负责人</td><td></td><td>检验批容量</td><td></td></tr>
<tr><td colspan="2">分包单位</td><td></td><td>分包单位项目
负责人</td><td></td><td>检验批部位</td><td></td></tr>
<tr><td colspan="2">施工依据</td><td colspan="2"></td><td>验收依据</td><td colspan="2">《地下防水工程质量
验收规范》
GB 50208－2011</td></tr>
<tr><td rowspan="4">主控项目</td><td colspan="2">验收项目</td><td>设计要求及
规范规定</td><td>最小/实际
抽样数量</td><td>检查记录</td><td>检查结果</td></tr>
<tr><td>1</td><td>原材料、配合比、坍落度</td><td>符合设计
要求</td><td></td><td></td><td></td></tr>
<tr><td>2</td><td>抗压强度、
抗渗压力</td><td>符合设计要求</td><td></td><td></td><td></td></tr>
<tr><td>3</td><td>细部做法</td><td>符合设计要求</td><td></td><td></td><td></td></tr>
<tr><td rowspan="4">一般项目</td><td>1</td><td>表面质量</td><td>表面应坚实、平整，不得有露筋、蜂窝等缺陷；埋设件位置应正确</td><td></td><td></td><td></td></tr>
<tr><td>2</td><td>裂缝宽度</td><td>≤0.2mm，
并不得贯通</td><td></td><td></td><td></td></tr>
<tr><td>3</td><td>防水混凝土
结构厚度</td><td>厚度≥250mm，
允许偏差为
＋8mm、－5mm</td><td></td><td></td><td></td></tr>
<tr><td>4</td><td>迎水面钢筋
保护层厚度</td><td>厚度≥50mm，
允许偏差
为±5mm</td><td></td><td></td><td></td></tr>
<tr><td colspan="2">施工单位
检查结果</td><td colspan="5">专业工长：
项目专业质量检查员：
年　月　日</td></tr>
<tr><td colspan="2">监理
（建设）
单位
验收结论</td><td colspan="5">专业监理工程师：
（建设单位项目专业技术负责人）：
年　月　日</td></tr>
</table>

4.2 水泥砂浆防水层

4.2.1 一般规定

1 本节适用于地下工程主体结构的迎水面或背水面。不适用环境有腐蚀性、持续振动或温度高于80℃的地下工程。

2 水泥砂浆防水层包括聚合物水泥防水砂浆、掺外加剂或掺合料防水砂浆等，宜采用多层抹压法或喷涂的施工。

3 水泥砂浆防水层应在基础垫层或主体结构验收合格后方可施工。

4 水泥砂浆防水层的品种和配合比设计应根据防水工程要求确定，宜采用预拌防水砂浆。

5 聚合物水泥砂浆防水层厚度不应小于6mm；掺外加剂的水泥砂浆防水层厚度不应小于18mm。

6 水泥砂浆防水层的基层混凝土强度或砌体砂浆强度不应小于设计值的80%。

4.2.2 施工准备

1 技术准备

参见本标准第3.1.1条中相关内容。

2 材料准备

预拌防水砂浆（掺外加剂防水砂浆和聚合物水泥防水砂浆）。

3 主要机具设备

手推车、木刮尺、木抹子、铁抹子、钢皮抹子、喷壶、小水桶、钢丝刷、毛刷、排笔、铁锤、小扫帚等。

4 作业条件

1）基层表面应平整、坚实、粗糙、清洁，并充分湿润，水位降到抹灰面以下并排除地表积水。

2）预留孔洞及穿墙管道已施工完毕，按设计要求已作好防水处理，并办好隐检手续。

4.2.3 材料质量控制

1 水泥砂浆宜采用预拌砂浆，预拌砂浆进场时应进行外观检验，并应符合下列规定：

1）湿拌砂浆应外观均匀，无离析、泌水现象。

2）散装干混砂浆应外观均匀，无结块、受潮现象。

3）袋装干混砂浆应包装完整，无受潮现象。

2 掺外加剂防水砂浆

掺外加剂防水砂浆的主要性能应符合表 4.2.3-1 的规定。

表 4.2.3-1 掺外加剂防水砂浆的性能指标

试验项目			性能指标	
			一等品	合格品
净浆安定性			合格	合格
凝结时间	初凝（min）	≥	45	45
	终凝（h）	≤	10	10
抗压强度比（%）	7d	≥	100	85
	28d	≥	90	80
透水压力比（%）		≥	300	200
48h 吸水量比（%）		≤	65	75
28d 收缩率比（%）		≤	125	135
对钢筋的锈蚀作用			应说明对钢筋有无锈蚀作用	

注：除凝结时间、安定性为受检净浆的试验结果外，表中所列数据均为受检砂浆与基准砂浆的比值。

3 聚合物水泥防水砂浆

聚合物水泥防水砂浆的性能指标应符合表 4.2.3-2 的规定。

表 4.2.3-2 聚合物水泥防水砂浆的性能指标

项　　目				技术指标	
				Ⅰ型	Ⅱ型
凝结时间	初凝（min）		≥	45	
	终凝（h）		≤	24	
抗渗压力（MPa）	砂浆试件	7d	≥	0.8	1.0
		28d	≥	1.5	1.5

续表 4.2.3-2

项目			技术指标	
			Ⅰ型	Ⅱ型
抗压强度（MPa）		≥	18.0	24.0
抗折强度（MPa）		≥	6.0	8.0
柔韧性（横向变形能力）（mm）		≥	1.0	
粘结强度（MPa）	7d	≥	0.8	1.0
	28d	≥	1.0	1.2
耐碱性			无开裂、剥落	
耐热性			无开裂、剥落	
抗冻性			无开裂、剥落	
收缩率（%）		≤	0.30	0.15
吸水率（%）		≤	6.0	4.0

注：凝结时间可根据需要及季节变化进行调整

4.2.4 施工工艺

1 工作流程

编制施工方案→施工技术交底→施工现场准备→防水砂浆拌制→（湿拌砂浆运输）→水泥砂浆防水层施工→养护

2 工艺流程

基层处理→涂刷第一道防水净浆→铺抹底层防水砂浆→搓毛→涂刷第二道防水净浆→铺抹面层防水砂浆→二道收压→（涂刷水泥浆）→养护

4.2.5 施工要点

1 基层处理

1）预埋件、预埋管道露出基层，应在其周围凿出宽20mm～30mm、深50mm～60mm的沟槽，湿润后用1∶2干硬性水泥砂浆填压实，做法如图4.2.5-1所示。

2）混凝土基层处理

（1）混凝土表面用钢丝刷打毛，表面光滑时，用剁斧斩毛，

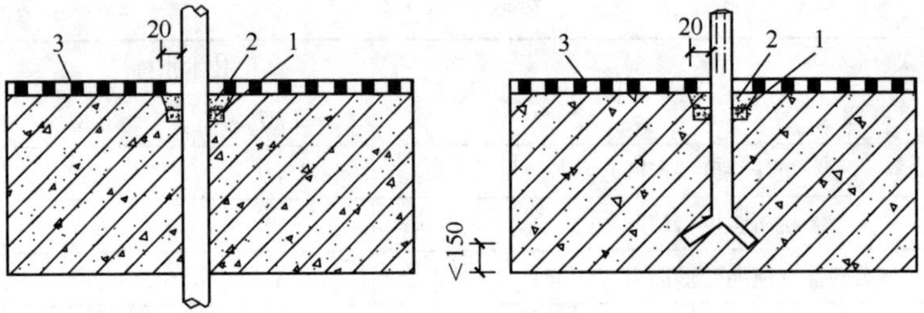

(a) 预埋管道的处理　　(b) 预埋螺栓的处理

图 4.2.5-1　预埋件、管等的处理

1—素灰嵌槽捻实；2—砂浆层；3—防水层

每 10mm 剁三道；表面如有油污，应用 10%浓度的氢氧化钠溶液刷洗干净，再用水洗净，然后在表面薄涂素水泥浆（1∶1 水泥浆，掺 10%的 108 胶）一道，再用 1∶3 水泥砂浆找平，或用 1∶2 干硬性水泥砂浆填压实；油污严重时要剥皮斩毛，然后充分浇水湿润。

（2）混凝土表面有蜂窝、麻面、孔洞时，先用凿子将松散不牢的石子剔除，若深度小于 10mm 时，用凿子打平或剔成斜坡，表面凿毛；若深度大于 10mm 时，先剔成斜坡，用钢丝刷清扫干净，浇水湿润，再抹素灰 2mm，水泥砂浆 10mm，抹完后将砂浆表面横向扫毛；若深度较深时，等水泥砂浆凝固后，再抹素灰和水泥砂浆各一道，直至与基层表面平直，最后将水泥砂浆表面横向扫毛。较大的蜂窝应支模用比结构高一强度等级的半干硬性细石混凝土强力捣实。

（3）当混凝土表面有凹凸不平时，应将凸出的混凝土块凿平，凹坑先剔成斜坡并将表面打毛后，浇水湿润，再用素灰与水泥砂浆交替抹压，直至与基层表面平直，最后将水泥砂浆横向扫毛。

（4）混凝土结构的施工缝，要沿缝剔成八字形凹槽，用压力水冲洗干净后，用素灰打底，水泥砂浆嵌实抹平。

3）砖砌体基层处理

（1）将砖墙面残留的灰浆、污物清除干净，充分浇水湿润。

（2）对于用石灰砂浆和混合砂浆砌筑的新砌体，需将砌体灰缝剔进 10mm 深，缝内呈直角（图 4.2.5-2）以增强防水层与砌体的粘结力，如漏划，应凿出；对水泥砂浆砌筑的砌体，灰缝可不剔除，但已勾缝的需将勾缝砂浆剔除。

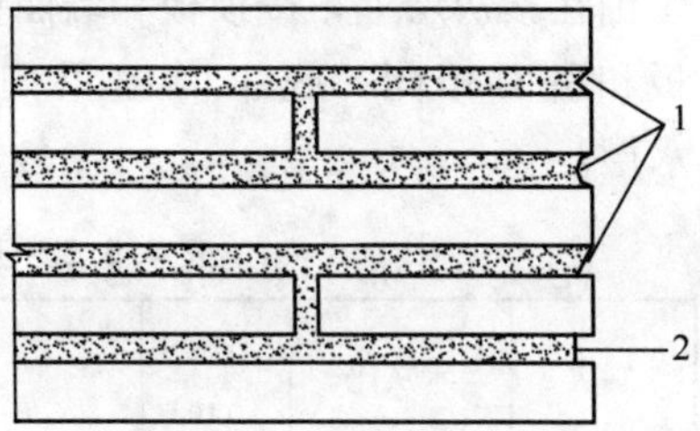

图 4.2.5-2　砖砌体的剔缝

1—剔缝不合格；2—剔缝合格

（3）对于旧砌体，需用钢丝刷或剁斧将松酥表面和残渣清除干净，直至露出坚硬砖面，并浇水冲洗干净。

4）料石或毛石砌体基层处理

这种砌体基层处理与混凝土和砖砌体基层处理基本相同。对于石灰砂浆或混合砂浆砌筑的石砌体，其灰缝应剔进 10mm，缝内呈直角；对于表面凹凸的石砌体，清理完毕后，在基层表面要做找平层。找平层做法是：先在砌体表面刷水灰比 0.5 左右的水泥浆一道，厚约 1mm，再抹 10mm～15mm 厚的 1：2.5 水泥砂浆，并将表面扫成毛面，一次找不平时，隔 2d 再分次找平。

2　铺抹水泥砂浆防水层

1）防水层的施工顺序，一般是先顶板、再墙面、后地面。当工程量较大需分段施工时，应由里向外按上述顺序进行。

2）混凝土顶板与墙面防水层施工：混凝土顶板与墙面的防水层施工，一般迎水面采用“五层抹面法”，背水面采用“四层抹面法”。具体操作方法见表 4.2.5。四层抹面做法与五层抹面做法相同，去掉第五层水泥浆层即可。

3）混凝土地面防水层施工：混凝土地面防水层施工及顶板与墙面施工的不同，主要是素灰层（一、三层）不是用刮抹的方法，而是将搅拌好的素灰倒在地面上，用刷子往返用力涂刷均匀。第二层和第四层是在素灰层初凝前后，将拌好的水泥砂浆均匀铺在素灰层上，按顶板和墙面操作要求抹压，各层厚度也与顶板和墙面相同。施工时由里向外，尽量避免施工时踩踏防水层。

表 4.2.5 五层抹面法

层次	水灰比	厚度（mm）	操作要点	作用
第一层素灰层	0.4～0.5	2	1 分二次抹压。基层浇水湿润后，先抹 1mm 厚结合层，用铁抹子往返抹压 5～6 遍，使素灰填实基层表面空隙，其上再抹 1mm 厚素灰找平； 2 抹完后用湿毛刷按横向轻轻刷一遍，以便打乱细孔通路，增强与第二层的结合	防水层第一道防线
第二层水泥砂浆层	0.4～0.45	4～5	1 待第一层素灰稍加干燥，用手指按能进入素灰层 1/4～1/2 深时，再抹水泥砂浆层，抹时用力要适当，既避免破坏素灰层，又要使砂浆层压入素灰层内 1/4 左右，以使一、二层紧密结合； 2 在水泥砂浆初凝前后，用扫帚将砂浆层表面扫成横向条纹	起骨架和保护素灰作用
第三层素灰层	0.37～0.4	2	1 待第二层水泥砂浆凝固并有一定强度后（一般需 24h），适当浇水湿润，即可进行第三层，操作方法同第一层； 2 若第二层水泥砂浆层在硬化过程中析出游离的氢氧化钙形成白色薄膜时，应刷洗干净	防水作用

续表 4.2.5

层次	水灰比	厚度（mm）	操作要点	作用
第四层水泥砂浆层	0.4～0.45	4～5	1 操作方法同第二层，但抹后不扫条纹，在砂浆凝固前后，分次用铁抹子抹压 5～6 遍，以增加密实性，最后压光； 2 每次抹压间隔时间应视现场湿度大小，气温高低及通风条件而定，一般抹压前三遍的间隔时间为 1h～2h，最后从抹压到压光，夏季10h～12h 内完成，冬期 14h 内完成，以免因砂浆凝固后反复抹压而破坏表面的水泥结晶，使强度降低，产生起砂现象	保护第三层素灰层和防水作用
第五层水泥浆层	0.55～0.6	1	在第四层水泥砂浆抹压两遍后，用毛刷均匀涂刷水泥浆一道，随第四层压光	防水作用

4）砖墙面防水层施工：砖墙面防水层做法，除第一层外，其余各层操作方法与混凝土墙面操作相同。首先将墙面充分浇水湿润，然后在墙面上涂刷水泥浆一道，厚度约 1mm，涂刷时沿水平方向往返涂刷 5～6 遍，涂刷要均匀，灰缝处不得遗漏。涂刷后，趁水泥浆呈糊状时即抹第二层防水层。

5）操作注意事项

（1）素灰抹面要薄而均匀，不宜太厚，太厚易形成堆积，反而粘结不牢，容易起壳、脱落。素灰在桶中应经常搅拌，以免产生分层离析和初凝。抹面不要干撒水泥，否则造成厚薄不匀，影响粘结。

（2）抹水泥砂浆时要注意揉浆。揉浆的作用主要是使水泥砂浆和素灰紧密结合。揉浆时首先薄抹一层水泥砂浆，然后用铁抹子用力揉压，使水泥砂浆渗入素灰层（但注意不能压透素灰层）。揉压不够，会影响两层的粘结，揉压时严禁加水，加水不一容易开裂。

（3）水泥砂浆初凝前，待收水 70％（用手指按上去，砂浆不粘手，有少许水印）时，要进行收压工作。收压是用铁抹子平光压实，一般作两遍。第一遍收压表面要粗毛，第二遍收压表面要细毛，使砂浆密实、强度高、不易起砂。收压一定要在砂浆初凝前完成，避免在砂浆凝固后再反复抹压，否则容易破坏表面水泥结晶和扰动底层而起壳。

（4）水泥砂浆防水层各层应紧密结合，连续施工不留施工缝，如确因施工困难需留施工缝时，留槎应采用阶梯坡形槎，接槎要依层次顺序操作，层层搭接紧密。留槎位置一般应留在地面上，亦可留在墙面上，但需离开阴阳角处 200mm 以上，上下层接槎应至少错开 100mm（图 4.2.5-3）。在接槎部位继续施工时，需在阶梯形槎面上涂刷水泥浆或抹素灰一道，使接头密实不漏水。

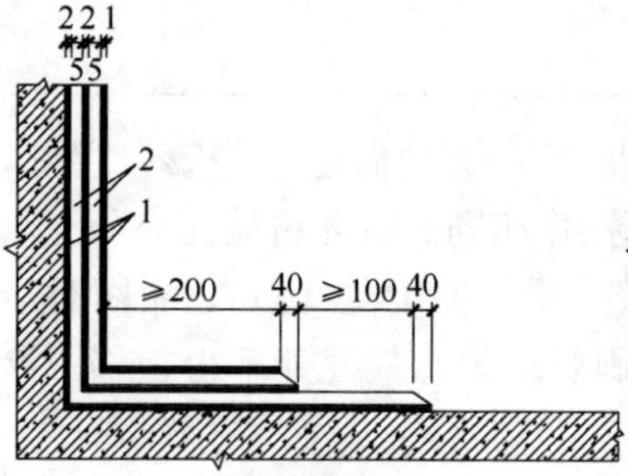

(a) 留槎方法

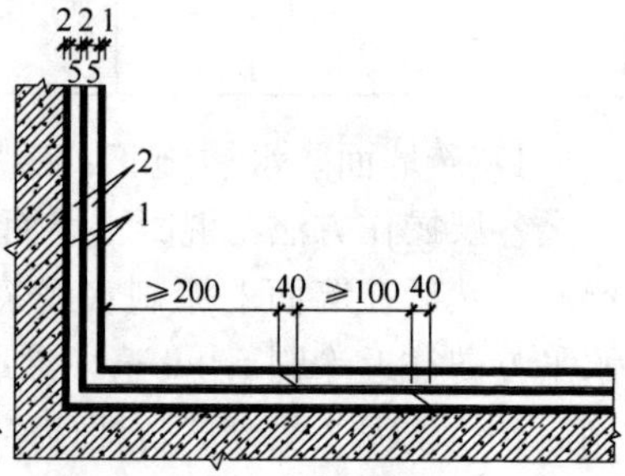

(b) 接槎方法

图 4.2.5-3　防水层接槎处理

1—素灰层；2—水泥砂浆层

（5）结构阴阳角处的防水层均需抹成圆角，阴角直径 50mm，阳角直径 10mm。

3 养护

1）防水层施工完，砂浆终凝后，表面呈灰白色时，就可覆盖浇水养护，养护时先用喷壶慢慢喷水，养护一段时间后再用水管浇水。养护温度不宜低于5℃，养护时间不少于14d，夏天应增加浇水次数，但避免在中午最热时浇水养护。养护期间要防止践踏，其他工程施工应在防水层养护完毕后进行，以免破坏防水层。

2）使用特种水泥、掺合料及外加剂的防水砂浆，应按产品相关的要求进行养护。

3）聚合物水泥防水砂浆未达到硬化状态时，不得浇水养护或直接受雨水冲刷，硬化后应采用干湿交替的养护方法。

4.2.6 成品保护

1 抹灰脚手架应离开墙面200mm，拆架子时不得碰坏墙面及棱角。

2 落地灰应及时清理，不得沾污地面基层或防水层。

3 地面防水层抹完后，在24h内防止上人踩踏（如需上人应铺设垫板）。

4.2.7 安全、环保措施

1 配制砂浆掺加外加剂，操作人员应戴防护用品，注意保护皮肤和眼睛。

2 墙面抹防水层应在可靠的架子上操作。

3 应符合本标准第3.4节的有关规定。

4.2.8 质量标准

Ⅰ 主 控 项 目

1 水泥砂浆防水层的原材料及配合比必须符合设计要求。

检验方法：检查出厂合格证、质量检验报告、计量措施和现场抽样试验报告。

2 防水砂浆的粘结强度和抗渗性能必须符合设计规定。

检验方法：检查砂浆粘结强度、抗渗性能检验报告。

3 水泥砂浆防水层各层之间必须结合牢固，无空鼓现象。

检验方法：观察和用小锤轻击检查。

Ⅱ 一般项目

1 水泥砂浆防水层表面应密实、平整，不得有裂纹、起砂、麻面等缺陷；阴阳角处应做成圆弧形。

检验方法：观察检查。

2 水泥砂浆防水层施工缝留槎位置应正确，接槎应按层次顺序操作，层层搭接紧密。

检验方法：观察检查和检查隐蔽工程验收记录。

3 水泥砂浆防水层的平均厚度应符合设计要求，最小厚度不得小于设计值的85%。

检验方法：观察和尺量检查。

4 水泥砂浆防水层表面平整度的允许偏差应为5mm。

检验方法：用2m靠尺和楔形塞尺检查。

4.2.9 质量验收

1 检验批的验收由监理工程师或建设单位项目技术负责人组织项目专业质量检查员等进行验收。

2 每检验批按施工面积每100m^2作为一处抽查，每处10m^2，且不少于3处。

3 验收时检验各种原材料的试验报告。

4 当地方标准有统一规定时，按当地标准执行。当地方无统一标准时，检验批质量验收记录宜采用表4.2.9“水泥砂浆防水层检验批质量验收记录表”。

表 4.2.9　水泥砂浆防水层检验批质量验收记录表

编号：＿＿＿＿

单位（子单位）工程名称		分部（子分部）工程名称		分项工程名称	
施工单位		项目负责人		检验批容量	
分包单位		分包单位项目负责人		检验批部位	
施工依据			验收依据	《地下防水工程质量验收规范》GB 50208－2011	

	验收项目		设计要求及规范规定	最小/实际抽样数量	检查记录	检查结果
主控项目	1	原材料及配合比	符合设计要求			
	2	防水砂浆的粘结强度和抗渗性能	符合设计要求			
	3	水泥砂浆防水层各层之间必须结合牢固，无空鼓	符合设计要求			
一般项目	1	表面质量	表面应坚实、平整，不得有露筋、蜂窝等缺陷；埋设件位置应正确			
	2	留槎、接槎	≤0.2mm，并不得贯通			
	3	防水层厚度	符合设计要求，最小厚度不得小于设计值的85％			
	4	水泥砂浆防水层表面平整度偏差	≤5mm			

施工单位检查结果	专业工长： 项目专业质量检查员： 年　月　日
监理（建设）单位验收结论	专业监理工程师： （建设单位项目专业技术负责人）： 年　月　日

4.3 卷材防水层

4.3.1 一般规定

1 本节适用于受侵蚀性介质或受振动作用的地下工程主体迎水面铺贴的卷材防水层。

2 卷材防水层应采用高聚物改性沥青防水卷材和合成高分子防水卷材。所选用的基层处理剂、胶粘剂、密封材料等配套材料，均应与铺贴的卷材相匹配。

3 在进场材料检验的同时，防水卷材接缝粘结质量检验应按本标准附录E执行。

4 铺贴防水卷材前，应将找平层清扫干净，在基面上涂刷基层处理剂；当基面较潮湿时，应涂刷湿固化型胶粘剂或潮湿界面隔离剂。

5 防水卷材的品种可按表4.3.1-1选用，并应符合下列规定：

表 4.3.1-1 防水卷材品种

类　别	品种名称
高聚物改性沥青类防水卷材	弹性体改性沥青防水卷材
	自粘改性沥青聚乙烯胎防水卷材
	自粘聚合物改性沥青防水卷材
	湿铺防水卷材
合成高分子类防水卷材	三元乙丙橡胶（EPDM）防水卷材
	聚氯乙烯（PVC）防水卷材
	热塑性聚烯烃（TPO）防水卷材
	聚乙烯丙纶复合防水卷材
	高分子自粘胶膜预铺防水卷材

1）卷材外观质量、品种规格应符合国家现行有关标准的规定；

2）卷材及配套材料应具有良好的耐久性和物理力学性能。

6 不同品种卷材防水层的最小厚度应符合表4.3.1-2的规定。防水材料叠合使用时，应符合下列规定：

表 4.3.1-2 卷材防水层的最小厚度

卷材品种		高聚物改性沥青类防水卷材						合成高分子类防水卷材			
		弹性体（SBS）改性沥青防水卷材	自粘改性沥青聚乙烯胎防水卷材	自粘聚合物改性沥青防水卷材		湿铺防水卷材		三元乙丙橡胶防水卷材	聚氯乙烯防水卷材、热塑性聚烯烃防水卷材	聚乙烯丙纶复合防水卷材[a]	高分子自粘胶膜预铺防水卷材
				聚酯胎基（PY类）	高分子膜基（N类）	聚酯胎基（PY类）	高分子膜基（N类）				
一道设防		4.0	3.0	3.0	1.5	3.0	1.5	1.5	1.2	卷材：（0.7+0.7） 聚合物水泥粘结料：（1.3+1.3） 芯材厚度：0.5	1.2
二道设防	卷材-卷材	4.0+3.0	2.0+2.0	3.0+3.0	1.5+1.5	—	1.5+1.5	1.2+1.2	—	—	—
	卷材-涂料	3.0	2.0	3.0	1.5	3.0	1.5	—	—	0.7	—

注：[a] 聚乙烯丙纶复合防水卷材与非固化橡胶沥青防水涂料复合使用时卷材的最小厚度。

1）两层防水卷材分开设置或与不同品种卷材叠合使用时，每层防水卷材的厚度应符合一道厚度的规定。

2）防水卷材双层使用时，其厚度应符合两道叠合厚度。

3）防水卷材与防水涂料叠合使用时，防水涂料的厚度应符合表 4.4.1-1 的规定。

7 施工缝、变形缝、管根和阴阳角等细部构造部位防水层的加强层宽度应符合本标准第 3.3.2 条的规定。当选用的防水卷材厚度大于 3mm 时，也可选用与卷材相容的防水涂料加强层，防水涂料加强层的厚度应符合表 3.3.2 的规定。

4.3.2 施工准备

1 技术准备

参见本标准第 3.1.1 条中相关内容。

2 材料准备

防水卷材（见表 4.3.1-1)、胶粘材料、基层处理剂。

3 主要机具设备

1）机械设备

高压吸风机、鼓风机、空气压缩机。

2）主要工具

小平铲、扫帚、钢丝刷、铁桶、木棒、长把滚刷、油漆刷、裁剪刀、壁纸刀、盒尺、卷尺、单双筒热熔喷枪、移动式热熔焊枪、喷枪、喷灯、铁抹子、干粉灭火器、手推车、电动搅拌器、橡皮刮板、木刮板、手持压辊、铁压辊、嵌缝枪、热风焊接机、热风焊接枪。

4 作业条件

1）当地下水位较高时，应先做好排降水工作，将地下水位降低到操作层以下 500mm，并保持到防水层施工完成周围回填土完毕为止。

2）地下结构基层表面应平整、牢固，不得有起砂、空鼓等缺陷；阴阳角处，应做成圆弧形或钝角，同时表面应洁净干燥，含水率不应大于 9%（空铺法不受此限制)，经隐蔽验收合格才能进行防水层施工。

3）穿过墙面、地面或顶板的预埋管道和变形缝等，应按设计要求进行处理，并符合验收规范的规定，在卷材铺贴前应办理隐检手续。

4）卷材防水层材料已备齐，运到现场，并经复查，质量符合设计要求。

5）机具设备已准备就绪，可满足施工需要。

6）施工操作人需经培训、考核，方可上岗操作，并进行详细的技术交底和安全教育。

7）铺贴卷材严禁在雨天、雪天施工；五级风及其以上不得施工；冷粘法施工气温不宜低于5℃，热熔法施工气温不宜低于−10℃。

4.3.3 材料质量控制

1 改性沥青类防水卷材的主要物理性能指标，应符合本标准附录B中表B.1.1的规定。

2 合成高分子类防水卷材的主要物理性能指标，应符合本标准附录B中表B.1.2的规定。

3 粘贴各类防水卷材应采用与卷材配套的胶粘材料，其粘结质量应符合表4.3.3-1～表4.3.3-3的要求，浸水后剥离强度保持率检验方法按照附录E进行。

表4.3.3-1 防水卷材粘结质量要求

项目		自粘聚合物改性沥青防水卷材粘合面		三元乙丙橡胶和聚氯乙烯防水卷材	合成橡胶胶粘带	高分子自粘胶膜防水卷材粘合面
		聚酯胎	高分子膜基			
剪切状态下的粘合性（卷材-卷材）	标准试验条件（N/10mm）≥	40或卷材断裂	20或卷材断裂	20或卷材断裂	20或卷材断裂	40或卷材断裂

续表 4.3.3-1

项目		自粘聚合物改性沥青防水卷材粘合面		三元乙丙橡胶和聚氯乙烯防水卷材	合成橡胶胶粘带	高分子自粘胶膜防水卷材粘合面
		聚酯胎	高分子膜基			
粘结剥离强度（卷材-卷材）	标准试验条件（N/10mm）≥	15或卷材断裂		15或卷材断裂	4或卷材断裂	—
	浸水168h后保持率（%）≥	70		70	80	—
与混凝土粘结	标准试验条件（N/10mm）≥	15或卷材断裂	15或卷材断裂	6或卷材断裂	20或卷材断裂	

表 4.3.3-2　湿铺防水卷材粘结质量要求

项目		卷材粘合面	
		聚酯胎	高分子膜基
卷材与卷材剥离强度（N/10mm）≥	无处理	10	
	热处理	8	
	浸水后168h保持率（%）	800	
与水泥砂浆剥离强度（N/10mm）≥	无处理	15	
	热处理	10	
与水泥砂浆浸水后剥离强度（N/10mm）		≥15	

表 4.3.3-3　双面粘结密封胶带技术性能

粘结剥离强度≥（N/10mm）（7d时）		剪切状态下的粘合性（N/mm）≥	耐热度（℃）	低温柔性（℃）	粘结剥离强度保持率		
23℃	−40℃				耐水性 70℃ 7d	5%酸 7d	碱 7d
6.0	38.5	4.4	80℃ 2h	−40	80%	76%	90%

4　聚乙烯丙纶复合防水卷材粘结材料可采用聚合物水泥防水粘结料，其物理性能应符合现行行业标准《聚乙烯丙纶防水卷材用聚合物水泥防水粘结料》JC/T 2377 的规定，参考本标准附录B中表B.1.3的规定。

5　基层处理剂：应选用环保型材料，并封闭存放。

4.3.4　施工工艺

1　工作流程

施工方案编制→深化设计→施工技术交底→施工现场准备→卷材防水层施工（根据卷材防水层设置方式分为外防外贴和外防内贴）

1）外防外贴法：

（砌筑砖胎模→砖胎模找平层施工→）涂布基层处理剂→复杂部位增强处理→平面（和砖胎膜立面）卷材铺贴及甩槎→浇筑底板、侧墙混凝土→侧墙防水卷材接槎、铺贴→侧墙防水保护层施工→浇筑顶板混凝土→顶板卷材防水层施工。外防外贴法参考图 4.3.5-3～图 4.3.5-5。

2）外防内贴法：砌筑砖胎模→砖胎模找平层施工→涂布基层处理剂→复杂部位增强处理→立面、平面卷材铺贴→防水保护层施工→浇筑底板、侧墙、顶板混凝土→顶板卷材防水层施工。外防内贴法如图 4.3.5-2 所示。

2　工艺流程

基层清理、润湿→涂刷基层处理剂→复杂部位增强处理→卷材铺贴→辊压排气→卷材搭接、收头密封→保护层施工

3　卷材防水粘接基本形式可分为满粘、条粘、点粘及空铺法。满粘法是卷材下基本实行全面粘贴的施工方法；条粘法是每幅卷材两边各与基层粘贴 150mm 宽；点粘法是每平方米卷材下粘五点（100mm×100mm），粘贴面积不大于总面积的 6%；空铺法是卷材防水层与基层不粘贴的施工方法。

4　卷材防水的粘接方法有冷粘法、热熔法、自粘法、焊接法和机械固定法。高聚物改性沥青类防水卷材可采用热熔法、冷

粘法和自粘法，一般常用热熔法；合成高分子防水卷材可采用冷粘法、自粘法、焊接法和机械固定法，一般采用冷粘法。

1）冷粘法：采用与卷材配套的专用冷胶粘剂粘铺卷材而无需加热的施工方法，主要用于铺贴合成高分子防水卷材。

2）热熔法：以专用的加热机具将热熔型卷材底面的热熔胶加热熔化而使卷材与基层或卷材与卷材之间进行粘结，利用熔化的卷材在冷却后的凝固力来实现卷材与基层或者卷材之间有效粘贴的施工方法。

3）自粘法：采用自粘型防水卷材，不需涂刷胶粘剂，只需将卷材表面的隔离纸撕去，即可实现卷材与基层或卷材与建材之间粘贴的方法。

4）焊接法：用半自动化温控热熔焊机、手持温控热熔焊枪，或专用焊条对所铺卷材的接缝进行焊接铺设的施工方法。

5）机械固定法：使用专用螺钉、垫片、压条及其他配件，将合成高分子卷材固定在基层上，但其接缝应用焊接法或冷粘法进行的方法。

5 卷材防水铺贴方法有滚铺法、展铺法和抬铺法。

1）滚铺法是一种不展开卷材边滚转卷材边粘结的方法，用于大面积满粘，先铺粘大面、后粘结搭接缝。

2）展铺法用于条粘，将卷材展开铺在基层上，然后沿卷材周边掀起进行粘铺。

3）抬铺法用于复杂部位或节点处，也适用于小面积铺贴，即按细部形状将卷材剪好，先在细部预贴一下，其尺寸、形状合适后，再根据卷材具体的粘结方法铺贴。

4.3.5 施工要点

1 基层处理

1）铺贴防水卷材的基面除应符合本标准第3.3.3条的规定外，顶板，底板以及外防外贴施工时，混凝土侧墙的平整度偏差应为8mm/2m；外防内贴施工时的混凝土侧墙，基面平整度D/L应为1/20。其中：D为混凝土基面相邻两凸面间凹进去的深度；L 为混凝土基面相邻两凸面间的距离。

2）其余混凝土基层处理同本标准第 4.2.5 条第 1 款第 2 项。

2 外防外贴法施工要点

1）砌筑砖胎模

在防水结构的四周，同一垫层上用 M5 水泥砂浆砌筑半砖厚的砖胎模，墙体应比结构底板面高出 200mm～500mm。

2）砌筑临时性保护墙

对立面部位在永久性保护墙上，用石灰砂浆砌筑 4 皮高半砖的临时性保护墙，压住立面甩槎的防水层和保护隔离卷材。

3）抹水泥砂浆找平层

在垫层和永久性保护墙表面抹 1∶（2.5～3）的水泥砂浆找平层。找平层厚度，阴阳角的圆弧和平整度应符合设计要求或规范规定。

4）涂布基层处理剂

找平层干燥并清扫干净后，按照所用的不同卷材种类，涂布相应的基层处理剂，如用空铺法，可不涂布基层处理剂。基层处理剂可用喷涂或刷涂法施工，喷涂应均匀一致，不露底。如基面较潮湿时，应涂刷湿固化型胶粘剂或潮湿界面隔离剂。

5）复杂部位增强处理

阴阳角处应做成圆弧或 45°（135°）折角，其尺寸视卷材品质确定。在转角处、阴阳角等特殊部位，应做附加增强处理，防水层加强层最小厚度见本标准表 3.3.2，加强层宽度不宜小于 500mm。

6）铺贴卷材

（1）卷材铺贴一般规定：

①防水卷材的搭接宽度应符合表 4.3.5 的要求。

②卷材应先铺平面后铺立面。第一块卷材应铺贴在平面与立面相交的阴角处，平面和立面各占半幅卷材。待第一块卷材铺贴完后，根据卷材搭接宽度在第一块卷材上弹出基准线，以后卷材就按此基准线铺贴。

表 4.3.5 防水卷材最小搭接宽度

类别	卷材品种	搭接宽度（mm）
改性沥青类防水卷材	弹性体改性沥青防水卷材	100
	自粘改性沥青聚乙烯胎防水卷材	80
	自粘聚合物改性沥青防水卷材	80
	湿铺防水卷材	80
合成高分子类防水卷材	三元乙丙橡胶（EPDM）防水卷材	60（胶粘带/自粘胶/热风焊接）
	聚氯乙烯（PVC）防水卷材、热塑性聚烯烃（TPO）防水卷材	60/80（单焊缝/双焊缝）
	聚乙烯丙纶复合防水卷材	100（粘结料）
	高分子自粘胶膜预铺防水卷材	搭接 80（自粘胶、胶粘带/热风焊接）；对接 120（胶粘带）

③根据所用的高聚物改性沥青卷材或合成高分子卷材将相应的胶粘剂均匀地满涂在基层上（空铺法部分可不涂胶粘剂）和附加增强层和卷材上。其搭边部分应预留出空白边，如直接采用卷材胶粘剂进行卷材与卷材、卷材与基层之间的粘结时，则不必留出空白搭接边。

④待胶粘剂基本干燥后，即可铺贴卷材。在平面与立面交界部位，应先铺贴平面部位的半幅卷材，然后沿阴角根部由下向上铺贴立面部位的另一半卷材。立面部分卷材甩槎在永久性保护墙上。

⑤卷材铺贴完后，用接缝胶粘剂将预留出的空白边搭接粘结。

⑥热塑性合成高分子防水卷材的搭接边，可用热风焊法进行粘结。

⑦同一层相邻两幅卷材短边搭接缝错开的距离不应小于 500mm。

⑧T 型搭接部位应采取剪角或减薄措施。

⑨铺贴双层卷材时，上下两层和相邻两幅卷材的接缝应错开 1/3～1/2 幅宽，且两层卷材不得相互垂直铺贴。

(2) 冷粘法铺贴卷材应符合下列规定：

①胶粘剂涂刷应均匀，不露底，不堆积；

②根据胶粘剂的性能，应控制胶粘剂涂刷与卷材铺贴的间隔时间；

③铺贴时不得用力拉伸卷材，排除卷材下面的空气，并辊压粘结牢固，不得有空鼓；

④铺贴卷材应平整、顺直，搭接尺寸正确，不得有扭曲、皱折；

⑤卷材接缝部位应采用专用胶粘剂或胶结带满粘，接缝口应用密封材料封严，其宽度不应小于 10mm。

(3) 热熔法铺贴卷材应符合下列规定：

①火焰加热器加热卷材应均匀，不得加热不足或烧穿卷材；厚度小于 3mm 的高聚物改性沥青防水卷材，严禁采用热熔法施工；

②卷材表面热熔后应立即滚铺卷材，排除卷材下面的空气，并辊压粘结牢固，不得有空鼓、皱折；

③滚铺卷材时接缝部位必须溢出沥青热熔胶，并应随即刮封接口使接缝粘结严密；

④铺贴后的卷材应平整、顺直，搭接尺寸正确，不得有扭曲。

(4) 自粘法铺贴卷材应符合下列规定：

①铺贴卷材时，应将有黏性的一面朝向主体结构；

②外墙、顶板铺贴时，排除卷材下面的空气，辊压粘贴牢固；

③铺贴卷材应平整、顺直，搭接尺寸准确，不得扭曲、皱折

和气泡；

④立面卷材铺贴完成后，应将卷材端头固定，并应用密封材料封严；

⑤低温施工时，宜对卷材和基面采用热风适当加热，然后铺贴卷材。

（5）卷材接缝采用焊接法施工应符合下列规定：

①焊接前卷材应铺放平整，搭接尺寸准确，焊接缝的结合面应清扫干净；

②焊接时应先焊长边搭接缝，后焊短边搭接缝；

③控制热峰加热温度和时间，焊接处不得漏焊、跳焊或焊接不牢；

④焊接时不得损害非焊接部位的卷材。

（6）铺贴聚乙烯丙纶复合防水卷材应符合下列规定：

①应采用配套的聚合物水泥防水粘结材料；

②卷材与基层粘贴应采用满粘法，粘结面积不应小于 90%，刮涂粘结料应均匀，不得露底、堆积、流淌；

③固化后的粘结料厚度不应小于 1.3mm；

④卷材接缝部位应挤出粘结料，接缝表面处应涂刮 1.3mm 厚 50mm 宽聚合物水泥粘结料封边；

⑤聚合物水泥粘结料固化前，不得在其上行走或进行后续作业。

（7）湿铺防水卷材铺贴时应符合下列规定：

①粘结卷材宜采用水泥浆，水灰比不应大于 0.45；

②将拌制均匀的水泥净浆在基层上刮涂均匀、平整，然后铺贴卷材，排除卷材下面的空气，辊压粘结牢固；双层铺设时，两层卷材之间应采用自粘粘结；

③卷材的长边和短边宜采用自粘或自粘胶带搭接；搭接部位胎体或高分子膜基的重叠宽度不应小于 30mm；

④卷材搭接边隔离膜与卷材大面隔离膜应分离，铺贴卷材时搭接边隔离膜应保留，卷材与基层铺贴完成后，再去除搭接边的

隔离膜，将干净的搭接边自粘胶层粘合；

⑤水泥浆终凝前 24h 内，不得在卷材表面行走和进行后续作业；

⑥施工温度较低时，宜对卷材搭接部位热风加热粘合。

（8）铺贴三元乙丙橡胶防水卷材时，与基层的粘结应采用自粘法或胶粘法，卷材搭接部位应采用自粘、胶粘带或热焊接搭接方式，并应符合下列规定：

①采用胶粘剂粘结的卷材，胶粘剂应在基层表面和卷材表面涂刷均匀，不得露底或堆积；胶粘剂表干后，方可铺贴卷材；

②铺贴卷材时，应辊压粘贴牢固。

（9）聚氯乙烯（PVC）防水卷材、热塑性聚烯烃（TPO）防水卷材的接缝应采用焊接法施工，并应符合下列规定：

①卷材的搭接缝可采用单焊缝或双焊缝。单焊缝搭接宽度应为 60mm，有效焊接宽度不应小于 25mm；双焊缝搭接宽度应为 80mm，每条焊缝的有效焊接宽度不宜小于 15mm；

②焊缝的结合面应清理干净，焊接应严密；

③应先焊长边搭接缝，后焊短边搭接缝；

④收头部位应固定密封。

（10）铺贴聚乙烯丙纶复合防水卷材时，应符合下列规定：

①应采用配套的聚合物水泥防水粘结料；

②卷材与基层应采用满粘法粘贴，粘结料应刮涂均匀，不得露底、堆积；

③固化后的粘结料厚度不应小于 1.3mm；

④卷材搭接缝表面应采用同类的粘结料密封覆盖，宽度不应小于 100mm，厚度不应小于 1.3mm。

（11）合成高分子自粘胶膜预铺防水卷材施工时，应符合下列规定：

①卷材应单层铺设；

②基面应平整、坚固、无明水；

③卷材长边应采用自粘胶、胶粘带搭接或热风焊接。采用热

风焊接时，搭接缝上应覆盖高分子自粘胶带，胶带宽度不应小于120mm；短边应采用胶粘带搭接或对接，卷材端部搭接区应相互错开；

④立面施工时，应采取临时固定措施；

⑤绑扎、焊接钢筋时应采取保护措施，并应及时浇筑结构混凝土。

7）粘贴封口条

卷材铺贴完毕后，对卷材长边和短边的搭接缝应用建筑密封材料进行嵌缝处理，然后再用封口条做进一步封口密封处理，封口条的宽度为120mm，如图4.3.5-1所示。

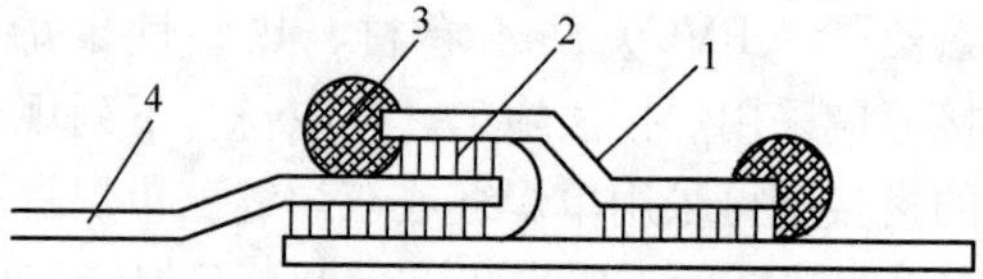

图4.3.5-1　封口条密封处理

1—封口条；2—卷材胶粘剂；3—密封材料；4—卷材防水层

8）铺设保护隔离层

平面和立面部位防水层施工完毕并经验收合格后，宜在防水层上虚铺一层沥青卷材作保护隔离层，铺设时宜用少许胶粘剂花粘固定，以防在浇筑细石混凝土刚性保护层时发生位移。

9）结构外墙面抹水泥砂浆找平层

底板、侧墙混凝土施工完毕、模板拆除后，先拆除临时性保护墙体，然后在结构外墙面清理后抹1∶3水泥砂浆找平层。

10）铺贴外墙立面卷材防水层

应先拆除底板卷材甩槎部位的临时保护措施，将甩槎部位卷材表面清理干净，并修补卷材的局部损伤；卷材接槎的搭接长度应不小于150mm；当使用两层卷材时，卷材应错槎接缝，上层卷材应盖过下层卷材。遇有预埋管（盒）等部位，必须先用附加卷材（或加筋防水涂膜）增强处理后再铺贴卷材防水层。铺贴完毕后，凡用胶粘剂粘贴的卷材防水层，应用密封材料对搭接缝进行嵌缝处理，并用封口条盖缝，用密封材料封边。

11）浇筑平面保护层和抹立面保护层

卷材防水层铺设完，经检查验收合格后，底板部位即可浇筑不小于50mm厚的C20细石混凝土，浇筑时切勿损伤保护隔离层和防水层，如有损伤须及时修补，以免留下隐患。侧墙部位（永久性保护墙体）防水层表面抹20厚1∶3水泥砂浆找平层加以保护。细石混凝土和砂浆保护层须压实、抹平、抹光。细石混凝土和水泥砂浆保护层养护固化后，即可按设计要求绑扎钢筋、支设立面模板进行浇筑底板和墙体混凝土。

12）外墙防水层保护层施工

外墙防水层经检查验收合格，确认无渗漏隐患后，可在立面卷材防水层外侧点粘5mm～6mm厚聚乙烯泡沫塑料片材或40mm厚聚苯乙烯泡沫塑料或砌筑半砖墙保护层。如用砖砌保护墙时，应每隔5m～6m及转角处应留缝，缝宽不小于20mm，缝内用油毡条或沥青麻丝填塞，保护墙与卷材防水层之间缝隙，随砌砖随用石灰砂浆填满，以防回填土侧压力将保护墙折断损坏。

13）顶板防水层与保护层施工

顶板防水卷材铺贴同底板垫层上铺贴。铺贴完后应按设计要求做保护层，其厚度不应小于70mm，防水层为单层时在保护层与防水层之间应设虚铺卷材作隔离层。回填土必须认真施工，要求分层夯实，土中不得含有石块，碎砖，灰渣等杂物，距墙面500mm范围内宜用黏土或2∶8灰土回填。

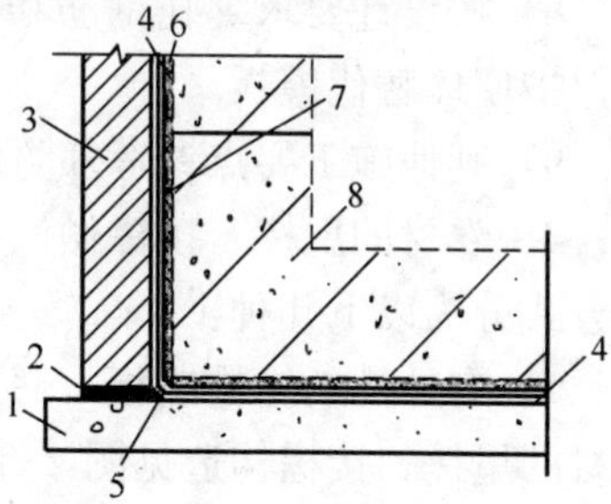

图4.3.5-2　外防内贴法构造做法

1—混凝土垫层；2—干铺油毡；3—永久性保护墙；4—找平层；5—卷材附加层；6—卷材防水层；7—保护层；8—混凝土结构

3　外防内贴法施工要点

外防内贴法构造如图4.3.5-2所示。

1）做混凝土垫层，如保护

墙较高，可采用加大永久性保护墙下垫层厚度的做法，必要时可配置加强钢筋。

2）在垫层上砌砖胎模，厚度为1砖厚，其下干铺一层卷材，回填土随砖胎模砌筑进行。

3）在砖胎模表面抹1∶（2.5～3）水泥砂浆找平层，要求抹平、抹光。阴阳角处应抹成圆弧形。

4）待找平层干燥后即可涂布基层处理剂。

5）复杂部位增强处理同外防外贴法。

6）卷材宜先铺立面后铺平面。立面部位的卷材防水层，应从阴阳角部位逐渐向上铺贴，阴阳角部位的第一块卷材，平面与立面各贴半幅，然后在已铺卷材的搭接边上弹出基准线，再按线铺贴卷材。卷材的铺贴方法、卷材的搭接粘接、嵌缝和封口密封处理方法与外防外贴相同。

7）施工质量检查验收，确认无渗漏隐患后，先在平面防水层上点粘石油沥青胎卷材保护隔离层，立面墙体防水层上粘贴5mm～6mm厚聚乙烯泡沫塑料片材保护层。施工方法与外防外贴法相同。然后在平面卷材保护隔离层上浇筑厚50mm以上C20细石混凝土保护层。

8）按设计要求绑扎钢筋和浇筑主体结构混凝土。利用永久性保护墙体替代模板。

9）其他施工要点参考外防外贴法。

4 卷材的甩槎、接槎做法根据底板是否外挑、底板侧端支模方式分为以下几种：

1）有外挑的结构底板，底板侧端采用砖胎模支模时，防水卷材的甩槎、接槎构造见图4.3.5-3，并应符合下列规定：

（1）砖胎模应砌筑牢固，内侧应采用砂浆找平。

（2）卷材甩槎部位应采用砌块压置，并设置隔离保护层。

（3）卷材与砖胎模宜空铺或点粘。

（4）接槎部位宜位于外挑底板端部平面上，接槎宽度不应小于150mm。底板设置两道防水层时，甩槎长度应错开100mm。

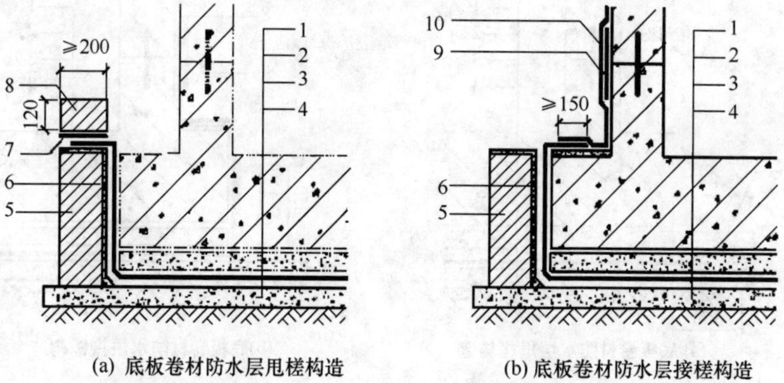

图 4.3.5-3　防水卷材甩槎、接槎构造（外挑底板、砖胎模）

1—防水混凝土底板；2—细石混凝土保护层；3—卷材防水层；4—混凝土垫层；5—砖胎模；6—水泥砂浆找平层；7—隔离层；8—临时保护砌体；9—施工缝加强防水层；10—侧墙防水层

2）有外挑的结构底板，底板侧端采用模板支模时，防水卷材的甩槎、接槎构造见图 4.3.5-4，并应符合下列规定：

（1）甩槎部位应做细石混凝土保护层。

（2）甩槎部位的卷材应采用隔离层保护。

（3）接槎施工前，应将保护层凿除，清除隔离层，将卷材上翻铺贴在混凝土结构上。

（4）接槎部位可在底板侧立面或外挑底板平面上，接槎宽度不应小于 150mm。底板设置两道防水层时，甩槎长度应错开 100mm。

3）无外挑的结构底板，底板侧端采用砖胎模支模时，防水卷材的甩槎、接槎构造见图 4.3.5-5，并应符合下列规定：

（1）砖胎模应砌筑牢固，内侧应采用砂浆找平。

（2）卷材接槎区域的砌体宜用低强度等级的砂浆砌筑，应高出水平施工缝 50mm～100mm。

（3）卷材与砖胎模宜点粘固定。

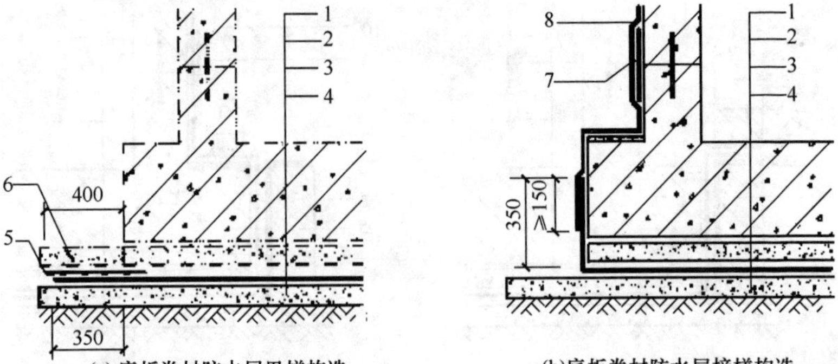

(a) 底板卷材防水层甩槎构造　　(b)底板卷材防水层接槎构造

图 4.3.5-4　防水卷材甩槎、接槎构造（底板外挑、模板）

1—底板；2—保护层；3—卷材防水层；4—垫层；5—隔离层；6—后切除保护层；

7—施工缝加强防水层；8—侧墙防水层

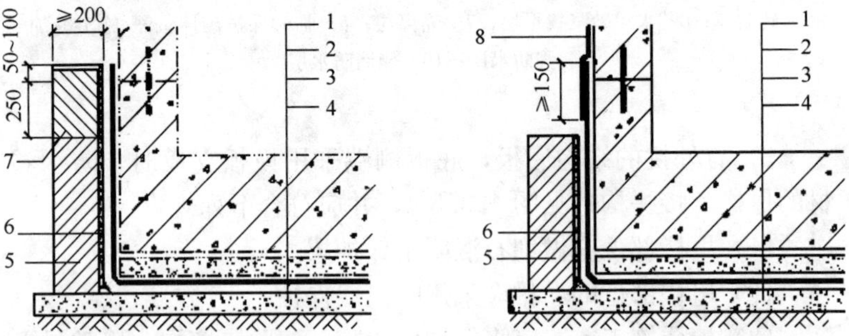

(a) 底板卷材防水层甩槎构造　　(b) 底板卷材防水层接槎构造

图 4.3.5-5　防水卷材甩槎、接槎构造（底板无外挑、砖胎模）

1—底板；2—保护层；3—卷材防水层；4—垫层；5—砖胎模；

6—水泥砂浆找平层；7—临时保护砌体；8—侧墙防水层

（4）接槎搭接宽度不应小于 150mm，底板设置两道防水层时，甩槎长度应错开 100mm。

4）无外挑的结构底板，底板侧端采用模板支模时，防水卷材的甩槎、接槎应执行本款第 2 项的规定。

4.3.6　成品保护

1 卷材在运输及保管时平放不高于四层，立放不高于两层，不得斜放，应避免雨淋、日晒、受潮，以防粘结变质。

2 已铺贴好的卷材防水层，应及时采取保护措施。操作人员不得穿带钉鞋在底板上作业。

3 穿墙和地面管道根部、地漏等，不得碰坏或造成变位。

4 卷材铺贴完成后，要及时做好保护层。外防外贴法墙角留槎的卷材要妥加保护，防止断裂和损伤并及时砌好保护墙；各层卷材铺完后，其顶端应给予临时固定，并加以保护，或砌筑保护墙和进行回填土，保护层应符合以下规定：

1）顶板卷材防水层上的细石混凝土保护层厚度应符合设计要求，防水层为单层卷材时，在防水层与保护层之间应设置隔离层；

2）底板卷材防水层上的细石混凝土保护层厚度不应小于 50mm；

3）侧墙卷材防水层宜采用软保护或铺抹 20mm 厚的 1∶3 水泥砂浆。

5 排水口、地漏、变形缝等处应采取措施保护，保持口内、管内畅通。防止基层积水或污染而影响卷材铺贴质量。

4.3.7 安全、环保措施

1 参加沥青操作人员应穿工作服，戴安全帽、口罩、手套、帆布脚盖等劳保用品；工作前手、脸及外露皮肤应涂擦防护油膏等。

2 地下室通风不良时，铺贴卷材应采取通风措施，防止有机溶剂挥发，使操作人员中毒。

3 不准焚烧产生有毒气体的物品。

4 胶粘剂、水性处理剂、稀释剂和溶剂等使用后，应及时封闭存放，废料应及时清出室内。

4.3.8 质量标准

Ⅰ 主 控 项 目

1 卷材防水层所用卷材及主要配套材料必须符合设计要求。

检验方法：检查出厂合格证、质量检验报告和现场抽样试验报告。

2 卷材防水层及其转角处、变形缝、穿墙管道等细部做法均须符合设计要求。

检验方法：观察检查和检查隐蔽工程验收记录。

Ⅱ 一 般 项 目

1 卷材防水层的搭接缝应粘结或焊接牢固，密封严密，不得有扭曲、折皱、翘边和起泡等缺陷。

检验方法：观察检查。

2 采用外防外贴法铺贴卷材防水层时，立面卷材接槎的搭接宽度，高聚物改性沥青类卷材应为150mm，合成高分子类卷材应为100mm，且上层卷材应盖过下层卷材。

检验方法：观察和尺量检查。

3 侧墙卷材防水层的保护层与防水层应结合紧密，保护层厚度应符合设计要求。

检验方法：观察和尺量检查。

4 卷材搭接宽度的允许偏差为－10mm。

检验方法：观察和尺量检查。

4.3.9 质量验收

1 检验批的验收由监理工程师或建设单位项目技术负责人组织项目专业质量检查员等进行验收。

2 每检验批按铺贴面积每100m^2抽查1处，每处10m^2，且不得少于3处，在施工组织设计（或方案）中事先确定。

3 验收时检验各种原材料的试验报告。

4 当地方标准有统一规定时，按当地标准执行。当地方无统一标准时，检验批质量验收记录宜采用表4.3.9“卷材防水层检验批质量验收记录表”。

表 4.3.9 卷材防水层检验批质量验收记录表

编号：______

<table>
<tr><td colspan="2">单位（子单位）工程名称</td><td></td><td>分部（子分部）工程名称</td><td></td><td>分项工程名称</td><td></td></tr>
<tr><td colspan="2">施工单位</td><td></td><td>项目负责人</td><td></td><td>检验批容量</td><td></td></tr>
<tr><td colspan="2">分包单位</td><td></td><td>分包单位项目负责人</td><td></td><td>检验批部位</td><td></td></tr>
<tr><td colspan="2">施工依据</td><td colspan="2"></td><td>验收依据</td><td colspan="2">《地下防水工程质量验收规范》GB 50208－2011</td></tr>
<tr><td rowspan="3">主控项目</td><td colspan="2">验收项目</td><td>设计要求及规范规定</td><td>最小/实际抽样数量</td><td>检查记录</td><td>检查结果</td></tr>
<tr><td>1</td><td>卷材及配套材料质量</td><td>符合设计要求</td><td></td><td></td><td></td></tr>
<tr><td>2</td><td>细部做法</td><td>符合设计要求</td><td></td><td></td><td></td></tr>
<tr><td rowspan="5">一般项目</td><td>1</td><td>卷材防水层的搭接缝</td><td>粘结或焊接牢固，密封严密，不得有扭曲、折皱、翘边和起泡等缺陷</td><td></td><td></td><td></td></tr>
<tr><td rowspan="2">2</td><td rowspan="2">采用外防外贴法铺贴卷材防水层时，立面卷材接槎的搭接宽度</td><td>高聚物改性沥青类卷材应为150mm，且上层卷材应盖过下层卷材</td><td></td><td></td><td></td></tr>
<tr><td>合成高分子类卷材应为100mm，且上层卷材应盖过下层卷材</td><td></td><td></td><td></td></tr>
<tr><td>3</td><td>侧墙卷材防水层的保护层与防水层</td><td>应结合紧密，保护层厚度应符合设计要求</td><td></td><td></td><td></td></tr>
<tr><td>4</td><td>卷材搭接宽度的允许偏差</td><td>－10mm</td><td></td><td></td><td></td></tr>
<tr><td colspan="2">施工单位检查结果</td><td colspan="5">专业工长：
项目专业质量检查员：
年 月 日</td></tr>
<tr><td colspan="2">监理（建设）单位验收结论</td><td colspan="5">专业监理工程师：
（建设单位项目专业技术负责人）：
年 月 日</td></tr>
</table>

4.4 涂料防水层

4.4.1 一般规定

1 本节适用于受侵蚀性介质或受振动作用的地下工程；有机防水涂料宜用于主体结构的迎水面，无机防水涂料宜用于主体结构的迎水面或背水面。

2 有机防水涂料应采用反应型、水乳型、聚合物水泥等涂料；无机防水涂料应采用掺外加剂、掺合料的水泥基防水涂料或水泥基渗透结晶型防水涂料。

3 有机防水涂料基面应干燥。当基面较潮湿时，应涂刷湿固化型胶结剂或潮湿界面隔离剂；无机防水涂料施工前，基面应充分湿润，但不得有明水。

4 涂料防水层的品种和厚度应按表 4.4.1 选用，并应符合下列规定：

1）潮湿基层宜选用水泥基渗透结晶型防水涂料、聚合物水泥防水涂料。

2）聚合物水泥防水涂料乳液品种宜使用丙烯酸酯。

3）非固化橡胶沥青防水涂料宜与沥青类防水卷材复合使用。

表 4.4.1 涂料防水层品种及最小厚度（mm）

涂料品种		聚氨酯防水涂料	聚合物水泥防水涂料	非固化橡胶沥青防水涂料	喷涂聚脲防水涂料
二道设防	涂料与卷材叠合设置	≥1.5	≥1.5	≥1.5	≥1.5
	涂料与卷材分开设置	≥2.0	≥1.5	—	≥1.5
一道设防		≥2.0	≥2.0	≥1.5	≥1.5

5 有机防水涂料施工完后应及时做好保护层，保护层应符合下列规定：

1）顶板的细石混凝土保护层与防水层之间宜设置隔离层。

2）底板的细石混凝土保护层厚度应大于 50mm。

3）侧墙宜采用聚苯乙烯泡沫塑料保护层，或砌砖保护墙

(边砌边填实）和铺抹 30mm 厚水泥砂浆。

6 防水卷材和防水涂料作为二道防水叠合使用时，防水卷材和防水涂料的厚度应符合表 4.3.1-2 和表 4.4.1 最小厚度规定。非固化橡胶沥青防水涂料与防水卷材叠合使用时，最小厚度不应小于 1.5mm。

7 水泥基渗透结晶型防水涂料用料不应小于 1.5kg/m^2，且厚度不应小于 1.0mm。

4.4.2 施工准备

1 技术准备

参见本标准第 3.1.1 条中相关内容。

2 材料准备

防水涂料、胎体增强材料、密封材料。

3 施工机具准备

应备有电动搅拌器、塑料圆底拌料桶、台秤、吹风机（或吸尘器)、扫帚、油漆刷、滚动刷、橡皮刮板及消防器材等。

4 作业条件

1）基层表面的气孔、凹凸不平、蜂窝、缝隙、起砂等，应用水泥砂浆找平或用聚合物水泥腻子填补刮平。

2）涂料施工前，基层阴阳角应做成圆弧形，阴角直径宜大于 50mm，阳角直径宜大小 10mm。

3）涂料施工前应先对阴阳角、预埋件、穿墙等部位进行密封或加强处理。

4）涂料的配制及施工，必须严格按涂料的技术要求进行。

5）基层应干燥，含水率不得大于 9%，当含水率较高或环境湿度大于 85%时，应在基面涂刷一层潮湿隔离剂。基层含水率测定，可用高频水分测定计测定，也可用厚为 1.5mm～2.0mm 的 1m^2 橡胶板材覆盖基层表面，放置 2h～3h，若覆盖的基层表面无水印，且紧贴基层的橡胶板一侧也无凝结水印，则基层的含水率即不大于 9%。

6）不同基层衔接部位、施工缝处，以及基层因变形可能开裂或已开裂的部位，均应嵌补缝隙，并用密封材料进行补强处理。

7）涂料防水层严禁在雨天、雾天、五级及以上大风时施工，不得在施工环境温度低于5℃及高于35℃或烈日暴晒时施工。

4.4.3 材料质量控制

1 涂料防水层所选用的涂料应符合下列规定：

1）具有良好的耐水性、耐久性、耐腐蚀性及耐菌性。

2）无毒、难燃、低污染。

3）无机防水涂料应具有良好的湿干粘结性、耐磨性和抗刺穿性；有机防水涂料应具有较好的延伸性及较大适应基层变形能力。

2 不同品种防水涂料的主要性能指标，有机防水涂料应符合本标准附录B中表B.2.1的规定，无机防水涂料应符合本标准附录B中表B.2.2的规定。喷涂聚脲防水涂料应符合表4.4.3-1的规定，非固化橡胶沥青防水涂料应符合表4.4.3-2的规定。

表4.4.3-1 喷涂聚脲防水涂料性能指标

项目	指标	试验方法
干燥基面粘结强度（MPa）	≥2.0	现行国家标准《喷涂聚脲防水涂料》GB/T 23446
不透水性（0.3MPa，120min）	不透水	
拉伸强度（MPa）	≥10.0	
断裂伸长率（%）	≥300	
吸水率（%）	≤5.0	
耐水性（%）	≥80	附录E

表4.4.3-2 非固化橡胶沥青防水涂料性能指标

项目	指标	试验方法
固体含量（%）	≥98	现行行业标准《非固化橡胶沥青防水涂料》JC/T 2216
干燥基面粘结性能	95%内聚破坏	
潮湿基面粘结性能	95%内聚破坏	

续表 4.4.3-2

项目		指标	试验方法
耐热性（65℃，2h）		无滑动、流淌、滴落	现行行业标准《非固化橡胶沥青防水涂料》JC/T 2216
低温柔性		−20℃，无断裂	
延伸性（mm）		≥15	
自愈性		无渗水	
抗窜水		0.6MPa 无窜水	
应力松弛	无处理（%）	≤35	
	70℃，168h 热老化（%）	≤35	

3 胎体增强材料的质量应符合表 4.4.3-3 的规定。

表 4.4.3-3 胎体增强材料质量要求

项 目		聚酯无纺布	化纤无纺布	玻纤网布
外 观		均匀、无团状、平整、无折皱		
拉力（宽 50mm）	纵向	≥150N	≥45N	≥90N
	横向	≥100N	≥35N	50N
延伸率	纵向	≥10%	≥10%	≥3%
	横向	≥20%	≥20%	≥3%

4.4.4 施工工艺

1 工作流程

施工方案编制→深化设计→施工技术交底→施工现场准备→涂料防水层施工

根据涂料防水层设置方式分为：

1）外防外涂：（在垫层上砌筑永久性保护墙→接砌临时保护墙→保护墙找平层施工）→涂料防水层施工→浇筑混凝土底板、侧墙→侧墙涂料防水层施工→顶板混凝土浇筑→顶板涂料防水层施工

2）外防内涂：在垫层上砌筑永久性保护墙→保护墙找平层施工→涂料防水层施工→浇筑混凝土底板、侧墙、顶板→顶板涂

膜防水层施工

2 工艺流程

1）常用涂料防水层施工工艺

基层清理→涂刷基层处理剂→复杂部位增强处理→涂料搅拌→涂刷防水层→保护层施工

2）聚脲防水涂料施工工艺

基层表面处理→复杂部位增强处理→喷底涂→各组分涂料充分搅拌→分遍喷涂聚脲防水涂料→涂层检验与修补→保护层施工

3）非固化沥青橡胶防水涂料施工工艺

基层清理→涂刷基层处理剂→复杂部位增强处理→喷涂非固化沥青橡胶防水涂料→铺贴聚乙烯丙纶防水卷材→保护层施工

4.4.5 施工要点

1 涂料防水层基本施工要点

1）保护墙砌筑及保护墙找平层施工工见本标准第 4.3.5 条第 2 款 1、2、3 项。

2）基层清理

涂料防水层的基层应符合本标准第 3.3.3 条和第 4.4.2 条的规定。

3）基层处理剂配制与施工应符合下列规定：

（1）基层处理剂应与防水涂料相容，宜使用厂家配套产品。

（2）基层处理剂应配比准确，并应搅拌均匀。

（3）喷、涂基层处理剂应均匀一致，表干后应及时进行防水涂料施工。

4）复杂部位增强处理

（1）阴角、阳角部位加强处理做法：基层涂布底层涂料后，把胎体增强材料铺贴好，在涂布第一道、第二道防水涂料。做法如图 4.4.5-1、图 4.4.5-2 所示。

（2）管道根部需用砂纸打毛并清除油污，管根周围基层清洁干燥后与基层同时涂刷底层涂料，其固化后做增强涂层，增强层固化后再涂刷涂膜防水层，见图 4.4.5-3。

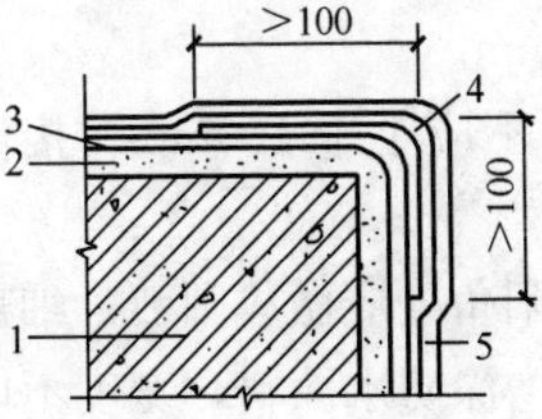

图 4.4.5-1　阳角做法

1—需防水结构；2—水泥砂浆找平层；3—底涂层；4—胎体增强涂布层；5—涂膜防水层

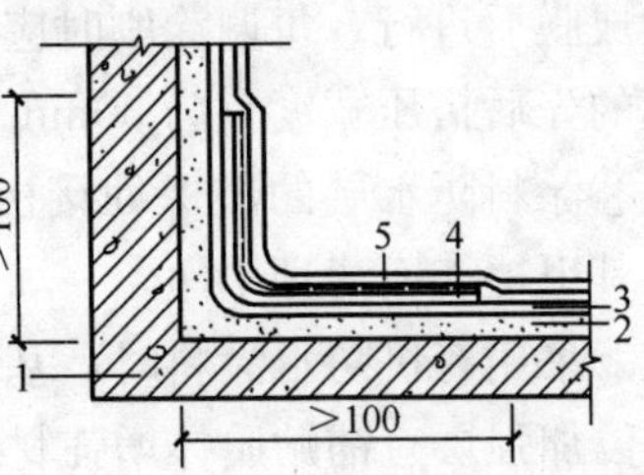

图 4.4.5-2　阴角做法

1—需防水结构；2—水泥砂浆找平层；3—底涂层；4—胎体增强涂布层；5—涂膜防水层

(3) 施工缝处先涂刷底层涂料，固化后铺设 1mm 厚、100mm 宽的橡胶条，然后再涂布涂膜防水层，见图 4.4.5-4。

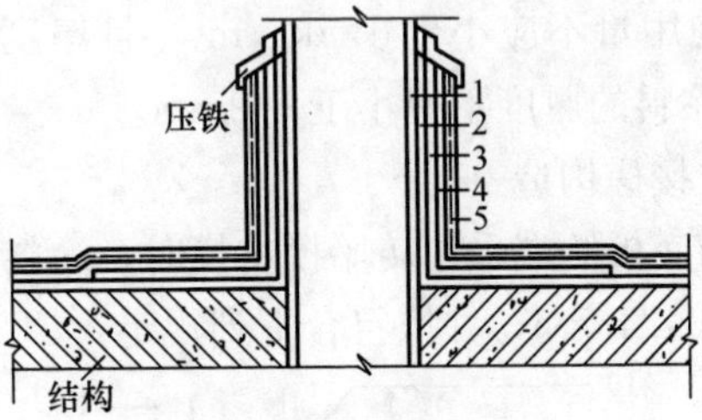

图 4.4.5-3　管道根部做法

1—穿墙管；2—底涂层（底胶）；3—十字交叉胎体增强材料，并用铜线绑扎增强层；4—找平层；增强涂布层；5—第二道涂膜防水层

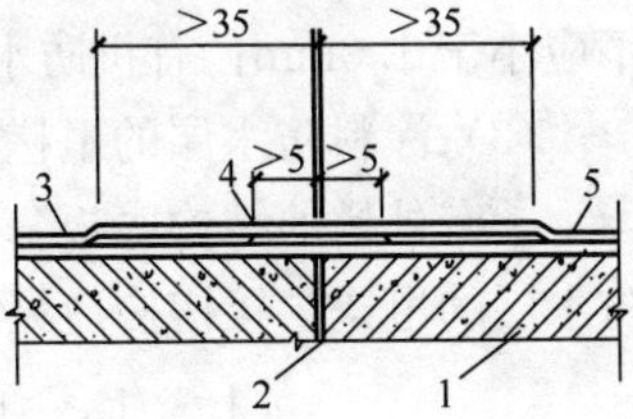

图 4.4.5-4　施工缝或裂缝处理

1—混凝土结构；2—施工缝或裂缝、缝隙；3—底层涂料（底胶）；4—10cm 自粘胶条或一边粘贴的胶条；5—涂膜防水层

5）涂料搅拌

多组分涂料应按配合比准确计量，搅拌均匀，并应根据有效时间确定每次配置的用量。

6）涂料防水层施工

(1) 防水涂料的施工应符合下列规定：

①涂料应分层涂刷或喷涂，涂层应均匀，涂刷应待前遍涂层

干燥成膜后进行。每遍涂刷时应交替改变涂层的涂刷方向，同层涂膜的先后搭压宽度宜为 30mm～50mm。

②涂料防水层的甩槎处接槎宽度不应小于 100mm，接涂前应将其甩槎表面清理干净。

③采用有机防水涂料时，基层阴阳角处应做成圆弧；细部构造部位加强层宜铺贴胎体增强材料和增涂防水涂料，宽度不应小于 500mm。加强层厚度应符合表 3.3.2 的规定。

④胎体增强材料的搭接宽度不应小于 100mm。上下两层和相邻两幅胎体的接缝应错开 1/3 幅宽，且上下两层胎体不得相互垂直铺贴。

⑤铺贴胎体增强材料时，胎体应充分浸透，不得露槎和褶皱。

（2）涂层厚度

掺外加剂、掺合料的水泥基防水涂料厚度不得小于 3.0mm；水泥基渗透结晶型防水涂料的用量不应小于 1.5kg/m^2，且厚度不应小于 1.0mm；有机防水涂料的厚度不得小于 1.2mm。

（3）涂料防水层的甩槎、接槎构造

①有外挑的结构底板，当底板侧端采用砖胎模支模时，涂料防水层的甩槎、接槎构造见图 4.4.5-5，并应符合下列规定：

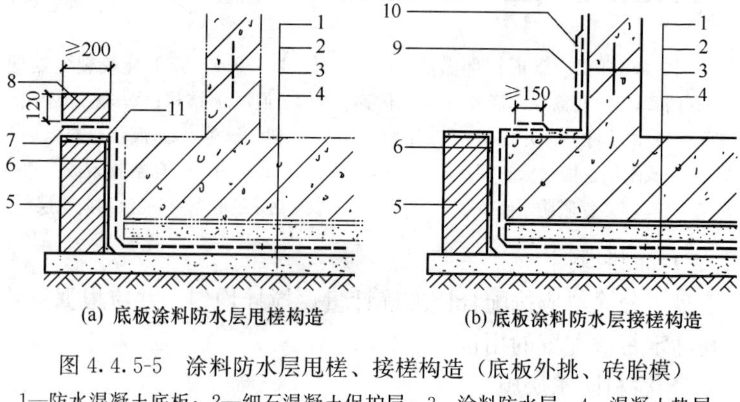

图 4.4.5-5　涂料防水层甩槎、接槎构造（底板外挑、砖胎模）

1—防水混凝土底板；2—细石混凝土保护层；3—涂料防水层；4—混凝土垫层；5—砖胎模；6—水泥砂浆找平层；7—隔离层；8—临时保护砌体；9—施工缝加强防水层；10—侧墙防水层；11—胎体甩槎

a. 砖胎模应砌筑牢固，内侧应采用砂浆找平。

b. 涂料防水层应涂刷至砖胎模的上端，并将涂料防水层的胎体上翻至砖胎模顶面，表面采用隔离层保护。无胎基涂料防水层应在接槎部位增加胎体材料，胎体长度不应小于 150mm，甩槎长度不应小于 150mm。

c. 接槎施工前将保护砌体和隔离层清除，将甩槎胎体折向底板外挑平面，并涂刷与底板相同的防水涂料。

d. 墙面防水层与底板涂料防水层接槎宽度不应小于 150mm，底板设置两道防水层时，甩槎长度应错开 100mm。

②有外挑的结构底板，底板侧端采用模板支模时，涂料防水层的甩槎、接槎构造见图 4.4.5-6，应符合下列规定：

a. 甩槎部位宜设置保护层。

b. 甩槎部位防水涂料表面应做隔离层。

c. 接槎施工前，应将保护层和隔离层清除，侧墙防水层与底板防水层相衔接，搭接宽度不应小于 150mm。

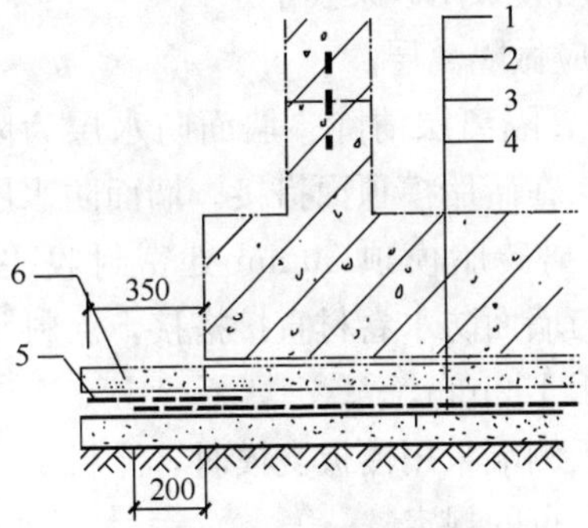

(a) 底板涂料防水层预留衔接构造

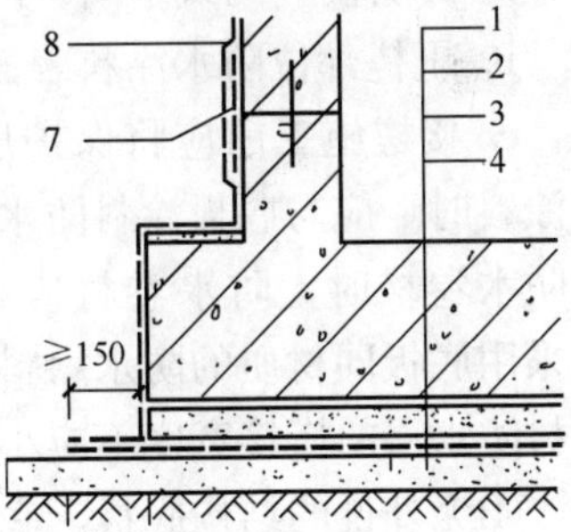

(b) 底板涂料防水层接槎构造

图 4.4.5-6　涂料防水层预留衔接与接槎构造（底板外挑、模板）

1—防水混凝土底板；2—细石混凝土保护层；3—涂料防水层；4—混凝土垫层；5—隔离层；6—后切除保护层；7—施工缝加强防水层；8—侧墙防水层

③无外挑的结构底板，底板侧端采用砖胎模支模时，涂料防水层的甩槎、接槎构造见图 4.4.5-7，并应符合下列规定：

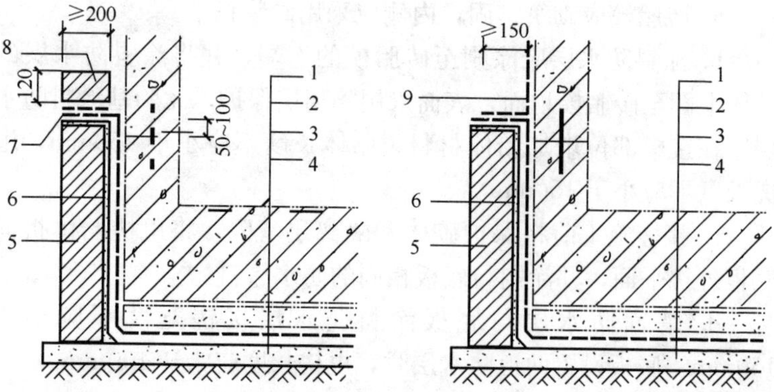

(a) 底板涂料防水层预留衔接构造　　(b) 底板涂料防水层接槎构造

图 4.4.5-7　涂料防水层预留衔接与接槎构造（无外挑、砖胎模）
1—防水混凝土底板；2—细石混凝土保护层；3—涂料防水层；4—混凝土垫层；5—砖胎模；6—水泥砂浆找平层；7—隔离层；8—临时保护砌块；9—侧墙防水层

a. 砖胎模应砌筑牢固，内侧应采用砂浆找平。

b. 甩槎部位防水涂料表面应做隔离层。

c. 接槎施工前应将保护层、隔离层清除。墙面防水层为防水涂料时，应与底板涂料防水层在砖胎模顶面搭接。墙面防水层为防水卷材时，防水卷材应在离砖胎模顶 50mm 处密封收头，并采用底板同材质的防水涂料与墙面防水卷材直接搭接，涂料与卷材防水层的搭接宽度不应小于 150mm。

④无外挑的结构底板，底板侧端采用模板支模时，涂料防水层的甩槎、接槎应符合本目第 2 点的规定。

（4）涂布操作要点

①每层涂抹方向应相互垂直。增强涂布或增补涂布可在涂刷基层处理剂后进行；也可以在涂布第一遍涂膜防水层以后进行。还有将增强涂布夹在每相邻两层涂膜之间的作法。

②增强涂布是在涂布增强涂膜中铺设聚酯纤维无纺布，做成“一布二涂”或“二布三涂”，用板刷涂刮驱除气泡，将聚酯纤维

无纺布紧密地粘贴在已涂刷基层处理剂的基层上，不得出现空鼓或折皱。这种做法一般为条形。增补涂布为块状，做法同增强涂布，但可做多次涂抹。

增强、增补涂布与基层处理剂是组成涂膜防水层的最初涂层，对防水层的抗渗性能具有重要作用，因此涂布操作时要认真仔细，保证质量，不得有气孔、鼓泡、折皱、翘边、露白等缺陷，聚酯纤维无纺布应按设计规定搭接。

③当防水层中需铺设胎体增强材料时，一般应在第二遍涂层刮涂后，立即铺贴聚酯纤维无纺布，并使无纺布平坦地粘贴在涂膜上，长短边搭接宽度均应大于100mm，在无纺布上再滚涂混合料，滚压密实，不允许有皱折或空鼓、翘边现象，经5h以上固化后，方可涂刷第三遍涂层。如有二层或二层以上胎体增强材料时，上下层接缝应错开1/3幅宽。

7）保护层施工

有机防水涂料施工完后应及时做保护层，在养护期不得上人行走，亦禁止在涂膜上放置物品等。底板、顶板细石混凝土保护层厚度不小于50mm，防水层与保护层之间宜设置隔离层；侧墙背水面保护层应采用20mm厚的1∶2.5水泥砂浆；侧墙迎水面保护层宜用软质保护材料或20mm厚的1∶2.5水泥砂浆。

2 聚氨酯防水涂料施工要点

1）涂刷基层处理剂

将聚氨酯甲、乙组分和有机溶剂按1∶1.5∶2的比例（质量比）配置，搅拌均匀，再用长柄滚刷蘸满混合料均匀地涂刷在基层表面上，涂刷时不得堆积或露白见底，涂刷量以0.3kg/m^{2}左右为宜，涂后应干燥5h以上，方可进行下一工序施工。

2）涂布操作要点

（1）防水涂膜涂布时，用长柄滚刷蘸取配制好的混合料，顺序均匀地涂刷在基层处理剂已干燥的基层表面上，涂刷时要求厚薄均匀一致，对平面基层以3～4遍为宜，每遍涂刷量为0.6kg/m^2～0.8kg/m^2；对立面基层以涂刷4～5遍为宜，每遍涂刷量为 0.5kg/m^2～0.6kg/m^2。防水涂膜总厚度以不小于 2mm 为合格。

（2）涂完第一遍涂膜后，一般需固化 5h 以上，以指触基本不粘时，再按上述方法涂刷第二、三、四、五遍涂层。对平面基层，应将搅拌均匀的混合料分开倒于基面上，用刮板将涂料均匀地刮开摊平；对立面基层，一般采用塑料畚箕刮涂，畚箕口倾斜与墙面成 60°夹角，自下而上用橡皮刮板刮涂。

3 聚合物水泥防水涂料施工要点

1）应设置无纺布增强层，增强层宜为聚酯或丙纶无纺布，单位面积质量为 40g/m^2～50g/m^2。

2）涂布操作要点

（1）防水层可采用喷涂、滚涂或刷涂均可。一般采用刷涂法，用长板刷、排笔等软毛刷进行。涂料使用前应先搅拌均匀，并不得任意加水。

（2）防水层的刷涂层次，一般分四遍，第一、四遍为 1 号涂料，第二、三遍为 2 号涂料。

（3）首先在处理好的基层上均匀地涂刷一遍 1 号防水涂料，不得漏涂，同时涂刷不宜太快，以免在涂层中产生针眼、气泡等质量通病，待第一遍涂料固化干燥后再涂刷第二遍。

（4）第二、三遍均涂刷 2 号防水涂料，每遍涂料均应在前遍涂料固化干燥后涂刷。凡遇底板与立墙根连的阴角，均应铺设聚酯纤维无纺布进行附加增强处理，作法与聚氨酯涂料处理相同。

3）保护层施工

（1）当第四遍涂料涂刷后，表面尚未固化而仍发黏时，在其上抹一层 1∶2.5 水泥砂浆保护层。由于该防水涂料具有憎水性，因此抹砂浆保护层时，其砂浆的稠度应小于一般砂浆，并注意压实抹光，以保证砂浆与防水层有良好的粘结，同时水泥砂浆中要清除小石子及尖锐颗粒，以免在抹压时损伤防水涂膜。

（2）当采用外防内涂法施工时，则可在第四遍涂膜防水层上花贴一层沥青卷材作隔离层，这一隔离层就可作为立墙的内模板，但在绑扎钢筋、浇筑主体结构混凝土时，应注意防止损坏卷材隔离层和涂膜防水层。

（3）当采用内防水法施工时，则应在最后一遍涂料涂刷时，采取边刷涂料，边撒中粗砂（最好粗砂），并将砂子与涂料粘牢或铺贴一层结合界面材料，如带孔的黄麻织布、玻纤网格布等，然后抹水泥砂浆或粘贴面砖饰面层。

4 水泥基渗透结晶型防水涂料施工要点

1）基层处理

基面应充分湿润，但不得有明水。新浇的混凝土表面在浇筑20h后，方可使用该类防水涂料。混凝土浇筑后的24h～72h为使用该涂料的最佳时段，新混凝土基面仅需少量的预喷水。

2）涂布操作要点

（1）涂刷时须使用半硬的尼龙刷，不得使用抹子、滚筒、油漆刷或喷枪等工具。

（2）涂层要求均匀，涂料应分2～3遍涂刷，涂层的厚度应小于1.2mm。

（3）对水平地面或台阶阴、阳角，必须涂料均匀涂刷，阴角及凹陷处不能涂刷过厚。

3）养护

（1）涂料终凝后应及时进行保湿养护，养护时间不少于72h，用雾状水喷洒养护，不得采用浇水或蓄水养护。

（2）在养护过程中，必须在施工后48h内防避雨淋、烈日暴晒及污水污染、霜冻损害。

5 聚脲防水涂料施工要点

1）基层处理及作业条件

（1）基层表面温度比露点温度至少高3℃的条件下进行喷涂作业。在四级风及以上的露天环境下，不宜实施喷涂作业。

（2）应符合本标准第3.3.3条和第4.4.2条的规定。

2）喷涂设备应符合以下规定：

（1）涂膜防水层使用喷涂工艺进行施工。宜选用具有双组分枪头混合喷射系统的喷射设备，喷射设备应具备物料输送、计量、混合、喷射和清洁功能。

（2）喷涂设备应有专业技术人员管理和操作。喷涂作业时，宜根据施工方案和现场条件适时调整工艺参数。

（3）喷射设备的配套装置应符合下列规定：

①对喷涂设备主机供料的温度不应低于15℃。

②B料桶应配置搅拌器。

③应配备向A料桶和喷枪提供干燥空气的空气干燥机。

3）喷底涂：喷底涂前应检测基层干燥程度，且应在基层干燥度检测合格后涂刷底涂料。底涂层经验收合格后，宜在喷涂聚脲防水涂料生产厂家规定的间隔时间内进行喷涂作业。超出规定间隔时间的，应重新涂刷底涂料。

4）各组分涂料充分搅拌：喷涂作业前应充分搅拌B料。严禁现场向A料和B料中添加任何物质。严禁混淆A料和B料的进料系统。

5）分遍喷涂聚脲防水涂料：喷涂作业时，喷枪宜垂直于待喷基层，距离宜适中，并宜匀速移动。应按照先细部构造后整体的顺序连续作业，一次多遍、交叉喷涂至设计要求的厚度。两次喷涂时间间隔超出喷涂聚脲防水涂料生产厂家规定的复涂时间时，再次喷涂作业前应在已有涂层的表面施作层间处理剂。两次喷涂作业面之间的接槎宽度不应小于150mm。

6）涂层检验与修补：修补涂层时，应先清除损伤及粘结不牢的涂层，并应将缺陷部位边缘100mm范围内的涂层及基层打毛并清理干净，分别涂刷层间处理剂及底涂料。

7）喷涂聚脲涂层边缘收头处理应符合下列规定：

（1）对不承受流体冲刷、外力冲击的涂层，涂层边缘宜采取斜边逐步减薄处理，减薄长度不宜小于100mm，如图4.4.5-8所示。

（2）对长期承受流体冲刷、外力冲击的涂层，涂层手边宜采取开槽或打磨成斜边并密封处理。

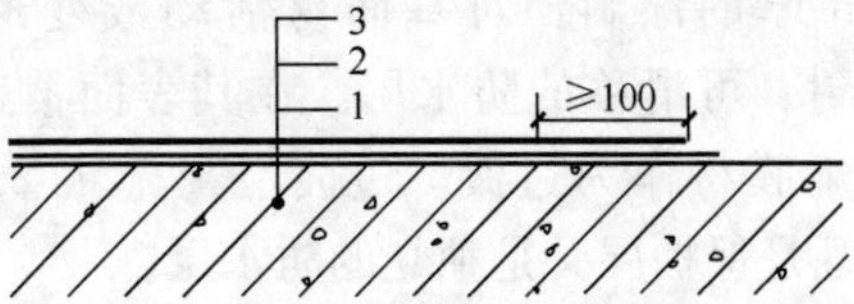

图 4.4.5-8　涂层边缘逐步减薄处理

1—基层；2—底涂层；3—喷涂聚脲涂层

（3）应采用切割方式开槽，开槽的深度宜为 10mm～20mm，宽度宜为深度的 1.0 倍～1.2 倍，槽中应至少分 3 遍喷涂聚脲防水涂料并嵌填密封材料，如图 4.4.5-9 所示。

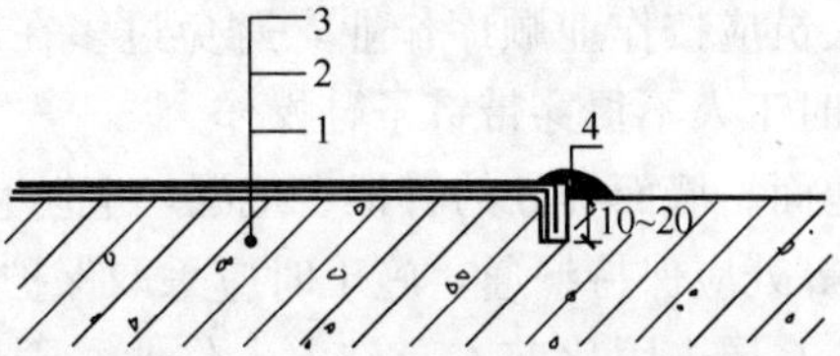

图 4.4.5-9　涂层边缘开槽密封处理

1—基层；2—底涂层；3—喷涂聚脲涂层；4—密封材料

（4）应采用切割并打磨的方式形成斜坡，斜坡的最深处宜为 3mm～5mm，其中应至少分 2 遍喷涂聚脲防水涂料直至与基层齐平，如图 4.4.5-10 所示。

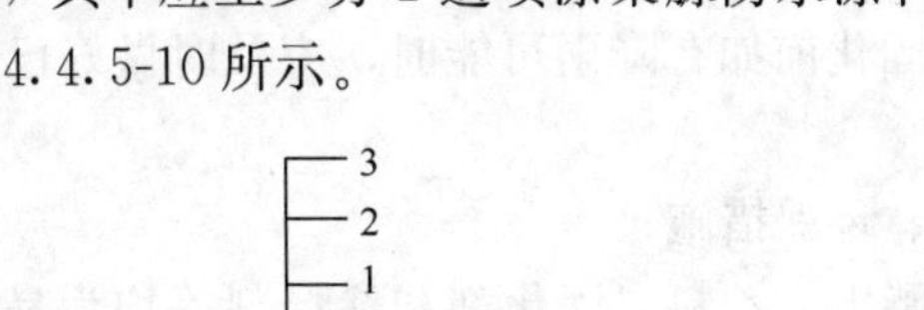

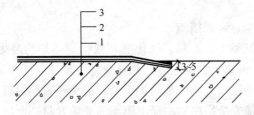

图 4.4.5-10　涂层边缘斜坡密封处理

1—基层；2—底涂层；3—喷涂聚脲涂层

6　非固化橡胶沥青防水涂料施工要点

1）施工时，采用专用设备挤出并以刮涂法施工，在底层刮涂不小于 3mm 厚的涂料，对基面易活动或变形部位增厚到 4mm，形成密封、可滑移的防水层。在其表面覆盖一层复合丙纶无纺布聚乙烯膜材作为过渡。过渡层上施工 2mm 厚聚脲涂层，聚脲涂层既是保护层又是独立的防水层。

2）宜采用局优加热和计量等功能的专用施工设备。

3）低温施工时，基层表面应保持干燥，不得有结冰。

4）涂料施工应与卷材铺贴同步进行，卷材搭接边应采用自粘粘结或热风辅助热熔粘结。

5）卷材自重较大时，应采取固定措施，固定部位应密封。

4.4.6 成品保护

1 操作人员应按作业顺序作业，避免过多在已施工的涂膜层上走动，同时工人不得穿带钉子鞋操作。

2 穿过地面、墙面等处的管根、地漏，应防止碰损、变位。地漏、排水口等处应保持畅通，施工时应采取保护措施。

3 涂膜防水层未固化前不允许上人作业；干燥固化后应及时做保护层，以防破坏涂膜防水层，造成渗漏。

4 涂膜防水层施工时，应注意保护门窗、墙壁等成品，防止污染。

5 严禁在已做好的防水层上堆放物品，尤其是金属物品。

6 涂膜固化前如有降雨可能时，应及时做好已完涂层的保护工作。

4.4.7 安全、环保措施

1 聚氨酯甲、乙料、固化剂和稀释剂等均为易燃品，应贮存在阴凉、远离火源的地方，贮仓及施工现场应严禁烟火。

2 现场操作人员应戴防护手套，避免聚氨酯污染皮肤。

3 其他安全措施同本标准第 4.3.6 条卷材防水层。

4.4.8 质量标准

Ⅰ 主 控 项 目

1 涂料防水层所用材料及配合比必须符合设计要求。

检验方法：检查出厂合格证、质量检验报告、计量措施和现场抽样试验报告。

2 涂料防水层的平均厚度应符合设计要求，最小厚度不得小于设计厚度的90%。

检验方法：用针测法检查。

3 涂料防水层及其转角处、变形缝、穿墙管道等细部做法均须符合设计要求。

检验方法：观察检查和检查隐蔽工程验收记录。

Ⅱ 一般项目

1 涂料防水层应与基层粘结牢固，涂刷均匀，不得流淌、鼓泡、露槎。

检验方法：观察检查。

2 涂层间夹铺胎体增强材料时，应使防水涂料浸透胎体覆盖完全，不得有胎体外露现象。

检验方法：观察检查。

3 侧墙涂料防水层的保护层与防水层应结合紧密，保护层厚度应符合设计要求。

检验方法：观察检查。

4.4.9 质量验收

1 检验批的验收由监理工程师或建设单位项目技术负责人组织项目专业质量检查员等进行验收。

2 每检验批按涂层面积每 100m² 抽查 1 处，每处 10m²，且不得少于 3 处。在施工组织设计（或方案）中事先确定。

3 验收时检验各种原材料的试验报告。

4 当地方标准有统一规定时，按当地标准执行。当地方无统一标准时，检验批质量验收记录宜采用表 4.4.9“涂料防水层检验批质量验收记录表”。

表 4.4.9 涂料防水层检验批质量验收记录表

编号：

<table>
<tr><td>单位（子单位）工程名称</td><td></td><td>分部（子分部）工程名称</td><td></td><td>分项工程名称</td><td></td></tr>
<tr><td>施工单位</td><td></td><td>项目负责人</td><td></td><td>检验批容量</td><td></td></tr>
<tr><td>分包单位</td><td></td><td>分包单位项目负责人</td><td></td><td>检验批部位</td><td></td></tr>
<tr><td>施工依据</td><td colspan="2"></td><td>验收依据</td><td colspan="2">《地下防水工程质量验收规范》GB 50208－2011</td></tr>
</table>

<table>
<tr><td rowspan="4">主控项目</td><td colspan="2">验收项目</td><td>设计要求及规范规定</td><td>最小/实际抽样数量</td><td>检查记录</td><td>检查结果</td></tr>
<tr><td>1</td><td>涂料防水层所用材料及配合比</td><td>符合设计要求</td><td></td><td></td><td></td></tr>
<tr><td>2</td><td>涂料防水层厚度</td><td>平均厚度符合设计要求，最小厚度不得小于设计厚度的 90%</td><td></td><td></td><td></td></tr>
<tr><td>3</td><td>细部做法</td><td>符合设计要求</td><td></td><td></td><td></td></tr>
<tr><td rowspan="3">一般项目</td><td>1</td><td>涂料防水层表观质量</td><td>粘结牢固，涂刷均匀，不得流淌、鼓泡、露槎</td><td></td><td></td><td></td></tr>
<tr><td>2</td><td>涂层间夹铺胎体增强材料</td><td>防水涂料浸透胎体覆盖完全，不得有胎体外露现象</td><td></td><td></td><td></td></tr>
<tr><td>3</td><td>侧墙涂料防水层的保护层</td><td>应结合紧密，保护层厚度应符合设计要求</td><td></td><td></td><td></td></tr>
<tr><td>施工单位检查结果</td><td colspan="6">专业工长：
项目专业质量检查员：
年 月 日</td></tr>
<tr><td>监理（建设）单位验收结论</td><td colspan="6">专业监理工程师：
（建设单位项目专业技术负责人）：
年 月 日</td></tr>
</table>

4.5 塑料板防水层

4.5.1 一般规定

1 本节适用于经常承受水压、侵蚀性介质或有振动作用的地下工程；塑料防水板宜铺设在复合式衬砌的初期支护与二次衬砌之间。

2 防水板应在初期支护基本稳定并经验收合格后进行铺设。铺设防水板的基层宜平整、无尖锐物，基层平整度应符合 $D/L=1/6\sim1/10$ 的要求。其中 D 是初期支护基层相邻两凸面凹进去的深度；L 是初期支护基层相邻两凸面间的距离。

3 初期支护的渗漏水，应在塑料防水板防水层铺设前封堵或引排。

4 塑料板防水层的铺设应符合下列规定：

1）铺设塑料防水板前应先铺缓冲层，缓冲层应用暗钉圈固定在基层上；缓冲层搭接宽度不应小于 50mm；铺设塑料防水板时，应边铺边用压焊机将塑料防水板与暗钉圈焊接。

2）两幅塑料板的搭接宽度不应小于 100mm，下部塑料板应压住上部塑料板。接缝焊接时，塑料防水板的搭接层数不得超过 3 层。

3）搭接缝宜采用双条焊缝焊接，每条焊缝的有效焊接宽度不应小于 10mm。

4）塑料防水板铺设时宜设置分区预埋注浆系统。

5）分段设置塑料防水板防水层时，两端应采取封闭措施。

5 塑料防水板的铺设应超前二次衬砌混凝土施工，超前距离宜为 5m～20m。

6 塑料防水板应牢固地固定在基面上，固定点间距应根据基面平整情况确定，拱部宜为 0.5m～0.8m，边墙宜为 1m～1.5m，底部宜为 1.5m～2.0m；局部凹凸较大时，应在凹处加密固定点。

4.5.2 施工准备

1 技术准备

参见本标准第 3.1.1 条中相关内容。

2 材料准备

塑料防水板可用的材料为二乙烯—醋酸乙烯共聚物（EVA）、乙烯—共聚物沥青（ECB）、聚氯乙烯（PVC）、高密度聚乙烯（HDPE）、低密度聚乙烯（LDPE）类或其他性能相近的材料。具体应按设计要求选用。

3 主要机具

1）机械设备

手动或自动式热焊接机、除尘机、充气检测仪、冲击钻（JIEC-20 型）、压焊器（220V/150W）。

2）主要工具

放大镜（放大 10 倍）、电烙铁、螺丝刀、扫帚、剪刀、木槌、铁铲、皮尺、木棒、铁桶等。

4 作业条件

1）基层平整度符合本标准第 4.5.1 条第 2 款的规定。

2）喷射混凝土的开挖面轮廓，严格控制超欠挖，欠挖必须凿除，有不平处应加喷混凝土或用砂浆抹平、做到喷层表面基本圆顺，个别锚杆或钢筋头应切断，并用砂浆覆盖。

3）隧道开挖中因坍方掉边造成的坑洼或岩溶洞穴，必须回填处理，并待稳定后再行铺设塑料防水层。

4.5.3 材料质量控制

1 塑料防水板应符合下列规定：

1）幅宽宜为 2m～4m。

2）厚度不得小于 1.2mm。

3）具有良好的耐刺穿性、耐久性、耐水性、耐腐蚀性、耐菌性。

4）塑料防水板主要性能指标应符合本标准附录 B 中表 B.4.2 的规定。

2 缓冲层宜采用无纺布或聚乙烯泡沫塑料，缓冲层材料的性能指标应符合表 4.5.3 的要求。

表 4.5.3　缓冲层材料主要性能指标

性能指标 / 材料名称	抗拉强度 (N/50mm)	伸长率 (%)	质量 (g/m^2)	顶破强度 (kN)	厚度 (mm)
聚乙烯泡沫塑料	>0.4	≥100	—	≥5	≥5
无纺布	纵横向≥700	纵横向≥50	>300	—	—

4.5.4　施工工艺

1　工作流程

施工方案编制→施工技术交底→施工现场准备→塑料防水板防水层施工

2　工艺流程

基层处理→铺设缓冲层→铺设塑料防水板→接缝焊接

4.5.5　施工要点

1　基层处理

基层处理应符合本标准第 4.5.2 条第 4 款的规定。

2　铺设缓冲层

缓冲层应采用暗钉圈固定在基面上。固定点的间距应根据基面平整情况确定，拱部宜为 0.5m～0.8m、边墙宜为 1.0m～1.5m、底部宜为 1.5m～2.0m。局部凹凸较大时，应在凹处加密固定点。暗钉圈固定缓冲层做法见图 4.5.5-1。

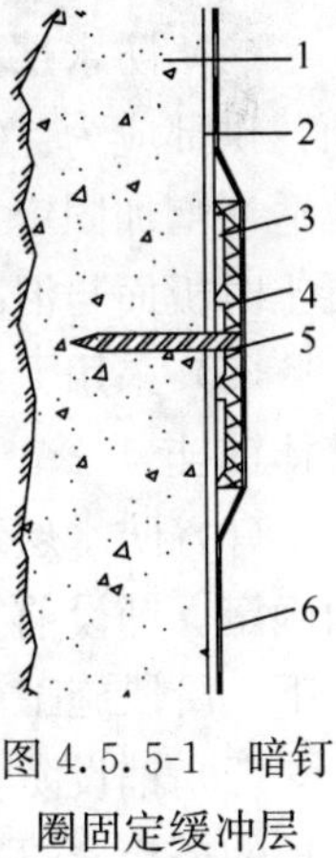

图 4.5.5-1　暗钉圈固定缓冲层示意图

1—初期支护；2—缓冲层；3—热塑性暗钉圈；4—金属垫圈；5—射钉；6—防水板

3　塑料板防水层铺设

1）塑料板防水层铺设主要技术要求

（1）塑料板防水层施作，应在初期支护变形基本稳定和在二次衬砌灌筑前进行。开挖和衬砌作业不得损坏已铺设的防水层。因此，防水层铺设施作点距爆破面应大于 150m，距灌筑二次衬砌处应大于 20m；当发现层面有损坏时应及时修补；当喷射表面漏水时，应及时引排。

(2) 防水层可在拱部和边墙按环状铺设，并视材质采取相应接合办法。塑料板搭接宽度宜为100mm，两侧焊缝宽不应小于25mm(橡胶防水板粘接时，其搭接宽度为100mm，粘缝宽不小于50mm)。

(3) 防水层接头处应擦干净，塑料防水板应用与材质相同的焊条焊接，两块塑料板之间接缝宜采用热楔焊接法，其最佳焊接温度和速度应根据材质试验确定。聚氯乙烯PVC板和聚乙烯PE板焊接温度和速度，可参考表4.5.5。防水层接头处不得有气泡、褶皱及空隙；接头处应牢固，强度应不小于同一种材料（橡胶防水板应用粘合剂连接、涂刷胶浆应均匀，用量应充足才能确保粘合牢固)。

表 4.5.5 PVC 板、PE 板最佳焊接温度和速度

项目 \ 材质	PVC板	PE板
焊接温度（℃）	130～180	230～265
焊接速度（m/min）	0.15	0.13～0.2

(4) 防水层用垫圈和绳扣吊挂在固定点上，其固定点的间距：拱部应为：0.5m～0.7m，侧墙为1.0m～1.2m，在凹凸处应适当增加固定点；固定点之间防水层不得绷紧，以保证浇筑混凝土时板面与混凝土面能密贴。

(5) 采用无纺布做缓冲层时，防水板与无纺布应密切叠合，整体铺挂。

(6) 防水层纵横向一次铺设长度，应根据开挖方法和设计断面确定。铺设前宜先行试铺，并加以调整。防水层的连接部分，在下一阶段施工前应保护好，不得弄脏和破损。

(7) 铺设防水板时，边铺边将其与暗钉圈焊接牢固。两幅防水板的搭接宽度应为100mm，下部防水板应压住上部防水板，搭接缝应为双焊缝，单条焊缝的有效焊接宽度不应小于10mm，焊接严密，不得焊焦、焊穿，环向铺设时，先拱后墙，下部防水板应压住上部防水板。

(8) 塑料板的搭接处必须采用双焊缝焊接，不得有渗漏，检验方法为：双焊缝间空腔内充气检查，以 0.25MPa 充气压力保持 15min 后，下降值不小于 10%为合格。

(9) 防水层属隐蔽工程，浇筑混凝土前应检查防水层的质量，做好接头记录和质量检查记录。

2) 塑料板防水层类型

(1) 全封闭式（图 4.5.5-2）

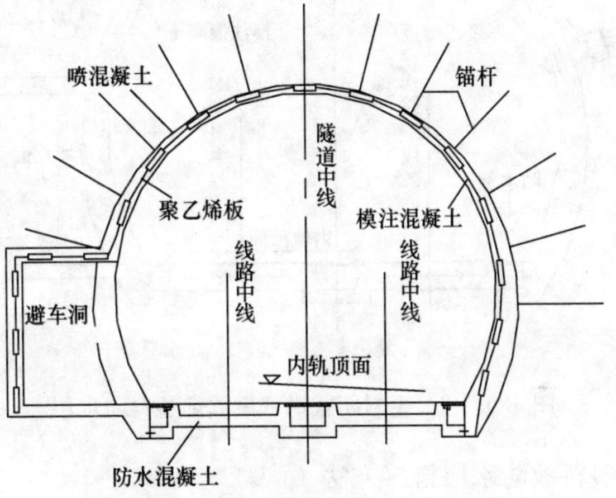

(a) 拱墙部衬砌在第一层喷射混凝土后设置防水层

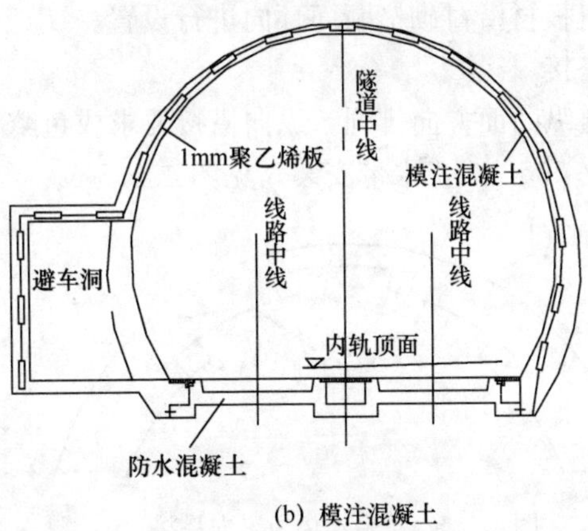

(b) 模注混凝土

图 4.5.5-2　全封闭式拱墙部衬砌塑料板防水层

在拱部、墙部衬砌及避车洞衬均设置塑料板防水层，隧底为防水混凝土。

（2）半封闭式（图 4.5.5-3）

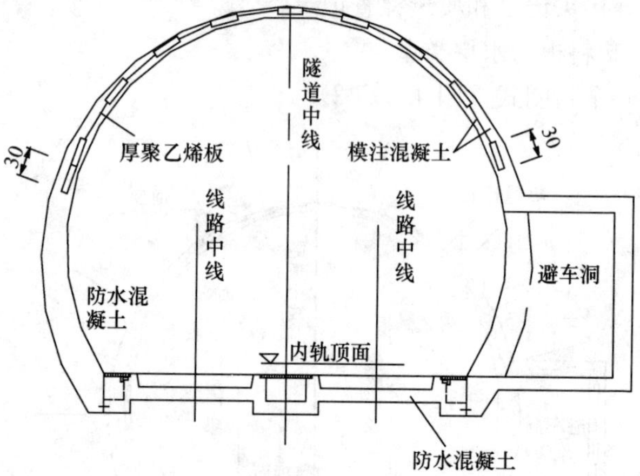

图 4.5.5-3　半封闭式拱部聚乙烯塑料防水层

3）塑料板防水层搭接方法

（1）环向搭接

即每卷塑料板材沿衬砌横断面环向进行设置。

（2）纵向搭接

板材沿隧道纵断面方向排列。纵向搭接要求成鱼鳞状、以利于排水，见图 4.5.5-4，止水带安装，见图 4.5.5-5。

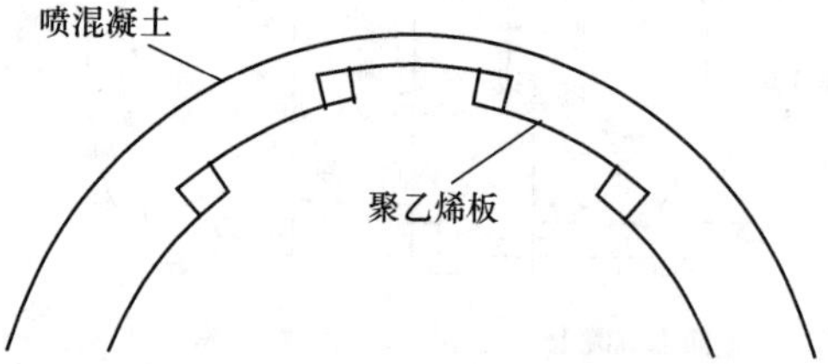

图 4.5.5-4　聚乙烯板纵向搭接

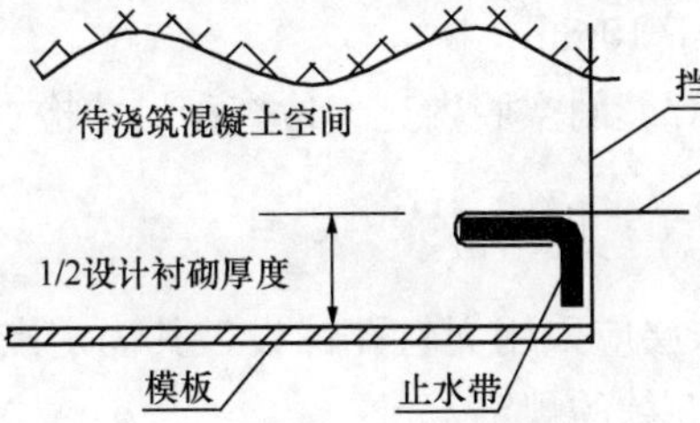

图 4.5.5-5　止水带安装位置

4.5.6　成品保护

1　在二次衬砌前，严禁在铺设塑料板防水层的地段进行爆破作业。

2　防水板的铺设应超前内衬混凝土的施工，其距离宜为5m～20m，并设临时挡板防止机械损伤和电火花灼伤防水板。

3　内衬混凝土施工时应符合下列规定：

（1）振捣棒不得直接接触防水板。

（2）浇筑拱顶时应防止防水板绷紧。

4　局部设置防水板防水层时，其两侧应采到封闭措施。

4.5.7　安全、环保措施

1　施工现场所用手动工具应放置整齐、有序和稳当，防止高温和高空坠落伤人。

2　施工现场，应保持通风良好，防止塑料板焊接时散发的有害气体伤人。

4.5.8　质量标准

Ⅰ　主 控 项 目

1　塑料防水板及其配套材料必须符合设计要求。

检验方法：检查产品合格证、产品性能检测报告和材料进场检验报告。

2　塑料防水板的搭接缝必须采用双缝热熔焊接，每条焊缝的有效宽度不应小于10mm。

检验方法：双焊缝间空腔内充气检查和尺寸检查。

Ⅱ　一 般 项 目

1　塑料板防水层应采用无钉孔铺设，其固定点的间距应符合本标准4.5.1第5款的规定。

检验方法：观察和尺量检查。

2　塑料防水板与暗钉圈应焊接牢靠，不得漏焊、假焊和焊穿。

检查方法：观察检查。

3　塑料板的铺设应平顺并与基层固定牢固，不得有下垂、绷紧和破损现象。

检验方法：观察检查。

4　塑料防水板搭接宽度的允许偏差应为－10mm。

检验方法：尺量检查。

4.5.9　质量验收

1　检验批的验收由监理工程师或建设单位项目技术负责人组织项目专业质量检查员等进行验收。

2　塑料板防水层工程的施工质量检验数量，应按铺设面积每100m^2抽查1处，每处10m^2，但不小于3处。焊缝的检验应按焊缝数量抽查5%，每条焊缝为1处，但不小于3处。

3　当地方标准有统一规定时，按当地标准执行。当地方无统一标准时，检验批质量验收记录宜采用表4.5.9“塑料板防水层检验批质量验收记录表”。

表 4.5.9 塑料板防水层检验批质量验收记录表

编号：______

单位（子单位）工程名称		分部（子分部）工程名称		分项工程名称	
施工单位		项目负责人		检验批容量	
分包单位		分包单位项目负责人		检验批部位	
施工依据		验收依据	《地下防水工程质量验收规范》GB 50208－2011		

		验收项目	设计要求及规范规定	最小/实际抽样数量	检查记录	检查结果
主控项目	1	塑料防水板及其配套材料	符合设计要求			
主控项目	2	塑料防水板的搭接缝	必须采用双缝热熔焊接，每条焊缝的有效宽度不应小于 10mm			
一般项目	1	塑料板防水层采用无钉孔铺设，固定点的间距	固定点间距应根据基面平整情况确定，拱部宜为 0.5m～0.8m，边墙宜为 1m～1.5m，底部宜为 1.5m ～ 2.0m；局部凹凸较大时，应在凹处加密固定点			
一般项目	2	塑料防水板与暗钉圈焊接	焊接牢靠，不得漏焊、假焊和焊穿			
一般项目	3	塑料防水板表面观感	平顺，不得有下垂、绷紧和破损现象			
一般项目	4	塑料防水板搭接宽度的允许偏差	－10mm			

施工单位检查结果	专业工长： 项目专业质量检查员： 年 月 日
监理（建设）单位验收结论	专业监理工程师： （建设单位项目专业技术负责人）： 年 月 日

4.6 金属板防水层

4.6.1 一般规定

1 本节适用于抗渗性能要求较高的地下工程；金属板应铺设在主体结构迎水面。

2 金属板防水层所采用的金属材料和保护材料应符合设计要求。金属材料及焊条（剂）的规格、外观质量和主要物理性能，应符合国家现行标准的规定。

3 金属板的拼接及金属板与建筑结构的锚固件连接应采用焊接。金属板的拼接焊缝应进行外观检查和无损检验。

4 当金属板表面有锈蚀、麻点或划痕等缺陷时，其深度不得大于该板材厚度的负偏差值。

5 承受外部水压的金属防水层的金属板厚度及固定金属板的锚固件的个数和截面，应符合设计要求，当设计无特殊要求，施工时可根据静水压力，按下式计算确定锚固件的个数：

$$n = \frac{4KP}{\pi d^2 f_{st}}$$

式中：n——固定防水钢板锚固件的个数（个/m²）；

K——超载系数；对于水压取 $K=1.1$；

P——钢板防水层所承受的静水压力（kN/m²）；

D——锚固钢筋的直径（m）；

f_{st}——锚固钢筋的强度设计值（kN/m²）。

承受外部水压的防水层钢板厚度，根据等强原则按下式计算：

$$t_n = \frac{0.25 d f_{st}}{f_v}$$

式中：t_n——防水层钢板厚度（m）；

f_v——防水钢板受剪力时的强度，用 Q235 钢时取 100N/mm²。

其他符号意义同上。

4.6.2 施工准备

1 技术准备

参见本标准第 3.1.1 条中相关内容。

2 材料准备

金属板、焊条、焊剂、螺栓、型钢、铁件、灌缝浆料。

3 机具准备

1）机械设备

砂轮切割机、刨边机、履带机或轮胎式起重机、电焊、气焊设备等。

2）主要工具

卡具、夹具、楔铁、倒链、钢丝绳、棕绳、卡环、绳夹、钢卷尺、电弧气刨、线坠以及水平仪、塔尺等。

4 作业条件

1）当地下水较高时，应采取排降水措施，将地下水位降至防水层底标高 500mm 以下。

2）地下结构基坑开挖、垫层浇筑完毕，并办理了隐检手续。

4.6.3 材料质量控制

1 金属防水层所用的金属板和焊条的规格、材质必须按设计要求选择。钢材的性能应符合现行国家标准《碳素结构钢》GB/T 700 和《低合金高强度结构钢》GB/T 1591 的规定。焊接材料应符合相应国家现行标准的规定。

2 对于有严重锈蚀、麻点或划痕等缺陷、不符合本标准第 4.6.1 条第 4 款规定的金属板均不应用做金属防水层。

4.6.4 施工工艺

1 工作流程

编制施工方案→深化设计→施工技术交底→施工现场准备→金属板防水层施工

2 工艺流程

金属板防水层有内防和外防两种，根据金属板安装的顺序又分为先装法和后装法两种。两种安装方法施工工艺流程如下：

1）先装法：金属箱套加工→钢筋绑扎、模板支设→金属箱

套就位、固定→混凝土浇筑

2）后装法：钢筋绑扎（加焊预埋铁件）、模板支设→混凝土浇筑→金属板安装、焊接→密封材料灌缝

4.6.5 施工要点

1 结构内侧设置金属板防水层

内防设在需防水地下结构的内表，示意图见图 4.6.5-1。内防防水层可采用先装法或后装法施工。

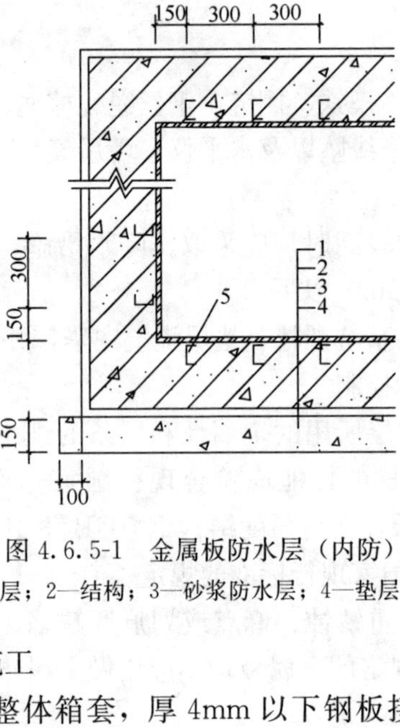

图 4.6.5-1 金属板防水层（内防）

1—金属防水层；2—结构；3—砂浆防水层；4—垫层；5—锚固筋

1）先装法施工

（1）先焊成整体箱套，厚 4mm 以下钢板接缝可用搭接焊；4mm 及 4mm 以上钢板对接焊，6mm 以上钢板对接应接开 V 形坡口，垂直缝应互相错开，箱套内侧临时支撑加固，以防吊装及浇筑混凝土时变形。

（2）在结构钢筋及四壁模板安装完毕后，用起重机或吊车将箱套整体吊入基坑内预设的混凝土墩或钢支架上准确就位，箱套作为结构内模使用。

（3）钢板锚筋与结构内钢筋焊牢，或在钢板套上焊接一定数

量的锚固件，以便与混凝土连接牢固。

(4) 箱套在安装前，应用超声波、气泡法、真空法或煤油渗法检查焊缝的严密性，如发现渗漏，应予修整或补焊。

(5) 为便于浇筑混凝土，在底板上可开适当孔洞，待混凝土达到70%强度后，用比孔稍大的钢板将孔洞补焊严密。

2) 后装法施工

(1) 根据钢板拼装尺寸及结构造型，在防水结构内壁和底板上预埋带锚爪的钢板或预埋铁件，并与钢筋或固定架焊牢，以确保位置正确。

(2) 待结构混凝土浇筑完毕并达到设计强度后，紧贴内壁在埋设件上焊钢板防水层，先装焊底板，后装焊立壁，要求焊缝饱满、无气孔、夹渣、咬肉、变形等缺陷。

(3) 焊缝经检查合格后，钢板防水层与结构间的空隙用水泥砂浆或化学浆液灌填严实，外表面涂刷防腐底漆及面漆保护，或铺设预制罩面板。炉坑多砌耐火砖内衬。

2 结构外侧设置金属板防水层

在结构外侧设置金属防水层时，金属板应焊在混凝土或砌体的预埋件上。金属防水层经焊缝检查合格后，应将其与结构间的空隙用水泥砂浆灌实，见图 4.6.5-2。

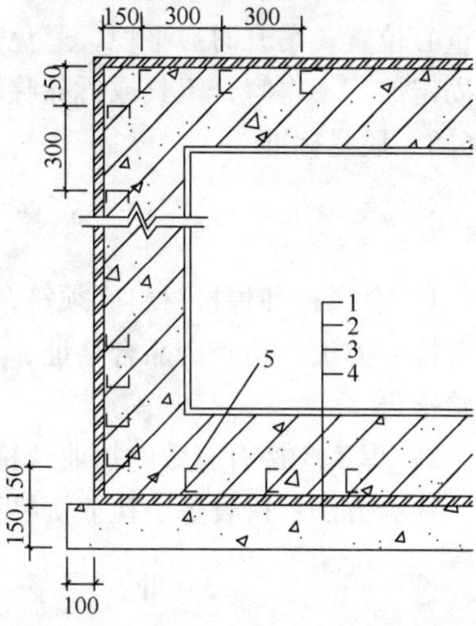

图 4.6.5-2 金属板防水层（外防）

1—砂浆防水层；2—结构；3—金属防水层；4—垫层；5—锚固筋

3 施工注意事项

1) 金属防水板施工时，应用临时支撑加固。

2) 金属板防水层底板上应预留浇捣孔，并应保证混凝土浇筑密实，待底板混凝土浇筑完成后再补焊严密。

3）金属板防水层如先焊成箱体，再整体吊装就位，应在其内部加设临时支撑，防止箱体变形。

4）金属板防水层应采取防锈措施。

4.6.6 成品保护

1 先装法整体防水箱套运输、堆放、吊装，必须加固，防止变形。

2 钢板防水层表面应及时涂刷底漆和面漆，其与混凝土结构间的空隙应及时灌填密实，防止锈蚀。

4.6.7 安全、环保措施

1 在地下结构内加工和焊接防水层，操作人员应戴绝缘手套和穿绝缘胶鞋，以防操作时漏电伤人。

2 现场气割和电焊要有专人看火管理，焊接场地周围5m以内严禁堆放易燃品；用火场所要备消防器材、器具和消火栓。

3 整体安装防水箱套，绑扎必须牢固，起吊点应通过构件的重心位置，吊升时应平稳，避免振动或摆动。在箱套就位并临时固定前，不得解开索具或拆除临时固定工具，以防脱落伤人。

4.6.8 质量标准

Ⅰ 主 控 项 目

1 金属板和焊接材料必须符合设计要求。

检验方法：检查产品合格证、产品性能检测报告和材料进场检验报告。

2 焊工应持有有效的执业资格证书。

检验方法：检查焊工执业资格证书和考核日期。

Ⅱ 一 般 项 目

1 金属板表面不得有明显凹面和损伤。

检验方法：观察检查。

2 焊缝不得有裂纹、未熔合、夹渣、焊瘤、咬边、烧穿、弧坑、针状气孔等缺陷。

检验方法：观察检查和无损检验。

3 焊缝的焊波应均匀，焊渣和飞溅物应清除干净；保护涂层不得有漏涂、脱皮和反锈现象。

检验方法：观察检查。

4.6.9 质量验收

1 检验批的验收由监理工程师或建设单位项目技术负责人组织项目专业质量检查员等进行验收。

2 金属板防水层工程的施工质量检验数量，应按铺设面积每 $10m^2$ 抽查 1 处，每处 $1m^2$，且不得小于 3 处。焊缝检验应按不同长度的焊缝各抽查 5%，但均不得少于 1 条。长度小于 500mm 的焊缝，每条检查 1 处；长度 500mm～2000mm 的焊缝，每条检查 2 处；长度大于 2000mm 的焊缝，每条检查 3 处。

3 当地方标准有统一规定时，按当地标准执行。当地方无统一标准时，检验批质量验收记录宜采用表 4.6.9“金属板防水层检验批质量验收记录表”。

表 4.6.9 金属板防水层检验批质量验收记录表

编号：________

<table>
<tr><td colspan="3">单位（子单位）工程名称</td><td></td><td>分部（子分部）工程名称</td><td></td><td>分项工程名称</td><td></td></tr>
<tr><td colspan="3">施工单位</td><td></td><td>项目负责人</td><td></td><td>检验批容量</td><td></td></tr>
<tr><td colspan="3">分包单位</td><td></td><td>分包单位项目负责人</td><td></td><td>检验批部位</td><td></td></tr>
<tr><td colspan="3">施工依据</td><td colspan="2"></td><td>验收依据</td><td colspan="2">《地下防水工程质量验收规范》GB 50208 - 2011</td></tr>
<tr><td colspan="3">验收项目</td><td>设计要求及规范规定</td><td>最小/实际抽样数量</td><td colspan="2">检查记录</td><td>检查结果</td></tr>
<tr><td rowspan="2">主控项目</td><td>1</td><td>金属板和焊接材料</td><td>符合设计要求</td><td></td><td colspan="2"></td><td></td></tr>
<tr><td>2</td><td>焊工应持有有效的执业资格证书</td><td></td><td></td><td colspan="2"></td><td></td></tr>
</table>

续表 4.6.9

<table>
<tr><td colspan="3">验收项目</td><td>设计要求及规范规定</td><td>最小/实际抽样数量</td><td>检查记录</td><td>检查结果</td></tr>
<tr><td rowspan="3">一般项目</td><td>1</td><td>金属板表面观感</td><td>表面不得有明显凹面和损伤</td><td></td><td></td><td></td></tr>
<tr><td>2</td><td>焊缝质量</td><td>不得有裂纹、未熔合、夹渣、焊瘤、咬边、烧穿、弧坑、针状气孔等缺陷</td><td></td><td></td><td></td></tr>
<tr><td>3</td><td>焊缝表面观感</td><td>焊波应均匀，焊渣和飞溅物应清除干净；保护涂层不得有漏涂、脱皮和反锈现象</td><td></td><td></td><td></td></tr>
<tr><td colspan="3">施工单位检查结果</td><td colspan="4">专业工长：
项目专业质量检查员：
年 月 日</td></tr>
<tr><td colspan="3">监理（建设）单位验收结论</td><td colspan="4">专业监理工程师：
（建设单位项目专业技术负责人）：
年 月 日</td></tr>
</table>

4.7 膨润土防水材料防水层

4.7.1 一般规定

1 本节适用于 pH 值为 4～10 的地下环境中；膨润土防水材料防水层应用于复合式衬砌的初期支护与二次衬砌之间以及明挖法地下工程主体结构迎水面，防水层两侧应具有一定的夹持力。

2 膨润土防水材料中的膨润土颗粒应采用钠基膨润土，不应采用钙基膨润土。

3 铺设膨润土防水材料防水层的基层混凝土强度等级不得小于 C15，水泥砂浆强度等级不得小于 M7.5。

4.7.2 施工准备

1 技术准备

参见本标准第 3.1.1 条中相关内容。

2 材料准备

膨润土防水材料、膨润土密封膏、膨润土粉、水泥钉、垫片等。

3 机具准备

机械设备：铲运机、台架等。

主要工具：手推车、小平铲、扫帚、钢丝刷、毛刷、铁锤、铁桶、长把滚刷、油膏刷、裁剪刀、卷尺等。

4 作业条件

地下环境 pH 值、基面满足一般规定的相关要求。

4.7.3 材料质量控制

1 膨润土防水材料应符合下列规定：

1）膨润土防水材料防水层所用的防水毯和防水板及其配套材料的规格及材料性能，应符合国家相关技术标准及设计要求。

2）膨润土防水材料中的膨润土颗粒应采用钠基膨润土，其性能应符合表 4.7.3 的规定，不应采用钙基膨润土。

表 4.7.3 膨润土原材料性能

项 目	性能指标	试验方法
0.2mm～2.0mm 颗粒含量（%）	≥80	现行行业标准《钠基膨润土防水毯》JG/T 193
膨胀指数（mL/2g）	≥22	
膨胀指数变化率（%）	≥80	
滤失量（mL）	≤18	

3）膨润土防水材料应具有良好的不透水性、耐久性、耐腐蚀性和耐菌性。

4）膨润土防水毯非织布外表面宜附加一层高密度聚乙烯（HDPE）膜。

5）膨润土防水毯的织布层和非织布层之间应连结紧密、牢固，膨润土颗粒应分布均匀。

6）膨润土防水板的膨润土颗粒应分布均匀、粘贴牢固，基材应采用厚度为 0.6mm～1.0mm 的高密度聚乙烯片材。

2 膨润土防水材料的性能指标应符合本标准附录 B 中表 B.4.3 的要求。

4.7.4 施工工艺

1 工作流程

编制施工方案→深化设计→施工技术交底→施工现场准备→膨润土防水材料防水层施工

2 工艺流程

基层处理→复杂部位增强处理→膨润土防水材料防水层施工→防水毯末端收头及封边处理

4.7.5 施工操作要点

1 基层处理

膨润土防水材料防水层基面应坚实、清洁，不得有明水，基面平整度应符合本标准第 4.5.2 条第 4 款的规定；阴、阳角部位应做成直径不小于 30mm 的圆弧或 30mm×30mm 的坡角。

2 复杂部位增强处理

转角处和变形缝、施工缝、后浇带等部位均应设置宽度不小于500mm加强层，加强层应设置在防水层与结构外表面之间。穿墙管件宜采用膨润土橡胶止水条、膨润土密封膏进行加强处理。

3 膨润土防水材料防水层施工

1）膨润土防水材料应采用水泥钉和垫片固定。立面和斜面上的固定间距为400mm～500mm，平面上应在搭接缝处固定。

2）膨润土防水材料应采用搭接法连接，搭接宽度应大于100mm。搭接部位的固定位置距搭接边缘的距离宜为25mm～30mm，搭接处应涂膨润土密封膏。平面搭接缝可干撒膨润土颗粒，用量宜为0.3kg/m～0.5kg/m。

3）立面和斜面铺设膨润土防水材料时，应上层压着下层，卷材与基层、卷材与卷材之间应密贴，并应平整无褶皱。

4）甩槎与下幅防水材料连接时，应将收口压板、临时保护膜等去掉，并应将搭接部位清理干净，涂抹膨润土密封膏，然后搭接固定。

5）膨润土防水材料与其他防水材料过渡时，过渡搭接宽度应大于400mm，搭接范围内应涂抹膨润土密封膏或铺撒膨润土粉。

6）膨润土防水毯破损部位应采用相同的材料进行修补，补丁边缘与破损部位边缘的距离不应小于100mm。

4 防水毯末端收头及封边处理

永久收口部位应用金属收口压条和水泥钉固定，压条断面尺寸应不小于1.0mm×30mm，压条上钉子的固定间距应不大于300mm，并应用膨润土密封膏密封覆盖。

5 施工注意事项

1）膨润土防水毯的织布面应与结构外表面或底板垫层混凝土密贴；膨润土防水板的膨润土面应与结构外表面或底板垫层密贴。

2）膨润土防水材料分段铺设时，应对甩槎部位采取临时防护措施。

4.7.6 成品保护

1 膨润土防水毯铺设完毕后应及时铺设土工膜，以避免承受风雨的侵蚀。

2 膨润土防水毯铺设完毕后如不能及时铺设土工膜则应用彩条布或薄膜覆盖，以避免承受风雨的侵蚀。

3 膨润土防水毯铺设完毕后应避免车辆碾压和其他异物损坏。

4 施工完毕后的膨润土垫上不得有泥块、污物、杂物等可能损坏防渗层的异物存在。

4.7.7 安全、环保措施

1 膨润土为天然无机材料，对人体无害无毒，对环境无不利影响，具有良好的环保性。

2 用于铺设膨润土防水毯的任何设备不得在已铺设好土工合成材料上面行驶。安装膨润土防水毯时，户外空气温度不宜低于0℃或高于40℃。

3 所有外露的膨润土防水毯边缘必须及时用沙袋或者其他重物压紧，以防止膨润土防水毯被风吹或被拉出周边锚固沟。膨润土防水毯不宜在大风天气下展铺，以防止被风吹起。

4.7.8 质量标准

Ⅰ 主 控 项 目

1 膨润土防水材料必须符合设计要求。

检验方法：检查产品合格证或产品性能检测报告和材料进场检验报告。

2 膨润土防水材料防水层在转角处、变形缝和后浇带等接缝部位做法必须符合设计要求。

检验方法：观察检查和检查隐蔽工程验收记录。

Ⅱ 一 般 项 目

1 膨润土防水毯的织布面或防水板的膨润土面应朝向主体结构的迎水面。

检验方法：观察检查。

2 立面或斜面铺设的膨润土防水材料应上层压住下层，防水层与基层、防水层与防水层之间应密贴，并应平整无折皱。

检验方法：观察检查。

3 膨润土防水材料的搭接和收口部位应符合规定，搭接宽度允许偏差为-10mm。

检验方法：观察和尺量检查。

4.7.9 质量验收

1 检验批的验收由监理工程师或建设单位项目技术负责人组织项目专业质量检查员等进行验收。

2 膨润土防水材料防水层分项工程检验批的抽样检验数量，应按铺设面积每100m^2抽查1处，每处10m^2，且不得小于3处。

3 当地方标准有统一规定时，按当地标准执行。当地方无统一标准时，检验批质量验收记录宜采用表4.7.9“膨润土防水材料防水层检验批质量验收记录表”。

表4.7.9 膨润土防水材料防水层检验批质量验收记录表

编号：________

单位（子单位）工程名称			分部（子分部）工程名称		分项工程名称	
施工单位			项目负责人		检验批容量	
分包单位			分包单位项目负责人		检验批部位	
施工依据				验收依据	《地下防水工程质量验收规范》GB 50208-2011	
	验收项目		设计要求及规范规定	最小/实际抽样数量	检查记录	检查结果
主控项目	1	膨润土防水材料	符合设计要求			
主控项目	2	膨润土防水材料防水层在转角处、变形缝和后浇带等接缝部位做法	符合设计要求			

续表 4.7.9

<table>
<tr><th colspan="3">验收项目</th><th>设计要求及规范规定</th><th>最小/实际抽样数量</th><th>检查记录</th><th>检查结果</th></tr>
<tr><td rowspan="3">一般项目</td><td>1</td><td>膨润土防水毯的织布面或防水板的膨润土面朝向</td><td>主体结构的迎水面</td><td></td><td></td><td></td></tr>
<tr><td>2</td><td>表面观感</td><td>立面或斜面铺设的膨润土防水材料应上层压住下层，防水层与基层、防水层与防水层之间应密贴，并应平整无折皱</td><td></td><td></td><td></td></tr>
<tr><td>3</td><td>膨润土防水材料的搭接和收口部位搭接宽度允许偏差</td><td>－10mm</td><td></td><td></td><td></td></tr>
<tr><td colspan="3">施工单位检查结果</td><td colspan="4">专业工长：
项目专业质量检查员：
年　月　日</td></tr>
<tr><td colspan="3">监理（建设）单位验收结论</td><td colspan="4">专业监理工程师：
（建设单位项目专业技术负责人）：
年　月　日</td></tr>
</table>

5 细部构造防水工程

5.1 施 工 缝

5.1.1 一般规定

1 混凝土浇筑过程中，需临时设置施工缝时，施工缝留设应规整，并宜垂直于构件表面。

2 浇筑混凝土时，施工缝结合面应湿润，不得有积水，已浇筑混凝土的强度不应小于 1.2MPa。

3 防水混凝土应连续浇筑，宜少留施工缝。必须留设时，其防水构造形式见图 5.1.1-1～图 5.1.1-4。

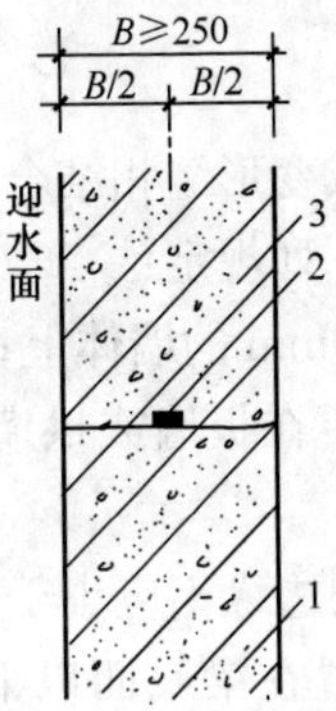

图 5.1.1-1 施工缝防水基本构造（一）

1—现浇混凝土；2—遇水膨胀止水胶（条）；3—后浇混凝土

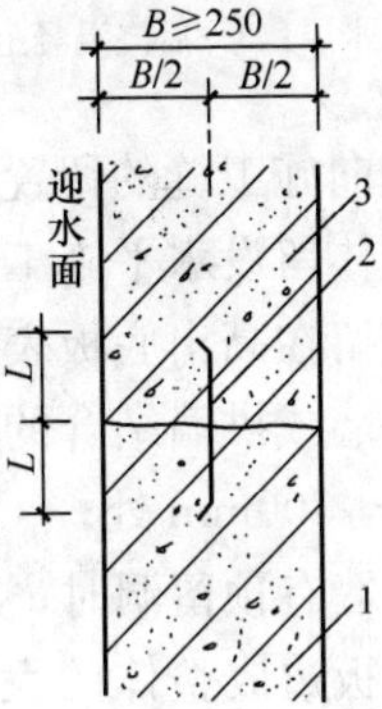

图 5.1.1-2 施工缝防水基本构造（二）

钢板止水带 $L \geqslant 50$

橡胶止水带 $L \geqslant 125$

钢板橡胶止水带 $L \geqslant 120$

1—现浇混凝土；2—中埋式止水带；3—后浇混凝土

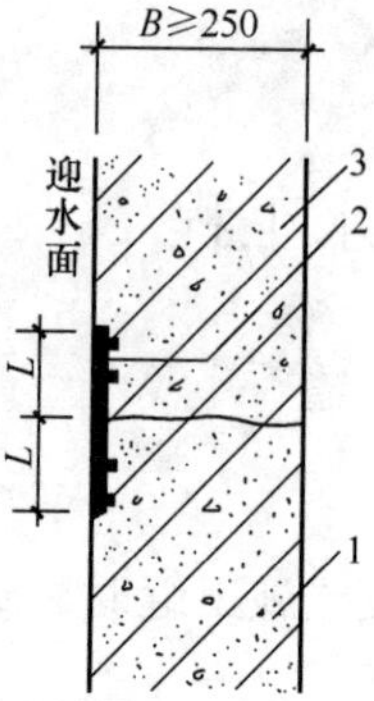

图 5.1.1-3　施工缝防水基本构造（三）

外贴止水带 $L \geqslant 150$

外涂防水涂料 $L=200$

外抹防水砂浆 $L=200$

1—现浇混凝土；2—外贴防水层；3—后浇混凝土

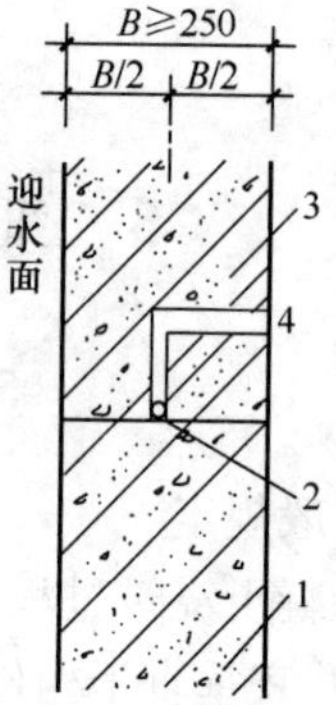

图 5.1.1-4　施工缝防水基本构造（四）

1—现浇混凝土；2—预埋注浆管；3—后浇混凝土；4—注浆导管

4　竖向施工缝的留置宜与后浇带或变形缝相结合。

5　墙体留设水平施工缝时应符合下列规定：

1）宜留在高出底板表面 0mm～300mm 的墙体上；

2）板墙或拱墙结合的施工缝，宜留在板墙或拱墙接缝线以下 150mm～300mm 处；

3）外墙有预留洞时，施工缝距孔洞边缘不应小于 300mm；

4）与板边成整体的大断面梁，设置在梁底面以下 20mm～30mm 处。

6　垂直施工缝应避开地下水和裂隙水较多的地段，并宜与变形缝相结合，除满足防水要求外，还应能适应接缝两端结构产生的差异沉降及纵向伸缩。

7　水平施工缝的防水构造应符合下列规定：

1）中埋式钢板止水带或丁基橡胶腻子钢板止水带应在结构断面的中部对称埋设。钢板止水带宽度不应小于 300mm，厚度不宜小于 3mm。丁基橡胶腻子钢板止水带宽度不应小于 250mm，厚度不宜小于 5mm。

2）腻子型遇水膨胀止水条和遇水膨胀止水胶，应设置在结构断面的中部。腻子型遇水膨胀止水条的宽度和厚度均不宜小于 15mm，宜采用平行错搭的方式进行搭接，搭接长度不应小于 30mm。遇水膨胀止水胶的宽度不宜小于 10mm，厚度不宜小于 5mm。

3）预埋注浆管应设置在结构断面的中部（图 5.1.1-2）。注浆管应与先浇混凝土基层密贴，固定间距宜为 200mm～300mm。

4）水泥基渗透结晶型防水涂料可涂刷在结构断面上，其用量及厚度应符合本标准第 4.4.1 条第 7 款的规定。

5）防水卷材或防水涂料应在施工缝的迎水面，以缝为中心对称铺设，并与结构外防水层相匹配。防水卷材的宽度不应小于 400mm。防水涂料宽度不应小于 400mm，厚度不宜小于 1.5mm。

6）聚合物水泥防水砂浆宜用于施工缝的迎水面，以缝为中心对称抹面，宽度不宜小于 400mm，厚度应符合本标准表 4.4.1 的规定。

8 施工缝中预埋注浆管的注浆应在混凝土达到设计强度、结构装饰施工前进行。

5.1.2 施工准备

1 技术准备

参见本标准第 3.1.1 条中相关内容。

2 材料准备

中埋式止水带（钢板止水带、丁基橡胶腻子钢板止水带、橡胶止水带、钢边橡胶止水带）、外贴止水带、遇水膨胀止水胶（条）、预埋注浆管、防水涂料、防水卷材、聚合物水泥防水砂浆。

3 机具设备

见本标准第 4 章主体结构防水工程中机具准备相关内容。

4 作业条件

1）设置施工缝部位钢筋绑扎完成，具备安装止水钢板或止水带条件。

2）采用遇水膨胀止水条需在先浇混凝土施工缝中部预留安放凹槽。

3）浇筑混凝土时，施工缝结合面应湿润，不得有积水。先浇筑混凝土的强度不应小于 1.2MPa。

4）基面修补完毕。

5）在潮湿及有积水的部位，应在遇水膨胀橡胶止水条上涂刷缓凝剂。

5.1.3 材料质量控制

1 丁基橡胶腻子钢板止水带的性能及试验方法应符合表 5.1.3 的规定。

表 5.1.3 丁基橡胶腻子钢板止水带技术性能指标

项目	指标	试验方法
橡胶层不挥发物（%）	≥97	《进出口标准橡胶检验方法 第4部分：挥发物含量的测定》SN/T 0541.4
橡胶层低温柔性（－40℃）	无裂纹	《丁基橡胶防水密封胶粘带》JC/T 942
橡胶层耐热度（90℃，2h）	无流淌、龟裂、变形	
橡胶与钢板剪切状态下粘合性（N/mm）	≥1.5	
橡胶层断裂伸长率（23℃，%）	≥800	《硫化橡胶或热塑性橡胶 拉伸应力应变性能的测定》GB/T 528 哑铃状试样

2 橡胶止水带的物理性能应符合本标准附录 B 中表 B.3.1 的规定。

3 混凝土建筑接缝用密封胶的物理性能应符合本标准附录 B 中表 B.3.2 的规定。

4 制品型遇水膨胀止水条的物理性能应符合现行国家标准

《高分子防水材料　第3部分：遇水膨胀橡胶》GB 18173.3的规定；腻子型遇水膨胀止水条的物理性能应符合本标准附录B中表B.3.3的规定。

5 遇水膨胀止水胶的物理性能应符合本标准附录B中表B.3.4的规定。

6 钢板止水带宜选用低碳钢制作，并宜镀锌处理。

7 预埋注浆管的物理性能应符合现行国家标准《混凝土接缝防水用预埋注浆管》GB/T 31538的规定。

8 防水砂浆、防水卷材、防水涂料的质量应符合第4.2.3条、第4.3.3条及第4.4.3条的相关规定。

5.1.4 施工工艺

1 工作流程

施工方案编制→施工技术交底→施工现场准备→先浇混凝土施工→施工缝防水构造实施→后浇混凝土施工

2 工艺流程

（1）遇水膨胀止水条（胶）：先浇混凝土预留凹槽→嵌塞止水条（胶）→施工缝基层处理→铺设接浆层→后浇混凝土施工

（2）中埋式止水带：止水带固定→先浇混凝土施工→施工缝基层处理→铺设接浆层→后浇混凝土施工

（3）外贴止水条、外涂防水涂料、外抹防水砂浆：先浇混凝土施工→施工缝表面清理→铺设接浆层→后浇混凝土施工→迎水面施工缝处防水细部施工

（4）预埋注浆管：先浇混凝土施工→预埋注浆管固定→施工缝表面清理→铺设接浆层→后浇混凝土施工→注浆

5.1.5 施工操作要点

1 施工缝混凝土表面宜凿毛，浮浆、松动石子和杂物应清除，并应符合下列规定：

1）施工缝的接缝面可涂刷水泥基渗透结晶型防水涂料。

2）水平施工缝浇灌混凝土前，应将其表面浮浆和杂物清除，先铺净浆，再铺30mm～50mm厚的1∶1水泥砂浆或涂刷混凝

土界面处理剂，并及时浇灌混凝土。

3）垂直施工缝浇灌混凝土前，应将其表面清理干净，并涂刷水泥净浆或混凝土界面处理剂，并及时浇灌混凝土。

4）遇水膨胀止水条（胶）、预埋注浆管的安装位置无需凿毛。

2 采用中埋式止水带时，止水带埋设位置应准确，固定应牢靠，接头应连续密封。钢板止水带接头采用焊接连接时，应满焊。

3 选用的遇水膨胀止水条应具有缓胀性能，其7d膨胀率不应大于最终膨胀率的60%；遇水膨胀止水条应牢固地安装在缝表面或预留槽内；具体施工方法如下：

1）清理混凝土施工缝基层。混凝土浇筑完并脱模后，用钢丝刷、凿子、扫帚等工具将基层不平整的部分凿平，扫去浮灰等杂物。清扫时洒水湿润，注意防尘，防止污染空气。

2）涂刷胶粘剂。将粘结膨胀橡胶的胶粘剂均匀地涂刷在清理干净的待粘结基层部位。

3）止水条应牢固地安装在缝表面或预留凹槽内，与混凝土边缘的距离不应小于70mm。

4）固定遇水膨胀橡胶条。遇水膨胀橡胶条粘结安装后，如不进一步加以固定，很有可能会脱落，特别是位于垂直施工缝和侧立面施工缝的胶条（图5.1.5-1），在浇筑混凝土时，由于振

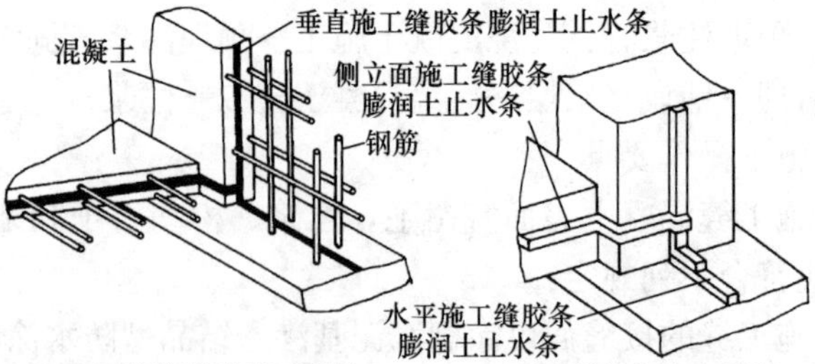

图5.1.5-1 遇水膨胀橡胶止水条安装在施工缝中的示意图

捣而将其振落。所以，还需用水泥钢钉将其钉压固定，水泥钢钉的间隔宜为 1m 左右。

5）遇水膨胀橡胶条的连接方法。遇水膨胀橡胶条用重叠的方法进行搭接连接（图 5.1.5-1、图 5.1.5-2），搭接宽度不得小于 30mm，搭接处应用水泥钢钉固定。安装路径应沿施工缝形成闭合环路，不得留断点。其作用与闭合回路电流相类似。

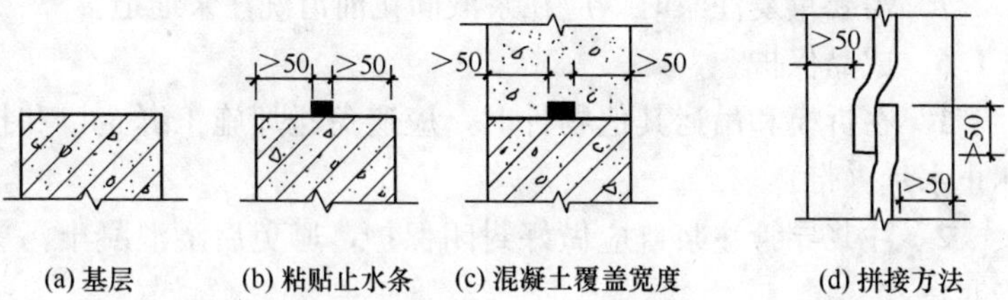

图 5.1.5-2　遇水膨胀橡胶止水条安装示意图

6）用遇水膨胀橡胶止水条对施工缝进行防水处理，应在晴天无雨、无雪的天气施工。如在粘贴完至浇筑混凝土前的一段时间内估计会下雨、下雪时，应停止粘贴。混凝土的浇筑应在止水条未受雨水、地下水浸泡的条件下进行。如在浇筑前，止水条已遭受雨水、地下水或其他水源的浸泡，则应揭起重新粘贴新的止水条。

4　遇水膨胀止水胶的施工应符合下列规定：

1）胶体应均匀、密贴，不得断开。

2）胶体的宽度和厚度应符合设计要求。

3）打胶后应采取保护措施。

4）止水胶固化前不得浇筑混凝土。

5　预埋注浆管的施工应符合下列规定：

1）宜设置在施工缝断面中部。

2）注浆管与施工缝基面应密贴并固定牢靠，固定间距宜为 200mm～300mm。

3）导浆管与注浆管的连接应牢固、严密。

4）注浆管埋入混凝土内的部分应固定牢固，注浆导管的末端应临时封堵严密。

5）注浆时宜采取较低的压力从一端向另一端、由低到高进行。

6）当浆液不再流入且压力损失很小时，应维持该压力并保持 2min，终止注浆。

7）需要重复注浆时，应在浆液固化前清洗注浆通道。

5.1.6 成品保护

1 在拆模和吊运其他物件时，应避免碰坏施工缝企口和损坏止水片（带）。

2 注浆导管注浆口应做好封闭保护，避免后浇混凝土污染堵塞。

3 外贴式施工缝防水构造施工完后尽快施工防水层。

4 找平层、防水与密封等成品保护措施见本标准第 4 章各相关内容。

5.1.7 安全、环保措施

找平层、防水与密封等安全、环保措施见本标准第 4 章各相关内容。

5.1.8 质量标准

Ⅰ 主控项目

1 施工缝用止水带、遇水膨胀止水条或止水胶、水泥基渗透结晶型防水涂料和预埋注浆管必须符合设计要求。

检验方法：检查产品合格证、产品性能检测报告和材料进场检验报告。

2 施工缝防水构造必须符合设计要求。

检验方法：观察检查和检查隐蔽工程验收记录。

Ⅱ 一般项目

1 墙体水平施工缝应留设在高出底板表面不小于 300mm

的墙体上。拱、板与墙结合的水平施工缝，宜留在拱、板和墙交接处以下 150mm～300mm 处；垂直施工缝应避开地下水和裂隙水较多的地段，并宜与变形缝相结合。

检验方法：观察检查和检查隐蔽工程验收记录。

2 在施工缝处继续浇筑混凝土时，已浇筑的混凝土抗压强度不应小于 1.2MPa。

检验方法：观察检查和检查隐蔽工程验收记录。

3 水平施工缝浇筑混凝土前，应将其表面浮浆和杂物清除，然后铺设净浆、涂刷混凝土界面处理剂或水泥基渗透结晶型防水涂料，再铺 30mm～50mm 厚的 1：1 水泥砂浆，并及时浇筑混凝土。

检验方法：观察检查和检查隐蔽工程验收记录。

4 垂直施工缝浇筑混凝土前，应将其表面清理干净，再涂刷混凝土界面处理剂或水泥基渗透结晶型防水涂料，并及时浇筑混凝土。

检验方法：观察检查和检查隐蔽工程验收记录。

5 中埋式止水带及外贴式止水带埋设位置应准确，固定应牢靠。

检验方法：观察检查和检查隐蔽工程验收记录。

6 遇水膨胀止水带应具有缓膨胀性能；止水条与施工缝基面应密贴，中间不得有空鼓、脱离等现象；止水条应牢固地安装在缝表面或预埋凹槽内；止水条采用搭接连接时，搭接宽度不得小于 30mm。

检验方法：观察检查和检查隐蔽工程验收记录。

7 遇水膨胀止水胶应采用专用注胶器挤出粘结在施工缝表面，并做到连续、均匀、饱满、无气泡和孔洞，挤出宽度及厚度应符合设计要求；止水胶挤出成型后，固化期内应采取临时保护措施；止水胶固化前不得浇筑混凝土。

检验方法：观察检查和检查隐蔽工程验收记录。

8 预埋式注浆管应设置在施工缝断面中部，注浆管与施工缝基面应密贴并固定牢靠，固定间距宜为200mm～300mm；注浆导管与注浆管的连接应牢固、严密，导管埋入混凝土内的部分应与结构钢筋绑扎牢固，导管的末端应临时封堵严密。

检验方法：观察检查和检查隐蔽工程验收记录。

5.1.9 质量验收

1 检验批的验收由监理工程师或建设单位项目技术负责人组织项目专业质量检查员等进行验收。

2 施工缝细部构造全数检查。

3 验收时检验各种原材料的试验报告。

4 当地方标准有统一规定时，按当地标准执行。当地方无统一标准时，检验批质量验收记录宜采用表5.1.9“施工缝细部防水检验批质量验收记录表”。

表5.1.9 施工缝细部防水检验批质量验收记录表

编号：________

<table>
<tr><td colspan="3">单位（子单位）工程名称</td><td></td><td>分部（子分部）工程名称</td><td></td><td>分项工程名称</td><td></td></tr>
<tr><td colspan="3">施工单位</td><td></td><td>项目负责人</td><td></td><td>检验批容量</td><td></td></tr>
<tr><td colspan="3">分包单位</td><td></td><td>分包单位项目负责人</td><td></td><td>检验批部位</td><td></td></tr>
<tr><td colspan="3">施工依据</td><td colspan="2"></td><td>验收依据</td><td colspan="2">《地下防水工程质量验收规范》GB 50208-2011</td></tr>
<tr><td rowspan="3">主控项目</td><td colspan="2">验收项目</td><td>设计要求及规范规定</td><td colspan="2">最小/实际抽样数量</td><td>检查记录</td><td>检查结果</td></tr>
<tr><td>1</td><td>施工缝所用材料质量</td><td>符合设计要求</td><td colspan="2"></td><td></td><td></td></tr>
<tr><td>2</td><td>施工缝构造做法</td><td>符合设计要求</td><td colspan="2"></td><td></td><td></td></tr>
</table>

续表 5.1.9

	验收项目		设计要求及规范规定	最小/实际抽样数量	检查记录	检查结果
一般项目	1	施工缝留设位置	墙体水平施工缝应留设在高出底板表面不小于 300mm 的墙体上。拱、板与墙结合的水平施工缝，宜留在拱、板和墙交接处以下 150mm～300mm 处；垂直施工缝应避开地下水和裂隙水较多的地段，并宜与变形缝相结合			
	2	已浇筑的混凝土抗压强度	≥1.2MPa			
	3	水平施工缝表面处理情况	表面浮浆和杂物清除，涂刷界面处理剂或水泥基渗透结晶型防水涂料，再铺 30mm～50mm 厚的 1∶1 水泥砂浆			
	4	垂直施工缝表面处理情况	将其表面清理干净，再涂刷混凝土界面处理剂或水泥基渗透结晶型防水涂料，并及时浇筑混凝土			
	5	中埋式止水带及外贴式止水带埋设	位置应准确，固定应牢靠			
	6	遇水膨胀止水带施工	应具有缓膨胀性能；止水条与施工缝基面应密贴，中间不得有空鼓、脱离等现象；止水条应牢固地安装在缝表面或预埋凹槽内；止水条采用搭接连接时，搭接宽度不得小于 30mm			

续表 5.1.9

<table>
<tr><td colspan="3">验收项目</td><td>设计要求及规范规定</td><td>最小/实际抽样数量</td><td>检查记录</td><td>检查结果</td></tr>
<tr><td rowspan="2">一般项目</td><td>7</td><td>遇水膨胀止水胶施工</td><td>应采用专用注胶器挤出粘结在施工缝表面，并做到连续、均匀、饱满、无气泡和孔洞，挤出宽度及厚度应符合设计要求；止水胶挤出成型后，固化期内应采取临时保护措施；止水胶固化前不得浇筑混凝土</td><td></td><td></td><td></td></tr>
<tr><td>8</td><td>预埋式注浆管施工</td><td>应设置在施工缝断面中部，注浆管与施工缝基面应密贴并固定牢靠，固定间距宜为 200mm～300mm；注浆导管与注浆管的连接应牢固、严密，导管埋入混凝土内的部分应与结构钢筋绑扎牢固，导管的末端应临时封堵严密</td><td></td><td></td><td></td></tr>
<tr><td colspan="2">施工单位检查结果</td><td colspan="5">专业工长：
项目专业质量检查员：
年　月　日</td></tr>
<tr><td colspan="2">监理（建设）单位验收结论</td><td colspan="5">专业监理工程师：
（建设单位项目专业技术负责人）：
年　月　日</td></tr>
</table>

5.2 变 形 缝

5.2.1 一般规定

1 变形缝的设置应满足密封防水、适应变形、施工方便等要求。

2 用于伸缩的变形缝宜少设，可根据建筑形式、地质条件、结构施工等情况，采用后浇带、加强带或诱导缝等替代措施。

3 变形缝处混凝土结构的厚度不应小于250mm。

4 变形缝最大允许沉降差值及水平张开量不宜大于30mm。当计算沉降差值大于30mm时，应在设计时采取措施。

5 建筑工程变形缝宽度宜为30mm～50mm，地下轨道交通工程变形缝宽度宜为20mm～30mm。

6 变形缝的防水措施可根据施工方法按本标准表3.2.2-2、表3.2.3-2或表3.2.3-4选用，并应符合下列规定：

1）应选用中埋式橡胶止水带或钢边橡胶止水带，止水带宽度不宜小于350mm。

2）迎水面可选用外贴式橡胶止水带，止水带宽度不宜小于350mm。地下室顶板变形缝不应设置外贴式止水带。当变形缝宽度小于30mm时，侧墙和顶板迎水面变形缝内可嵌填密封材料。

3）外贴式橡胶止水带收头应留置在高出顶板迎水面500mm以上，并应进行收头密封处理。地下室顶板变形缝不应设置外贴式止水带。

4）背水面防水可选用可卸式橡胶止水带，可卸式橡胶止水带防水构造见图5.2.1-1。

5）中埋式橡胶止水带和外贴防水层复合使用时，防水构造见图5.2.1-2。

6）变形缝的其余几种复合防水构造形式见图5.2.1-3、图5.2.1-4。

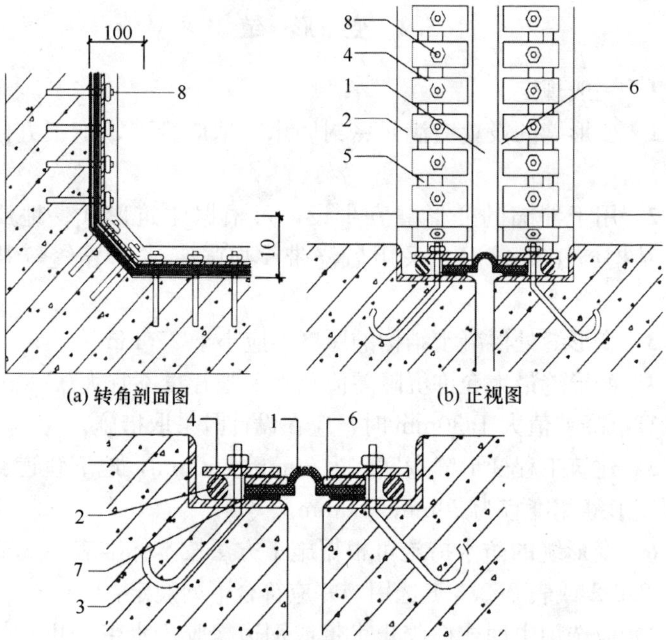

图 5.2.1-1　可卸式橡胶止水带

1—可卸式橡胶止水带；2—预埋角钢；3—固定埋脚；

4—铁件压块；5—圆钢；6—钢板压条；7—丁基密封胶带；8—螺栓

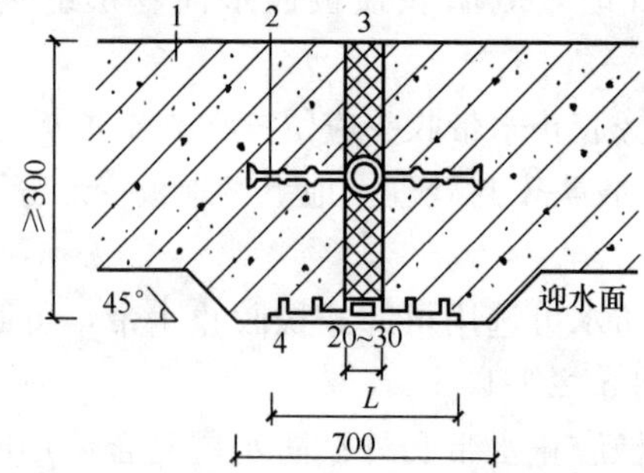

图 5.2.1-2　中埋式止水带与外贴防水层复合使用

外贴式止水带 $L\geqslant300$mm；外贴防水卷材 $L\geqslant400$mm；外涂防水涂层 $L\geqslant400$mm

1—混凝土结构；2—中埋式止水带；3—填缝材料；4—外贴防水层

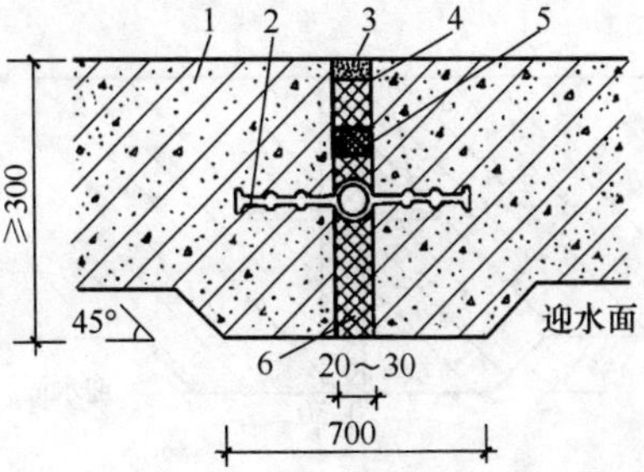

图 5.2.1-3　中埋式止水带与遇水膨胀橡胶条、嵌缝材料复合使用

1—混凝土结构；2—中埋式止水带；3—嵌缝材料；
4—背衬材料；5—遇水膨胀橡胶条；6—填缝材料

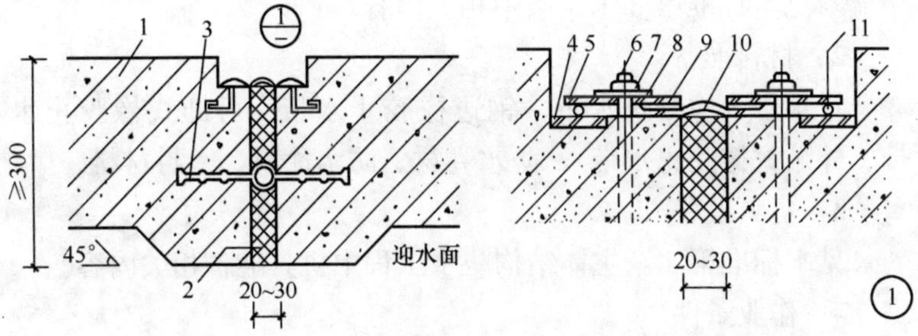

图 5.2.1-4　中埋式止水带与可卸式止水带复合使用

1—混凝土结构；2—填缝材料；3—中埋式止水带；4—预埋钢板；
5—紧固件压板；6—预埋螺栓；7—螺母；8—垫圈；9—紧固件压块；
10—Ω 型止水带；11—紧固件圆钢

7　变形缝遇永久性围檩结构时，止水带应在围檩施工前预先埋设，止水带伸出围檩的长度，应满足与后续施工变形缝止水带的衔接要求。施工过程中应对预埋止水带进行保护。

8　对环境温度高于 50℃处的变形缝，可采用 2mm 厚的紫铜片或 3mm 厚不锈钢等金属止水带，其中间呈圆弧形，见图 5.2.1-5。

5.2.2　施工准备

1　技术准备

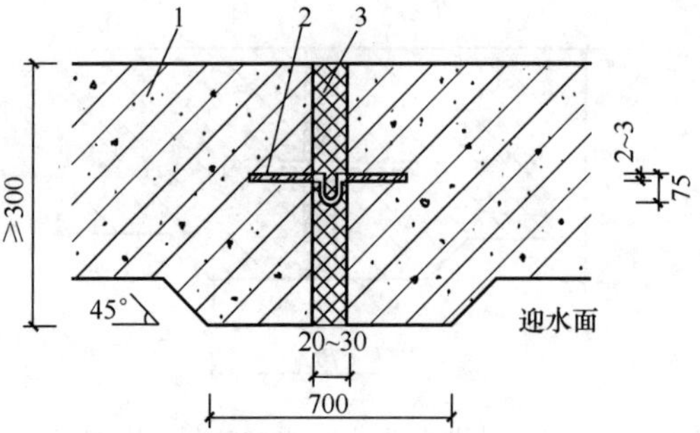

图 5.2.1-5　中埋式金属止水带

1—混凝土结构；2—金属止水带；3—填缝材料

参见本标准第 3.1.1 条中相关内容。

2　材料准备

止水带（橡胶止水带、钢边橡胶止水带、可卸式橡胶止水带、外贴式橡胶止水带）、防水卷材、防水涂料、密封材料。

3　机具设备

见本标准第 4 章主体结构防水工程中机具准备相关内容。

4　作业条件

1）设置变工缝部位钢筋绑扎完成，具备安装止水钢板或止水带条件。

2）浇筑混凝土时，变形缝内侧模板或嵌填材料完成。

3）整体沉降量达到 80%。

5.2.3　材料质量控制

1　橡胶止水带形状除符合现行国家标准《高分子防水材料　第 2 部分：止水带》GB 18173.2 的规定外，其他常用形状见图 5.2.3。橡胶止水带变形孔的宽度（*B*）宜为 30mm～50mm，高度（*H*）应根据结构变形量计算确定。

2　变形缝用橡胶止水带的技术指标及试验方法应符合本标准附录 B 中表 B.3.1 的规定。

3　密封材料

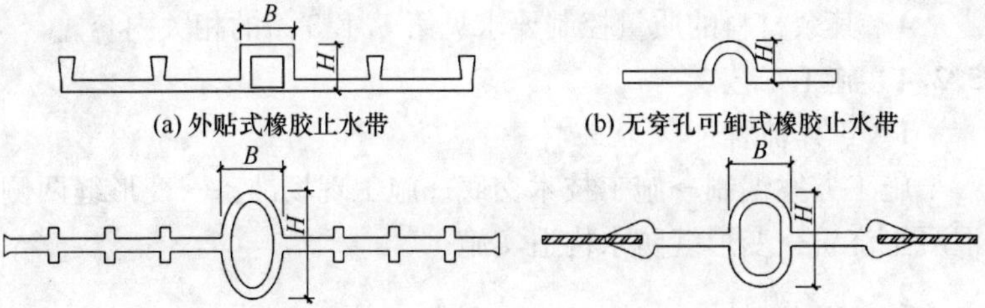

(a) 外贴式橡胶止水带　(b) 无穿孔可卸式橡胶止水带

(c) 中埋式橡胶止水带　(d) 中埋式钢边橡胶止水带

图 5.2.3　橡胶止水带常用形状

1）改性石油沥青密封材料的物理性能应符合表 5.2.3-1 的要求。

表 5.2.3-1　改性石油沥青密封材料的物理性能

项　目		性能要求	
		Ⅰ类	Ⅱ类
耐热度	温度(℃)	70	80
	下垂值(mm)	≤4.0	
低温柔性	温度(℃)	−20	−10
	粘结状态	无裂纹和剥离现象	
拉伸粘结性(%)		≥125	
浸水后拉伸粘结性(%)		≥125	
挥发性(%)		≤2.8	
施工度(mm)		≥22.0	≥20.0

注：改性石油沥青密封材料按耐热度和低温柔性分为Ⅰ类和Ⅱ类。

2）合成高分子密封材料的物理性能应符合表 5.2.3-2 的要求。

表 5.2.3-2　合成高分子密封材料的物理性能

项　目		性能要求	
		弹性体密封材料	塑性体密封材料
拉伸粘结性	拉伸强度(MPa)	≥0.2	≥0.02
	延伸率(%)	≥200	≥250
柔性(℃)		−30，无裂纹	−20，无裂纹
拉伸-压缩循环性能	拉伸-压缩率(%)	≥±20	≥±10
	粘结和内聚破坏面积(%)	≤25	

4　其余材料的质量控制要求见第 5.1.3 条的相关内容。

5.2.4　施工工艺

1　工作流程

施工方案编制→施工技术交底→施工现场准备→变形缝两侧混凝土浇筑→变形缝防水构造实施

2　工艺流程

止水带固定→变形缝留置→变形缝两侧混凝土浇筑→找平层→基层表面清理、修整→喷涂基层处理剂→变形缝内填充材料→防水附加层→防水层→防水保护层→变形缝顶部加扣盖板→清理与检查

5.2.5　施工操作要点

1　中埋式止水带施工应符合下列规定：

1）止水带埋设位置应准确，其中间空心圆环应与变形缝的中心线重合。

2）止水带应妥善固定，顶、底板内止水带应成盆状安设。止水带宜采用专用钢筋套或扁钢固定。采用扁钢固定时，止水带端部应先用扁钢夹紧，并将扁钢与结构内钢筋焊牢。固定扁钢用的螺栓间距宜为 500mm，见图 5.2.5-1。

3）中埋式止水带先施工一侧混凝土时，其端模应支撑牢固，

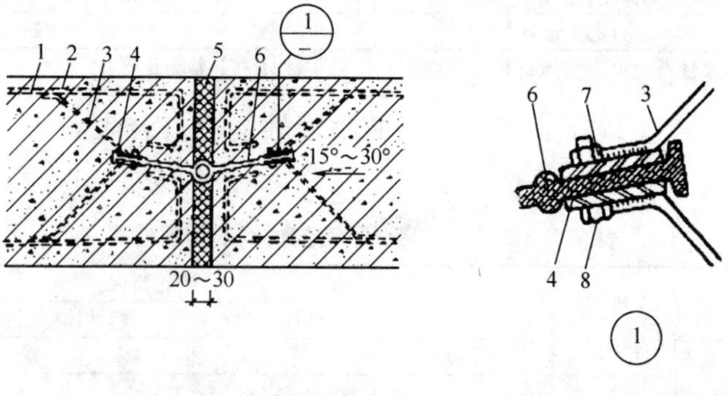

图 5.2.5-1　顶（底）板中埋式止水带的固定

1—结构主筋；2—混凝土结构；3—固定用钢筋；4—固定止水带用扁钢；5—填缝材料；6—中埋式止水带；7—螺母；8—双头螺杆

严防漏浆。

4）止水带的接缝宜为一处，应设在边墙较高位置上，不得设在结构转角处，接头宜采用热压焊。

5）中埋式止水带在转弯处宜采用直角专用配件，并应做成圆弧形，橡胶止水带的转角半径应不小于200mm，钢边橡胶止水带应不小于300mm，且转角半径应随止水带的宽度增大而相应加大。

2 安设于结构内侧的可卸式止水带施工时应符合下列要求：

1）所需配件应一次配齐。

2）转角处应做成45°折角。

3）转角处应增加紧固件的数量。

3 当变形缝与施工缝均用外贴式止水带时，其相交部位宜采用图5.2.5-2所示的专用配件。外贴式止水带的转角部位宜使用图5.2.5-3所示的专用配件。

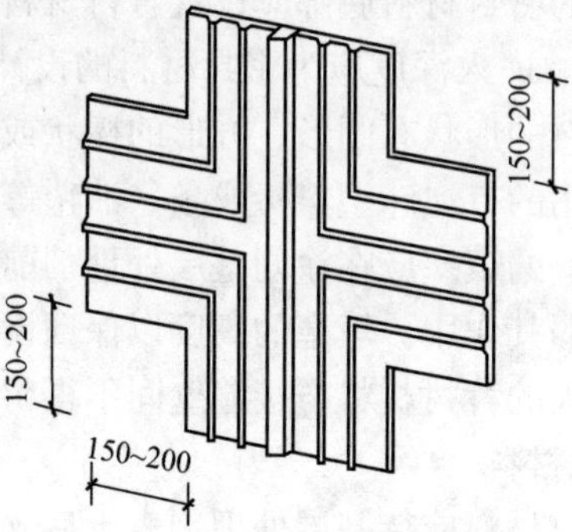

图5.2.5-2　外贴式止水带在施工缝

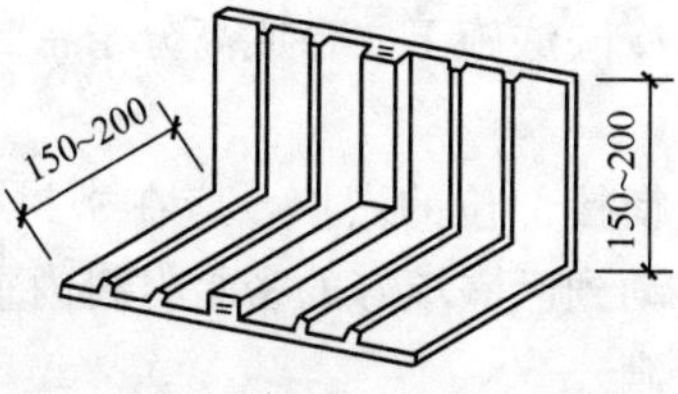

图5.2.5-3　外贴式止水带在转角处的专用配件与变形缝相交处的专用配件

4 宜采用遇水膨胀橡胶与普通橡胶复合的复合型橡胶条、中间夹有钢丝或纤维织物的遇水膨胀橡胶条、中空圆环型遇水膨胀橡胶条。当采用遇水膨胀橡胶条时，应采取有效的固定措施，防止止水条胀出缝外。

5 嵌缝材料嵌填施工时，应符合下列要求：

1）基层处理

（1）基层应牢固，表面应平整、密实，不得有裂缝、蜂窝、麻面、起皮和起砂等现象。

（2）涂刷基层处理剂前，基层处理剂可采用市购配套材料或密封材料稀释后使用。

（3）涂刷基层处理剂前，必须对接缝做全面的严格检查，待全部符合要求后，再涂刷基层处理剂。

2）填塞背衬材料

（1）接缝处的密封材料底部应设置背衬材料，背衬材料应大于接缝宽度20%，嵌入深度应为密封材料的设计厚度。

（2）背衬材料的形状有圆形、方形的棒状或片状，应根据实际需要选定，常用的有泡沫塑料棒或条、油毡等。

（3）背衬材料的填塞应在涂刷基层处理剂前进行，以免损坏基层处理剂，削弱其作用。填塞的高度以保证设计要求的最小接缝深度为准。嵌入的背衬材料与接缝壁间不得留有空隙。

3）嵌填密封材料

（1）嵌填密封材料应待基层处理剂表干后立即进行。密封材料的嵌填操作可分为热灌法和冷嵌法施工。改性石油沥青密封材料常采用热灌法和冷嵌法施工。合成高分子密封材料常用冷嵌法施工。

（2）密封材料衔接部位的嵌填，应在密封材料固化前进行。嵌填时应将枪嘴移动到已嵌填好的密封材料内重复填充，以保证衔接部位的密实饱满。

（3）嵌填到接缝端部时，只填到离顶端200mm处，然后从顶端往已嵌填好的方向嵌填，以保证接缝端部密封材料与基层粘结牢固。

（4）如接缝尺寸大，宽度超过 30mm，或接缝底部是圆弧形时，宜采用二次填充法嵌填，即待先填充的密封材料固化后，再进行第二次填充。需要强调的是，允许一次嵌填的应尽量一次性进行，以避免嵌填的密封材料出现分层现象。

（5）为了保证密封材料的嵌填质量，应在嵌填完的密封材料表面干燥前，用刮刀压平与修整。压平应稍用力与嵌填时枪嘴移动相反的方向进行，不要来回揉压。压平一结束，即用刮刀朝压平的反方向缓慢刮压一遍，使密封材料表面平滑。

（6）密封材料严禁在雨天、雪天施工，五级风及其以上时，不得施工。改性石油沥青密封材料、合成高分子溶剂型密封材料施工环境气温宜为 0℃～35℃；合成高分子乳胶型及反应固化型密封材料施工环境气温宜为 5℃～35℃。

（7）已嵌填施工完成的密封材料，应养护 2d～3d，当下一道工序施工时，必须对接缝部位的密封材料采取临时性或永久性的保护措施（如施工现场清扫，找平层、保温隔热层施工时，对已嵌填的密封材料宜用卷材或木板条保护），以防污染及碰损。嵌填的密封材料固化前应避免灰尘、破损及污染，且不得踩踏。踩踏后易发生塑性变形，从而导致其构造尺寸不符合设计要求。

6 在缝上粘贴卷材或涂刷涂料前，应在缝上设置隔离层，而后再行施工。防水卷材、防水涂料施工要点见本标准第 4.3 节、第 4.4 节的相关内容。

5.2.6 成品保护

1 金属盖板安装固定时勿破坏已完成防水层，采用固定钉固定的注意安装完成后固定钉的密封施工。

2 对嵌填完毕的密封材料，应避免碰损及污染，固化前不得踩踏。

3 为防止密封材料污染被粘结体两侧表面，应在接缝两侧贴防污条。

4　施工过程中产生的垃圾应及时清理，避免堵塞孔洞。

5　其余成品保护措施参照第5.1.6条相关内容。

5.2.7　安全、环保措施

1　大部分密封材料是易燃品，贮运和保管时应避免日晒、雨淋，远离火源和热源。

2　合成高分子密封材料贮运和保管时，应保证包装密封完好。如包装不严密，挥发固化型密封材料中的溶剂和水分挥发会产生固化，反应固化型密封材料如与空气接触会产生凝胶。

3　合成高分子密封材料保管时应将其分类，不应与其他材料或不同生产日期的同类材料堆放在一起，尤其是多组分密封材料更应该避免混乱堆放。

4　操作过程中应采取措施防止稀释液遗洒或直接渗入土壤。稀释液容器应分类存放，指定消纳地点。

5　不得直接在可燃类防水、保温材料上进行热熔或热粘法施工。

6　其余安全、环保措施参照本标准第5.1.7条相关内容。

5.2.8　质量标准

Ⅰ　主 控 项 目

1　变形缝用止水带、填缝材料和密封材料必须符合设计要求。变形缝防水构造必须符合设计要求。

检验方法：观察检查和检查隐蔽工程验收记录。

2　中埋式止水带埋设位置应准确，其中间空心圆环与变形缝的中心线应重合。

检验方法：观察检查和检查隐蔽工程验收记录。

Ⅱ　一 般 项 目

1　中埋式止水带的接缝应设在边墙较高位置上，不得设在结构转角处；接头宜采用热压焊接，接缝应平整、牢固，不得有裂口和脱胶现象。

检验方法：观察检查和检查隐蔽工程验收记录。

2 中埋式止水带在转角处应做成圆弧形；顶板、底板内止水带应安装成盆状，并宜采用专用钢筋套或扁钢固定。

检验方法：观察检查和检查隐蔽工程验收记录。

3 外贴式止水带在变形缝与施工缝相交部位宜采用十字配件；外贴式止水带在变形缝转角部位宜采用直角配件。止水带埋设位置应准确，固定应牢靠，并与固定止水带的基层密贴，不得出现空鼓、翘边等现象。

检验方法：观察检查和检查隐蔽工程验收记录。

4 安设于结构内侧的可卸式止水带所需配件应一次配齐，转角处应做成45°坡角，并增加紧固件的数量。

检验方法：观察检查和检查隐蔽工程验收记录。

5 嵌填密封材料的缝内两侧基面应平整、洁净、干燥，并应涂刷基层处理剂；嵌缝底部应设置背衬材料；密封材料嵌填应严密、连续、饱满，粘结牢固。

检验方法：观察检查和检查隐蔽工程验收记录。

6 变形缝处表面粘贴卷材和涂刷涂料前，应在缝上设置隔离层和加强层。

检验方法：观察检查和检查隐蔽工程验收记录。

5.2.9 质量验收

1 检验批的验收由监理工程师或建设单位项目技术负责人组织项目专业质量检查员等进行验收。

2 细部构造全数检查。

3 验收时检验各种原材料的试验报告。

4 当地方标准有统一规定时，按当地标准执行。当地方无统一标准时，检验批质量验收记录宜采用表5.2.9“变形缝细部防水检验批质量验收记录”。

表 5.2.9 变形缝细部防水检验批质量验收记录

编号：______

<table>
<tr><td colspan="2">单位（子单位）工程名称</td><td></td><td>分部（子分部）工程名称</td><td></td><td>分项工程名称</td><td colspan="2"></td></tr>
<tr><td colspan="2">施工单位</td><td></td><td>项目负责人</td><td></td><td>检验批容量</td><td colspan="2"></td></tr>
<tr><td colspan="2">分包单位</td><td></td><td>分包单位项目负责人</td><td></td><td>检验批部位</td><td colspan="2"></td></tr>
<tr><td colspan="2">施工依据</td><td colspan="2"></td><td>验收依据</td><td colspan="3">《地下防水工程质量验收规范》GB 50208－2011</td></tr>
<tr><td></td><td colspan="2">验收项目</td><td>设计要求及规范规定</td><td>最小/实际抽样数量</td><td>检查记录</td><td colspan="2">检查结果</td></tr>
<tr><td rowspan="3">主控项目</td><td>1</td><td>变形缝所用材料质量</td><td>符合设计要求</td><td></td><td></td><td colspan="2"></td></tr>
<tr><td>2</td><td>变形缝构造做法</td><td>符合设计要求</td><td></td><td></td><td colspan="2"></td></tr>
<tr><td>3</td><td>中埋式止水带位置</td><td>埋设位置应准确，其中间空心圆环与变形缝的中心线应重合</td><td></td><td></td><td colspan="2"></td></tr>
<tr><td rowspan="3">一般项目</td><td>1</td><td>中埋式止水带接缝</td><td>不得设在结构转角处；接头宜采用热压焊接，接缝应平整、牢固，不得有裂口和脱胶现象</td><td></td><td></td><td colspan="2"></td></tr>
<tr><td>2</td><td>嵌填密封材料</td><td>嵌填应严密、连续、饱满，粘结牢固</td><td></td><td></td><td colspan="2"></td></tr>
<tr><td>3</td><td>施工缝表面处理情况</td><td>表面浮浆和杂物清除，涂刷界面处理剂或水泥基渗透结晶型防水涂料，再铺 30mm～50mm 厚的 1：1 水泥砂浆</td><td></td><td></td><td colspan="2"></td></tr>
</table>

续表 5.2.9

<table>
<tr><td colspan="3">验收项目</td><td>设计要求及规范规定</td><td>最小/实际抽样数量</td><td>检查记录</td><td>检查结果</td></tr>
<tr><td>一般项目</td><td>4</td><td>变形缝防水加强层</td><td>表面粘贴卷材和涂刷涂料前，应在缝上设置隔离层和加强层</td><td></td><td></td><td></td></tr>
<tr><td colspan="2">施工单位检查结果</td><td colspan="5">专业工长：
项目专业质量检查员：
年 月 日</td></tr>
<tr><td colspan="2">监理（建设）单位验收结论</td><td colspan="5">专业监理工程师：
（建设单位项目专业技术负责人）：
年 月 日</td></tr>
</table>

5.3 后 浇 带

5.3.1 一般规定

1 后浇带应设在受力和变形较小的部位，间距宜为 30m～

60m，宽度宜为 700mm～1000mm。

2 后浇带应采用补偿收缩混凝土浇筑，其抗渗性能和抗压强度等级不应低于两侧混凝土。

3 后浇带防水构造应根据结构形式、可操作性及施工条件进行设计，并符合下列规定：

1）混凝土结构断面内可采用丁基橡胶腻子钢板止水带、钢板止水带、预埋注浆管、遇水膨胀止水胶等防水措施。

2）混凝土结构迎水面可选用防水卷材、防水涂料等防水措施。防水卷材、防水涂料的宽度不宜小于 400mm，厚度应符合表 3.3.2 的规定。

3）后浇带防水构造见图 5.3.1-1～图 5.3.1-5。

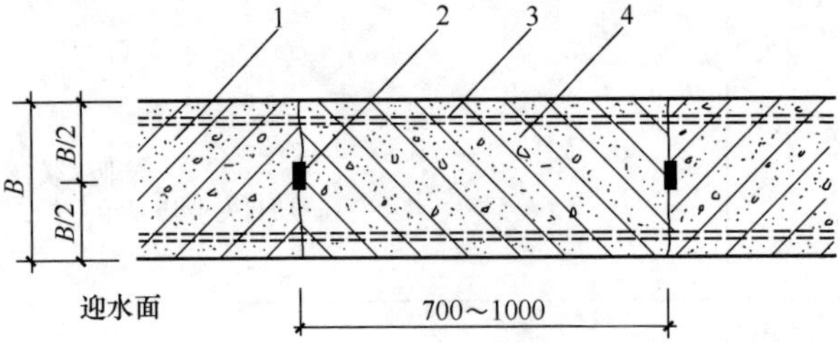

图 5.3.1-1　后浇带防水构造（一）

1—先浇混凝土；2—遇水膨胀止水条；3—结构主筋；4—后浇补偿收缩混凝土

4 后浇带需超前止水时，应设置临时变形缝，并应符合下列规定：

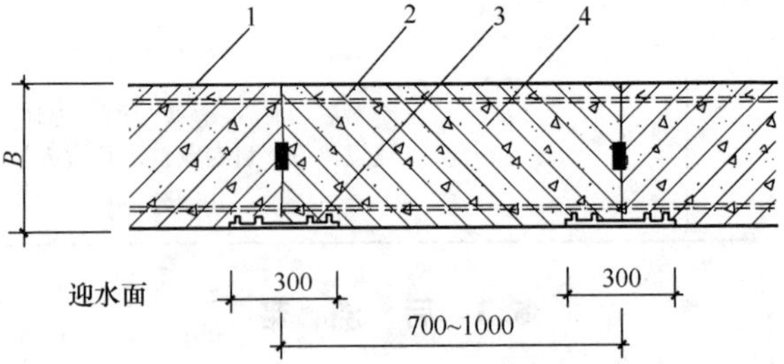

图 5.3.1-2　后浇带防水构造（二）

1—先浇混凝土；2—结构主筋；3—外贴式止水带；4—后浇补偿收缩混凝土

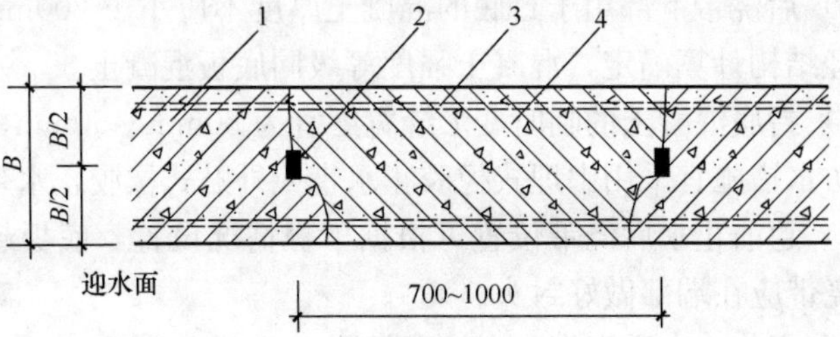

图 5.3.1-3 后浇带防水构造（三）

1—先浇混凝土；2—遇水膨胀止水条；3—结构主筋；4—后浇补偿收缩混凝土

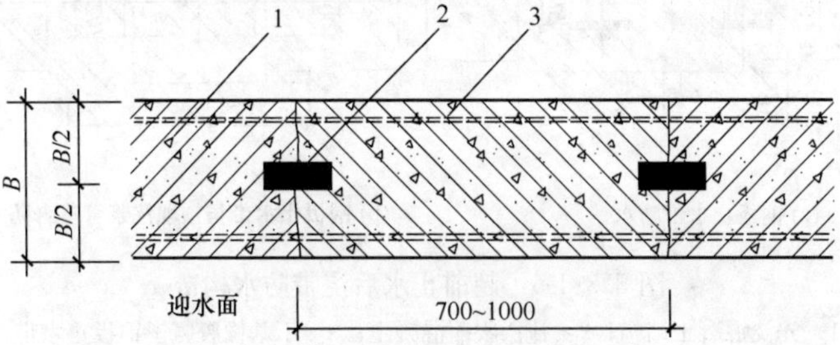

图 5.3.1-4 后浇带防水构造（四）

1—先浇混凝土结构；2—丁基橡胶腻子钢板止水带；3—后浇带补偿收缩混凝土

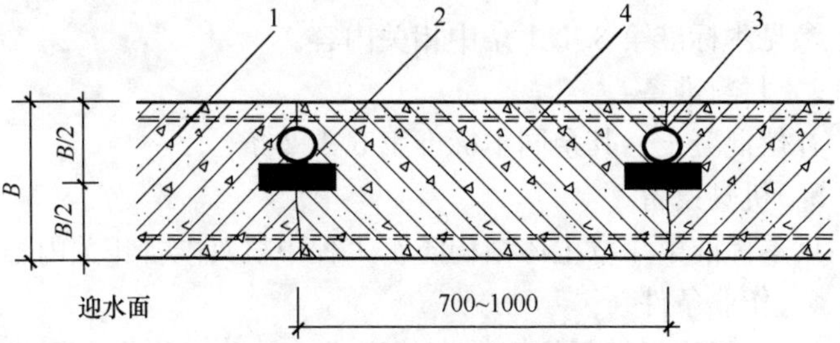

图 5.3.1-5 后浇带防水构造（五）

1—先浇混凝土结构；2—钢板止水带；3—预埋注浆管；4—后浇带补偿收缩混凝土

1）底板后浇带留置深度应大于底板厚度 50mm～100mm，侧墙后浇带深度与结构侧墙相同。

2）后浇带下部用于封底的混凝土厚度不应小于200mm，配筋应经结构计算确定，混凝土强度等级同底板混凝土。

3）封底混凝土的临时变形缝宽度宜为30mm～50mm，变形缝内防水措施宜采用中埋式橡胶止水带或外贴式橡胶止水带。

4）超前止水后浇带位置可根据工程情况设置，底板超前止水后浇带应在端部做好封头。

5）超前止水后浇带防水构造见图5.3.1-6。

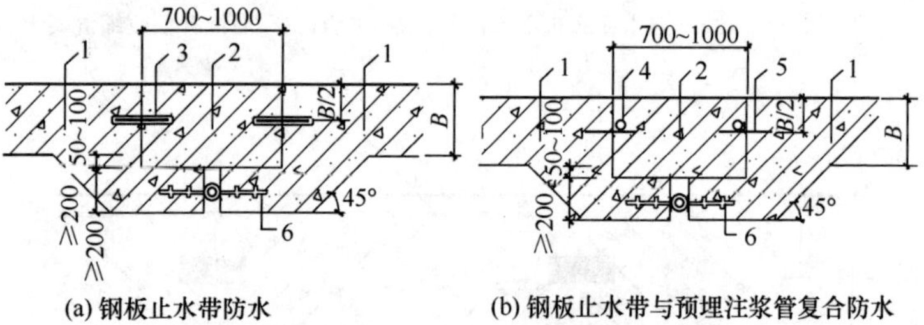

图5.3.1-6　超前止水后浇带防水构造

1—先浇混凝土结构；2—补偿收缩混凝土；3—丁基橡胶腻子钢板止水带；4—预埋注浆管；5—钢板止水带；6—中埋式橡胶止水带

5.3.2　施工准备

1　技术准备

参见本标准第3.1.1条中相关内容。

2　材料准备

补偿混凝土，其余同本标准第5.1.2条。

3　机具设备

见本标准第4章主体结构防水工程中机具准备相关内容。

4　作业条件

1）设置后浇带部位钢筋绑扎完成，具备安装止水钢板或止水带条件。

2）浇筑混凝土时，后浇带内侧模板或钢丝网设置完成。

5.3.3　材料质量控制

1　补偿收缩混凝土的配制及原材料的质量，应符合现行行业标准《补偿收缩混凝土应用技术规程》JGJ/T 178 的规定。

2 丁基橡胶腻子钢板止水带宜采用宽度不小于 250mm，厚度 0.5mm～0.8mm 的镀锌钢板、不锈钢板等金属材料。双面应涂覆丁基橡胶腻子，单面丁基橡胶腻子厚度不应小于 2mm。技术性能指标应符合表 5.1.3 的规定。

3 其余材料的质量要求见本标准第 5.1.3 条、第 5.2.3 条相关内容。

5.3.4 施工工艺

参考本标准第 5.1.4 条中的相关内容。

5.3.5 施工操作要点

1 后浇带封闭时间不应少于 14d 或应符合设计要求。

2 后浇带留置后，应对该部位进行覆盖和保护，外露钢筋宜采取防锈措施。

3 后浇带混凝土宜一次浇筑；混凝土浇筑后应及时养护，养护时间不得少于 28d。

4 先浇混凝土侧模可采用专用免拆镀锌网模。

5 止水带、预埋注浆管、遇水膨胀止水胶等位置应准确，安装应牢固。

6 后浇带内混凝土浇筑施工前，应将积水、垃圾等清理干净。

5.3.6 成品保护

1 后浇带混凝土施工前，后浇带部位和外贴式止水带应予以保护，严防落入杂物和损伤外贴式止水带。

2 其余成品保护措施参照本标准第 5.1.6 条相关内容。

5.3.7 安全、环保措施

安全、环保措施参考本标准第 5.1.7 条相关内容。

5.3.8 质量标准

Ⅰ 主 控 项 目

1 后浇带用遇水膨胀止水条或止水胶、预埋注浆管、外贴式止水带必须符合设计要求。

检验方法：检查产品合格证、产品性能检测报告和材料进场检验报告。

2 补偿收缩混凝土的原材料及配合比必须符合设计要求。

检验方法：检查产品合格证、产品性能检测报告、计量措施和材料进场检验报告。

3 后浇带防水构造必须符合设计要求。

检验方法：观察检查和检查隐蔽工程验收记录。

4 采用掺膨胀剂的补偿收缩混凝土，其抗压强度、抗渗性能和限制膨胀率必须符合设计要求。

检验方法：检查混凝土抗压强度、抗渗性能和水中养护 14d 后的限制膨胀率检测报告。

Ⅱ 一 般 项 目

1 补偿收缩混凝土浇筑前，后浇带部位和外贴式止水带应采取保护措施。

检验方法：观察检查。

2 后浇带两侧的接缝表面应先清理干净，再涂刷混凝土界面处理剂或水泥基渗透结晶型防水涂料。后浇混凝土的浇筑时间应符合设计要求。

检验方法：观察检查和检查隐蔽工程验收记录。

3 后浇带混凝土应一次浇筑，不得留施工缝；混凝土浇筑后应及时养护，养护时间不得少于 28d。

检验方法：观察检查和检查隐蔽工程验收记录。

5.3.9 质量验收

1 检验批的验收由监理工程师或建设单位项目技术负责人组织项目专业质量检查员等进行验收。

2 细部构造全数检查。

3 验收时检验各种原材料的试验报告。

4 当地方标准有统一规定时，按当地标准执行。当地方无统一标准时，检验批质量验收记录宜采用表 5.3.9“后浇带细部防水检验批质量验收记录”。

表 5.3.9 后浇带细部防水检验批质量验收记录

编号：

单位（子单位）工程名称			分部（子分部）工程名称		分项工程名称	
施工单位			项目负责人		检验批容量	
分包单位			分包单位项目负责人		检验批部位	
施工依据				验收依据	《地下防水工程质量验收规范》GB 50208－2011	
	验收项目		设计要求及规范规定	最小/实际抽样数量	检查记录	检查结果
主控项目	1	后浇带用遇水膨胀止水条或止水胶、预埋注浆管、外贴式止水带	符合设计要求			
主控项目	2	补偿收缩混凝土的原材料及配合比	符合设计要求			
主控项目	3	后浇带防水构造	符合设计要求			
主控项目	4	采用掺膨胀剂的补偿收缩混凝土，其抗压强度、抗渗性能和限制膨胀率	符合设计要求			

续表 5.3.9

<table>
<tr><td colspan="3">验收项目</td><td>设计要求及规范规定</td><td>最小/实际抽样数量</td><td>检查记录</td><td>检查结果</td></tr>
<tr><td rowspan="3">一般项目</td><td>1</td><td>补偿收缩混凝土浇筑前，后浇带部位和外贴式止水带应采取保护措施</td><td>符合设计要求</td><td></td><td></td><td></td></tr>
<tr><td>2</td><td>后浇带两侧的接缝表面处理</td><td>应先清理干净，再涂刷混凝土界面处理剂或水泥基渗透结晶型防水涂料</td><td></td><td></td><td></td></tr>
<tr><td>3</td><td>后浇混凝土的浇筑时间</td><td>应符合设计要求</td><td></td><td></td><td></td></tr>
<tr><td colspan="2">施工单位检查结果</td><td colspan="5">专业工长：
项目专业质量检查员：
年　月　日</td></tr>
<tr><td colspan="2">监理（建设）单位验收结论</td><td colspan="5">专业监理工程师：
（建设单位项目专业技术负责人）：
年　月　日</td></tr>
</table>

5.4 穿 墙 管

5.4.1 一般规定

1 穿墙管应在浇筑混凝土前预埋。

2 穿墙管与内墙角、凹凸部位的距离应大于250mm。

3 结构上的埋设件宜采用预埋或预留孔（槽）等方法。

4 埋设件端部或开槽、开孔、预留孔部位，混凝土厚度不应小于200mm。当厚度小于200mm时，应采取局部加厚或其他防水措施。

5 结构变形或管道伸缩量较大或有更换要求时，应采用套管式防水法，套管应加焊止水环。预埋套管式穿墙管防水构造见图5.4.1-1，并应符合下列规定：

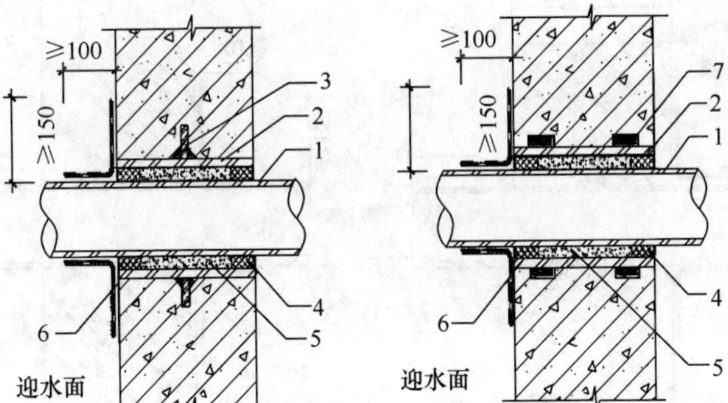

图5.4.1-1 预埋套管穿墙管防水构造

1—穿墙管；2—套管；3—翼环；4—封口密封胶；
5—聚氨酯泡沫填缝剂；6—防水加强层；
7—丁基密封胶带或遇水膨胀止水胶

1）预埋套管可采用翼环、丁基密封胶带或遇水膨胀止水胶止水。金属翼环宽度不应小于50mm，厚度不应小于2mm，并与套管双面满焊；丁基密封胶带宽度不应小于20mm，厚度不应小于2mm；遇水膨胀止水胶宽度宜为12mm～18mm，厚度宜为

8mm～10mm；遇水膨胀止水胶应双道设置，宽度宜为 10mm～15mm，厚度宜为 5mm～8mm。

2）穿墙管与套管、套管与混凝土之间，应在内外两侧端口进行密封处理。密封材料嵌入深度不应小于 20mm，且应大于间隙的 1.5 倍；中间间隙宜采用聚氨酯泡沫填缝剂填实。

3）侧墙整体防水层应将加强层全部覆盖。

6 结构变形或管道伸缩量较小时，可预埋连接用穿墙短管，管道与预埋短管进行后期连接。预埋短管应加焊止水翼环或采用丁基密封胶带、遇水膨胀止水胶等，迎水面管根与侧墙交接处，应采用防水涂料或密封材料加强防水层，侧墙防水层应将加强防水层全部覆盖。预埋式穿墙管防水构造见图 5.4.1-2。

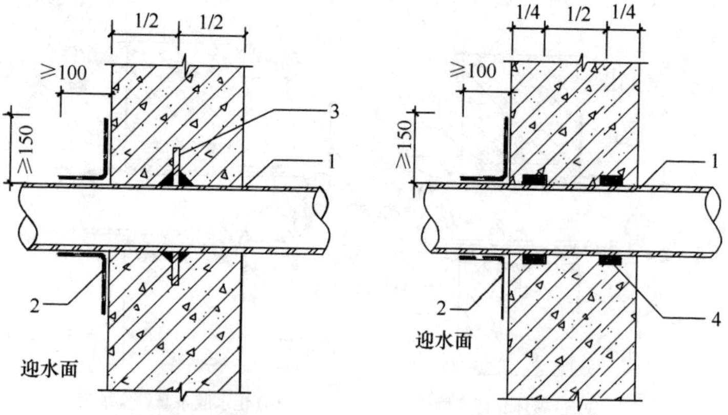

(a) 穿墙短管止水翼环　　(b) 穿墙短管遇水膨胀止水胶

图 5.4.1-2　预埋穿墙短管防水构造

1—预埋穿墙短管；2—防水加强层；3—止水翼环；

4—丁基密封胶带或遇水膨胀止水胶

7 后凿安装穿墙管时，开孔尺寸及位置应经计算确定，并应采取机械钻孔的方法。穿墙管安装后应固定牢固，防水构造见图 5.4.1-3。

8 采用法兰式套管时，套管应加焊止水环，其防水构造见

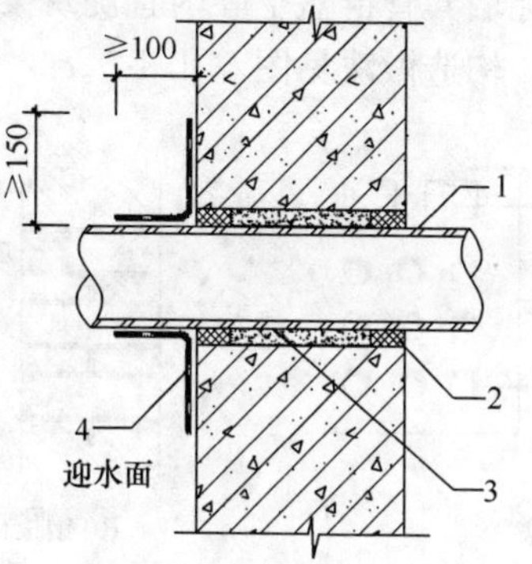

图 5.4.1-3　后开孔穿墙管防水构造

1—穿墙管；2—封口密封胶；3—聚氨酯泡沫填缝剂；4—防水加强层

图 5.4.1-4。

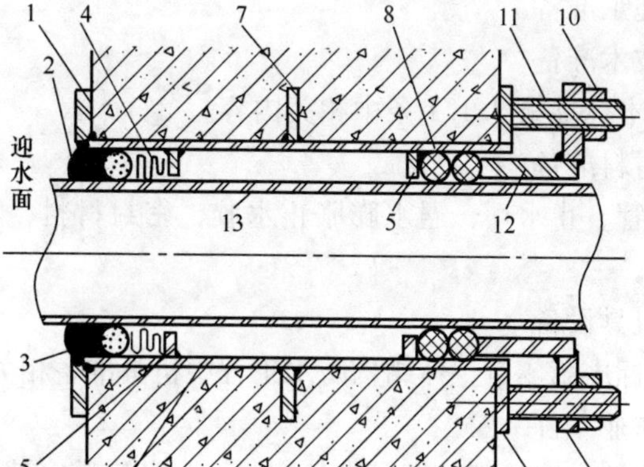

图 5.4.1-4　法兰式套管式穿墙管防水构造

1—翼环；2—嵌缝材料；3—背衬材料；4—填缝材料；5—挡圈；6—套管；7—止水环；8—橡胶圈；9—翼盘；10—螺母；11—双头螺栓；12—短管；13—主管；14—法兰盘

9　同一部位多管穿墙时，宜采用穿墙套管群盒或钢板止水穿墙套管群方法。穿墙套管群盒或钢板止水穿墙套管群应与结构钢筋焊接固定。穿墙套管群盒空腔内宜浇筑柔性密封材料或无收缩水泥基灌浆料，构造做法见图 5.4.1-5。

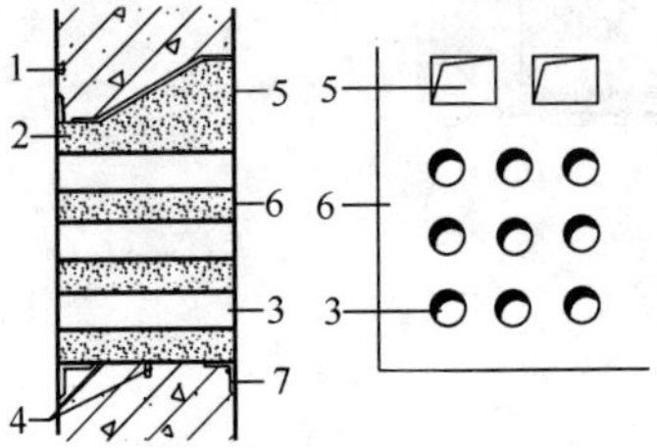

(a) 穿墙套管群盒

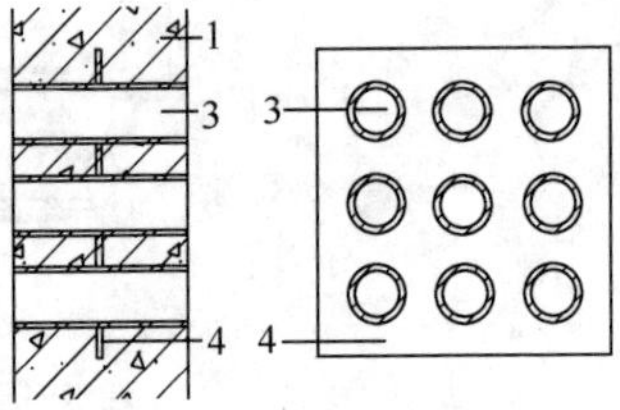
(b) 钢板止水穿墙套管群

图 5.4.1-5　群管穿墙防水构造

1—混凝土侧墙；2—柔性材料或细石混凝土；3—穿墙套管；
4—止水环、止水钢板；5—浇注孔；6—封口钢板；7—固定角钢

5.4.2　施工准备

1　技术准备

参见本标准第 3.1.1 条中相关内容。

2　材料准备

穿墙管、止水环、遇水膨胀止水胶、密封材料、防水卷材、防水涂料。

3　机具设备

见本标准第 4 章主体结构防水工程中机具准备相关内容。

4　作业条件

1）设置穿墙管部位钢筋绑扎完成，具备安装穿墙管条件；

2）浇筑混凝土前，检查穿墙管预埋位置准确，不得后改。

5.4.3　材料质量控制

1　穿墙管、止水环、翼盘、翼环、短管等所用的金属板和焊条的规格、材质必须按设计要求选择。钢材的性能应符合现行国家标准《碳素结构钢》GB/T 700 和《低合金高强度结构钢》GB/T 1591 的规定。焊接材料应符合相应国家现行标准的规定。

2　遇水膨胀止水胶、丁基密封胶带性能应符合本标准第

5.1.3 条相关内容的规定。

3 防水卷材、防水涂料的质量要求应符合第 4.3 节和第 4.4 节的相关规定，且应与迎水面防水层防水材料相容。

4 密封材料质量要求应符合本标准第 5.2.3 条的相关规定。

5.4.4 施工工艺

1 工作流程

施工方案编制→施工技术交底→施工现场准备→穿墙管部位钢筋绑扎→定位放线→穿墙管预埋→混凝土浇筑

2 工艺流程

1）固定式穿墙管：穿墙管止水环焊接（或粘贴遇水膨胀止水胶）→穿墙管预埋→混凝土浇筑→迎水面防水加强层施工

2）套管式穿墙管：套管翼环、翼盘及止水环焊接→穿墙套管预埋→结构混凝土浇筑→放置穿墙主管→填充密封材料→法兰盘与短管焊接、双头螺栓固定于翼盘上→放置法兰→拧紧螺母固定法兰

3）穿墙套管群盒：穿墙盒部位预留固定角钢→穿墙盒止水钢板焊接止水片→穿墙盒止水钢板与固定角钢焊接→结构混凝土浇筑→封口钢板上浇筑孔、穿墙管预留孔加工→封口钢板与固定角钢焊接→放置穿墙套管，两端密封焊实→从浇筑孔处浇筑柔性材料或细石混凝土

4）钢板止水穿墙套管群工艺流程参考固定式穿墙管。

5.4.5 施工操作要点

1 固定式穿墙管、钢板止水穿墙套管群

1）金属止水环应与主管或套管满焊密实。

2）采用遇水膨胀止水胶防水的穿墙管，止水胶应连续密封；采用丁基密封胶带防水的穿墙管，丁基密封胶带应平行搭接，搭接宽度不应小于 50mm。

3）穿墙管外侧防水层应铺设严密，不留接茬；主体采用柔性外防水层时应在套管四周做防水加强层，除使用相同的柔性防水材料还可以使用加无纺布或玻纤胎体的防水涂层作为加强层。

防水加强层宽度不小于150mm。

4）管与管的间距应大于300mm。

5）采用遇水膨胀止水圈的穿墙管，管径宜小于50mm，止水圈应用胶粘剂满粘固定于管上，并应涂缓胀剂。

2 套管式穿墙管

1）采用套管式穿墙防水构造时，翼环与套管应双面满焊密实，并应在施工前将套管内表面清理干净。

2）套管内的管道安装完毕后，应在两管间嵌入内衬填料，端部用密封材料填缝。柔性穿墙时，穿墙内侧应用法兰压紧。

3）其余同固定式穿墙管。

3 穿墙套管群盒

1）小盒可用改性沥青填满，大盒应浇筑细石混凝土（自密实混凝土或CGM灌浆料），必要时掺水泥基渗透结晶型防水剂。

2）封口钢板厚度3.5mm～5mm。

3）其余同固定式穿墙管。

5.4.6 成品保护

1 保护好预埋穿墙管、电线管、电线盒、预埋铁件及止水片（带）的位置正确，并固定牢靠，防止振捣混凝土时碰动，造成位移、挤偏和表面铁件陷进混凝土内。

2 浇筑混凝土时，应采取措施防止水泥浆进入套管内。

3 穿墙管伸出侧墙的部位，回填时应采取措施防止管体损坏。

4 其余成品保护措施参照本标准第5.1.6条相关内容。

5.4.7 安全、环保措施

安全、环保措施参考本标准第5.1.7条相关内容。

5.4.8 质量标准

Ⅰ 主 控 项 目

1 穿墙管用遇水膨胀止水条和密封材料必须符合设计要求。

检验方法：检查产品合格证、产品性能检测报告和材料进场检验报告。

2 穿墙管防水构造必须符合设计要求。

检验方法：观察检查和检查隐蔽工程验收记录。

Ⅱ 一般项目

1 固定式穿墙管应加焊止水环或环绕遇水膨胀止水圈，并作好防腐处理；穿墙管应在主体结构迎水面预留凹槽，槽内应用密封材料嵌填密实。

检验方法：观察检查和检查隐蔽工程验收记录。

2 套管式穿墙管的套管与止水环及翼环应连续满焊，并作好防腐处理；套管内表面应清理干净，穿墙管与套管之间应用密封材料和橡胶密封圈进行密封处理，并采用法兰盘及螺栓进行固定。

检验方法：观察检查和检查隐蔽工程验收记录。

3 穿墙盒的封口钢板与混凝土结构墙上预埋的角钢应焊平，并从钢板上的预留浇注孔注入改性沥青密封材料或细石混凝土，封填后将浇注孔口用钢板焊接封闭。

检验方法：观察检查和检查隐蔽工程验收记录。

4 当主体结构迎水面有柔性防水层时，防水层与穿墙管连接处应增设加强层。

检验方法：观察检查和检查隐蔽工程验收记录。

5 密封材料嵌填应密实、连续、饱满，粘结牢固。

检验方法：观察检查和检查隐蔽工程验收记录。

5.4.9 质量验收

1 检验批的验收由监理工程师或建设单位项目技术负责人组织项目专业质量检查员等进行验收。

2 细部构造全数检查。

3 验收时检验各种原材料的试验报告。

4 当地方标准有统一规定时，按当地标准执行。当地方无统一标准时，检验批质量验收记录宜采用表 5.4.9“穿墙管细部防水检验批质量验收记录”。

表 5.4.9　穿墙管细部防水检验批质量验收记录

编号：________

<table>
<tr><td colspan="3">单位（子单位）工程名称</td><td></td><td>分部（子分部）工程名称</td><td></td><td>分项工程名称</td><td></td></tr>
<tr><td colspan="3">施工单位</td><td></td><td>项目负责人</td><td></td><td>检验批容量</td><td></td></tr>
<tr><td colspan="3">分包单位</td><td></td><td>分包单位项目负责人</td><td></td><td>检验批部位</td><td></td></tr>
<tr><td colspan="3">施工依据</td><td colspan="2"></td><td>验收依据</td><td colspan="2">《地下防水工程质量验收规范》GB 50208－2011</td></tr>
<tr><td rowspan="3">主控项目</td><td colspan="2">验收项目</td><td>设计要求及规范规定</td><td>最小/实际抽样数量</td><td>检查记录</td><td colspan="2">检查结果</td></tr>
<tr><td>1</td><td>穿墙管用遇上膨胀止水条和密封材料</td><td>符合设计要求</td><td></td><td></td><td colspan="2"></td></tr>
<tr><td>2</td><td>防水构造做法</td><td>符合设计要求</td><td></td><td></td><td colspan="2"></td></tr>
<tr><td rowspan="2">一般项目</td><td>1</td><td>固定式穿墙管防水构造</td><td>应加焊止水环或环绕遇水膨胀止水圈，并作好防腐处理；穿墙管应在主体结构迎水面预留凹槽，槽内应用密封材料嵌填密实</td><td></td><td></td><td colspan="2"></td></tr>
<tr><td>2</td><td>套管式穿墙管防水构造</td><td>套管与止水环及翼环应连续满焊，并作好防腐处理；套管内表面应清理干净，穿墙管与套管之间应用密封材料和橡胶密封圈进行密封处理，并采用法兰盘及螺栓进行固定</td><td></td><td></td><td colspan="2"></td></tr>
</table>

续表 5.4.9

<table>
<tr><td rowspan="4">一般项目</td><td colspan="2">验收项目</td><td>设计要求及规范规定</td><td>最小/实际抽样数量</td><td>检查记录</td><td>检查结果</td></tr>
<tr><td>3</td><td>穿墙盒防水构造</td><td>封口钢板与混凝土结构墙上预埋的角钢应焊平，并从钢板上的预留浇注孔注入改性沥青密封材料或细石混凝土，封填后将浇注孔口用钢板焊接封闭</td><td></td><td></td><td></td></tr>
<tr><td>4</td><td>主体结构迎水面有柔性防水层</td><td>防水层与穿墙管连接处应增设加强层</td><td></td><td></td><td></td></tr>
<tr><td>5</td><td>密封材料</td><td>嵌填应密实、连续、饱满，粘结牢固</td><td></td><td></td><td></td></tr>
<tr><td colspan="3">施工单位检查结果</td><td colspan="4">专业工长：
项目专业质量检查员：
年 月 日</td></tr>
<tr><td colspan="3">监理（建设）单位验收结论</td><td colspan="4">专业监理工程师：
（建设单位项目专业技术负责人）：
年 月 日</td></tr>
</table>

5.5 埋 设 件

5.5.1 一般规定

1 结构上的埋设件宜采用预埋或预留孔（槽）等方法。

2 埋设件端部或预留孔（槽）底部的混凝土厚度不得小于250mm；当厚度小于250mm时，必须局部加厚或采取其他防水措施，见图5.5.1。

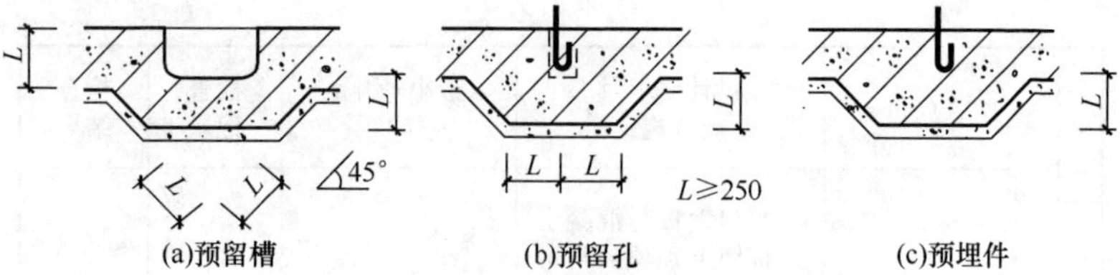

图 5.5.1　预埋件或预留孔（槽）处理示意图

5.5.2　施工准备

1　技术准备

参见本标准第 3.1.1 条中相关内容。

2　材料准备

止水条。

3　机具设备

见本标准第 4 章主体结构防水工程中机具准备相关内容。

4　作业条件

1）设置预埋件部位钢筋绑扎完成，具备安装预埋件条件。

2）浇筑混凝土前，检查预埋件预埋位置准确，不得后改、后埋。

5.5.3　材料质量控制

止水条性能应符合本标准第 5.1.3 节相关内容的规定。

5.5.4　施工工艺

1　工作流程

施工方案编制→施工技术交底→施工现场准备→预埋件部位钢筋绑扎→定位放线→预埋件预埋→混凝土浇筑

2　工艺流程

1）预埋：预埋件部位钢筋绑扎→定位放线→预埋件预埋→混凝土浇筑

2）预留孔（槽）：结构预留孔（槽）→预埋件放置→灌注细石混凝土或水泥砂浆

5.5.5　施工要点

1 预留地坑、孔洞、沟槽内的防水层，应与孔（槽）外的结构防水层保持连续。

2 固定模板用的螺栓必须穿过混凝土结构时，螺栓或套管应满焊止水环或翼环；采用工具式螺栓或螺栓加堵头做法，拆模后应采取加强防水措施将留下的凹槽封堵密实。

5.5.6 成品保护

成品保护措施参照本标准第 5.4.6 条相关内容。

5.5.7 安全、环保措施

安全、环保措施参照本标准第 5.4.7 条相关内容。

5.5.8 质量标准

Ⅰ 主 控 项 目

1 埋设件用密封材料必须符合设计要求。

检验方法：检查产品合格证、产品性能检测报告和材料进场检验报告。

2 埋设件防水构造必须符合设计要求。

检验方法：观察检查和检查隐蔽工程验收记录。

Ⅱ 一 般 项 目

1 埋设件应位置准确，固定牢靠；埋设件应进行防腐处理。

检验方法：观察、尺量和手扳检查。

2 埋设件端部或预留孔、槽底部的混凝土厚度不得少于 250mm；当混凝土厚度小于 250mm 时，应局部加厚或采取其他防水措施。

检验方法：尺量检查和检查隐蔽工程验收记录。

3 结构迎水面的埋设件周围应预留凹槽，凹槽内应用密封材料嵌填密实。

检验方法：观察检查和检查隐蔽工程验收记录。

4 用于固定模板的螺栓必须穿过混凝土结构时，可采用工具式螺栓或螺栓加堵头，螺栓上应加焊止水环。拆模后留下的凹槽应用密封材料封堵密实，并用聚合物水泥砂浆抹平。

检验方法：观察检查和检查隐蔽工程验收记录。

5 预留孔、槽内的防水层应与主体防水层保持连续。

检验方法：观察检查和检查隐蔽工程验收记录。

6 密封材料嵌填应密实、连续、饱满，粘结牢固。

检验方法：观察检查和检查隐蔽工程验收记录。

5.5.9 质量验收

1 检验批的验收由监理工程师或建设单位项目技术负责人组织项目专业质量检查员等进行验收。

2 细部构造全数检查。

3 验收时检验各种原材料的试验报告。

4 当地方标准有统一规定时，按当地标准执行。当地方无统一标准时，检验批质量验收记录宜采用表 5.5.9“埋设件细部防水检验批质量验收记录”。

表 5.5.9 埋设件细部防水检验批质量验收记录

编号：________

<table>
<tr><td colspan="2">单位（子单位）工程名称</td><td colspan="2"></td><td>分部（子分部）工程名称</td><td></td><td>分项工程名称</td><td></td></tr>
<tr><td colspan="2">施工单位</td><td colspan="2"></td><td>项目负责人</td><td></td><td>检验批容量</td><td></td></tr>
<tr><td colspan="2">分包单位</td><td colspan="2"></td><td>分包单位项目负责人</td><td></td><td>检验批部位</td><td></td></tr>
<tr><td colspan="2">施工依据</td><td colspan="3"></td><td>验收依据</td><td colspan="2">《地下防水工程质量验收规范》GB 50208-2011</td></tr>
<tr><td rowspan="3">主控项目</td><td colspan="2">验收项目</td><td colspan="2">设计要求及规范规定</td><td>最小/实际抽样数量</td><td>检查记录</td><td>检查结果</td></tr>
<tr><td>1</td><td>埋设件用密封材料</td><td colspan="2">符合设计要求</td><td></td><td></td><td></td></tr>
<tr><td>2</td><td>防水构造做法</td><td colspan="2">符合设计要求</td><td></td><td></td><td></td></tr>
</table>

续表 5.5.9

<table>
<tr><th colspan="3">验收项目</th><th>设计要求及
规范规定</th><th>最小/实际
抽样数量</th><th>检查
记录</th><th>检查
结果</th></tr>
<tr><td rowspan="6">一般项目</td><td>1</td><td>埋设件埋置及处理</td><td>位置准确，固定牢靠；埋设件应进行防腐处理</td><td></td><td></td><td></td></tr>
<tr><td>2</td><td>埋设件端部或预留孔、槽底部的混凝土厚度</td><td>厚度不得少于250mm；当混凝土厚度小于250mm时，应局部加厚或采取其他防水措施</td><td></td><td></td><td></td></tr>
<tr><td>3</td><td>结构迎水面的埋设件</td><td>周围应预留凹槽，凹槽内应用密封材料嵌填密实</td><td></td><td></td><td></td></tr>
<tr><td>4</td><td>必须穿过混凝土结构的固定模板用螺栓</td><td>可采用工具式螺栓或螺栓加堵头，螺栓上应加焊止水环。拆模后留下的凹槽应用密封材料封堵密实，并用聚合物水泥砂浆抹平</td><td></td><td></td><td></td></tr>
<tr><td>5</td><td>预留孔、槽内的防水层</td><td>应与主体防水层保持连续</td><td></td><td></td><td></td></tr>
<tr><td>6</td><td>密封材料</td><td>嵌填应密实、连续、饱满，粘结牢固</td><td></td><td></td><td></td></tr>
<tr><td colspan="3">施工单位
检查结果</td><td colspan="4">专业工长：
项目专业质量检查员：
年　月　日</td></tr>
<tr><td colspan="3">监理（建设）
单位验收结论</td><td colspan="4">专业监理工程师：
（建设单位项目专业技术负责人）：
年　月　日</td></tr>
</table>

5.6 通 道 接 头

5.6.1 一般规定

1 预留通道接头处的最大沉降差值不得大于 30mm。

2 预留通道应从结构主体挑出长度不小于 300mm、结构厚度不小于 300mm 的接头。

3 在预留通道接驳施工前的预留通道口，应采用临时封堵的防水措施，并在其附近设置集水坑或排水沟。

4 预留通道接头应采用变形缝防水构造，见图 5.6.1-1。

5 预留通道接头复合防水构造形式，见图 5.6.1-2～图 5.6.1-4。

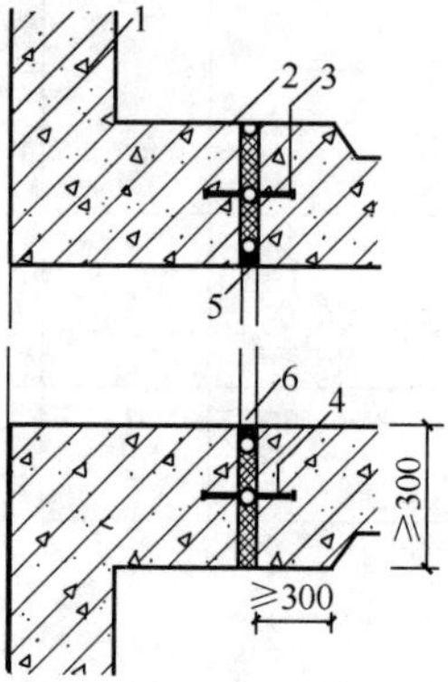

图 5.6.1-1　通道接头防水构造

1—先浇混凝土结构；2—挤塑板；3—中埋式止水带；4—后浇混凝土结构；5—密封材料；6—背衬材料

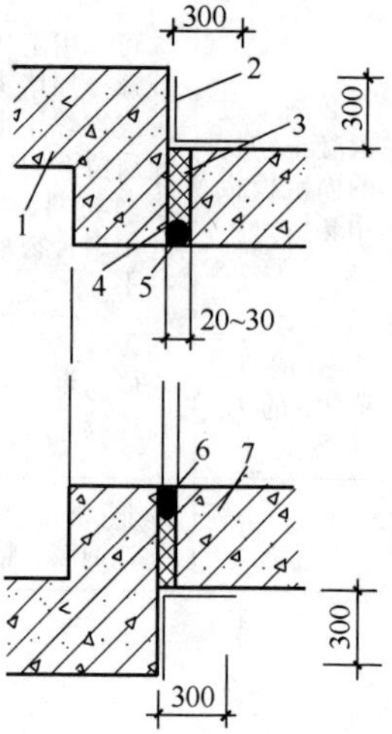

图 5.6.1-2　预留通道接头防水构造（一）

1—先浇混凝土结构；2—防水涂料；3—填缝材料；4—遇水膨胀止水条；5—嵌缝材料；6—背衬材料；7—后浇混凝土结构

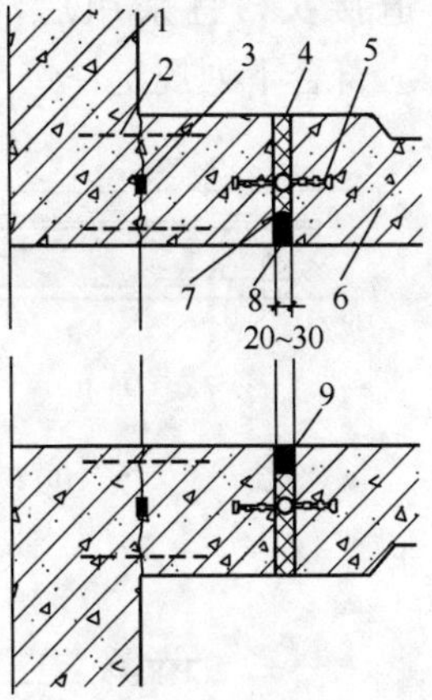

图 5.6.1-3　预留通道接头防水构造（二）

1—先浇混凝土结构；2—连接钢筋；3—遇水膨胀止条；

4—填缝材料；5—中埋式止水带；6—后浇混凝土结构；

7—遇水膨胀橡胶条；8—嵌缝材料；9—背衬材料

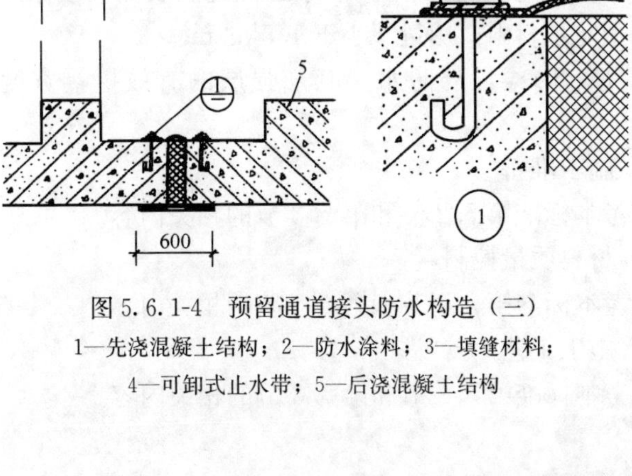

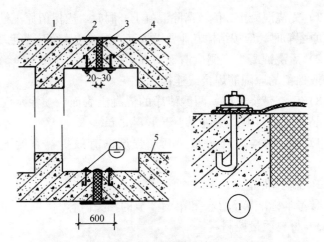

图 5.6.1-4　预留通道接头防水构造（三）

1—先浇混凝土结构；2—防水涂料；3—填缝材料；

4—可卸式止水带；5—后浇混凝土结构

6 未预留的通道接头，宜采用后浇带形式联接，见图5.6.1-5。其防水施工应符合下列规定：

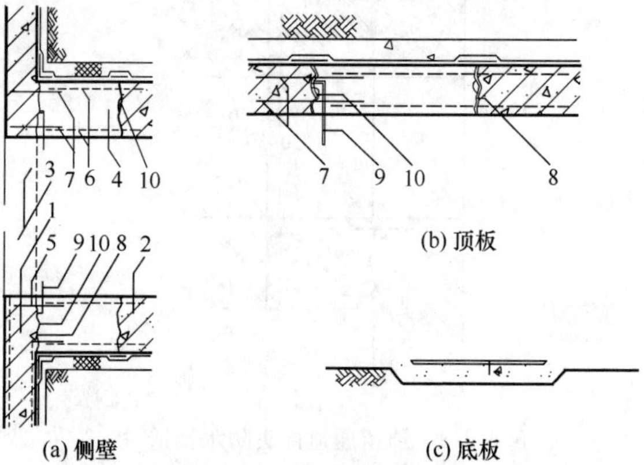

图 5.6.1-5 未预留通道接头防水构造

1—原有混凝土主体；2—后接通道；3—凿出的通道口；4—后浇带；5—保留的钢筋；6—通道预留钢筋；7—植筋；8—水泥基渗透结晶防水涂层；9—预埋注浆管；10—遇水膨胀胶

1）先浇混凝土一侧，凿除混凝土开洞时，应保留原配筋。未保留原配筋时，应按结构专业要求植筋，混凝土表面应凿毛清净。

2）后浇混凝土一侧应凿毛，预留的钢筋应清理干净，并与植筋或保留的原配筋焊接或连接。

3）后浇带浇筑前，两侧清净的混凝土表面应喷涂水泥基渗透结晶型防水材料，用量不小于1.5kg/m^2。

4）新、旧柔性外防水及其加强层的有效搭接宽度不应小于100mm。

5.6.2 施工准备

参考本标准第5.2节和第5.3节的相关内容。

5.6.3 材料质量控制

参考本标准第5.2节和第5.3节的相关内容。

5.6.4 施工工艺

参考本标准第5.2节和第5.3节的相关内容。

5.6.5 施工操作要点

1 预留通道先施工部位的混凝土、中埋式止水带、与防水相关的预埋件等应及时保护，确保端部表面混凝土和中埋式止水带清洁，埋件不锈蚀。

2 采用图 5.6.1-3 的防水构造时，在接头混凝土施工前应将先浇混凝土端部表面凿毛，露出钢筋或预埋的钢筋接驳器钢板，与待浇混凝土部位的钢筋焊接或连接好后再行浇筑。

3 当先浇混凝土中未预埋可卸式止水带的预埋螺栓时，可选用金属或尼龙的膨胀螺栓固定可卸式止水带。采用金属膨胀螺栓时，可用不锈钢材料或用金属涂膜、环氧涂料进行防锈处理。

5.6.6 成品保护

成品保护措施参照本标准第 5.2 节和第 5.3 节相关内容。

5.6.7 安全、环保措施

安全、环保措施参照本标准第 5.2 节和第 5.3 节相关内容。

5.6.8 质量标准

Ⅰ 主 控 项 目

1 预留通道接头用中埋式止水带、遇水膨胀止水条或止水胶、预埋注浆管、密封材料和可卸式止水带必须符合设计要求。

检验方法：检查产品合格证、产品性能检测报告和材料进场检验报告。

2 预留通道接头防水构造必须符合设计要求。

检验方法：观察检查和检查隐蔽工程验收记录。

3 中埋式止水带埋设位置应准确，其中间空心圆环与变形缝的中心线应重合。

检验方法：观察检查和检查隐蔽工程验收记录。

Ⅱ 一 般 项 目

1 预留通道先浇筑混凝土结构、中埋式止水带和预埋件应及时保护，预埋件应进行防锈处理。

检验方法：观察检查。

2 密封材料嵌填应密实、连续、饱满，粘结牢固。

检验方法：观察检查和检查隐蔽工程验收记录。

3 用膨胀螺栓固定可卸式止水带时，止水带与紧固件压块以及止水带与基面之间应结合紧密。采用金属膨胀螺栓时，应选用不锈钢材料或进行防腐剂锈处理。

检验方法：观察检查和检查隐蔽工程验收记录。

4 预留通道接头外部应设保护墙。

检验方法：观察检查和检查隐蔽工程验收记录。

5.6.9 质量验收

1 检验批的验收由监理工程师或建设单位项目技术负责人组织项目专业质量检查员等进行验收。

2 细部构造全数检查。

3 验收时检验各种原材料的试验报告。

4 当地方标准有统一规定时，按当地标准执行。当地方无统一标准时，检验批质量验收记录宜采用表 5.6.9“预留通道接头细部防水检验批质量验收记录”。

表 5.6.9 预留通道接头细部防水检验批质量验收记录

编号：________

<table>
<tr><td colspan="3">单位（子单位）工程名称</td><td></td><td>分部（子分部）工程名称</td><td></td><td>分项工程名称</td><td></td></tr>
<tr><td colspan="3">施工单位</td><td></td><td>项目负责人</td><td></td><td>检验批容量</td><td></td></tr>
<tr><td colspan="3">分包单位</td><td></td><td>分包单位项目负责人</td><td></td><td>检验批部位</td><td></td></tr>
<tr><td colspan="3">施工依据</td><td colspan="2"></td><td>验收依据</td><td colspan="2">《地下防水工程质量验收规范》GB 50208－2011</td></tr>
<tr><td rowspan="2">主控项目</td><td colspan="2">验收项目</td><td colspan="2">设计要求及规范规定</td><td>最小/实际抽样数量</td><td>检查记录</td><td>检查结果</td></tr>
<tr><td>1</td><td>预留通道接头用防水材料</td><td colspan="2">符合设计要求</td><td></td><td></td><td></td></tr>
</table>

续表 5.6.9

验收项目			设计要求及规范规定	最小/实际抽样数量	检查记录	检查结果
主控项目	2	预留通道接头防水构造	符合设计要求			
	3	中埋式止水带	埋设位置应准确，其中间空心圆环与变形缝的中心线应重合			
一般项目	1	预留通道结构及埋设构件处理	先浇筑混凝土结构、中埋式止水带和预埋件应及时保护，预埋件应进行防锈处理			
	2	密封材料	嵌填应密实、连续、饱满，粘结牢固			
	3	膨胀螺栓固定可卸式止水带	止水带与紧固件压块以及止水带与基面之间应结合紧密。采用金属膨胀螺栓时，应选用不锈钢材料或进行防腐剂锈处理			
	4	保护墙	预留通道接头外部应设保护墙			
施工单位检查结果			专业工长： 项目专业质量检查员： 年 月 日			
监理（建设）单位验收结论			专业监理工程师： （建设单位项目专业技术负责人）： 年 月 日			

5.7 桩及格构柱

5.7.1 一般规定

1 桩头顶面、侧面及桩边的混凝土垫层面，宜涂刷水泥基渗透结晶型防水涂料，宽度不应小于 150mm，厚度不应小于 1.0mm，用量不应小于 1.5kg/m^2。

2 桩头防水材料应与底板防水层连为一体。

3 桩头钢筋的根部可采用遇水膨胀止水胶密封防水。遇水膨胀止水胶的宽度不宜小于 10mm。见图 5.7.1-1。

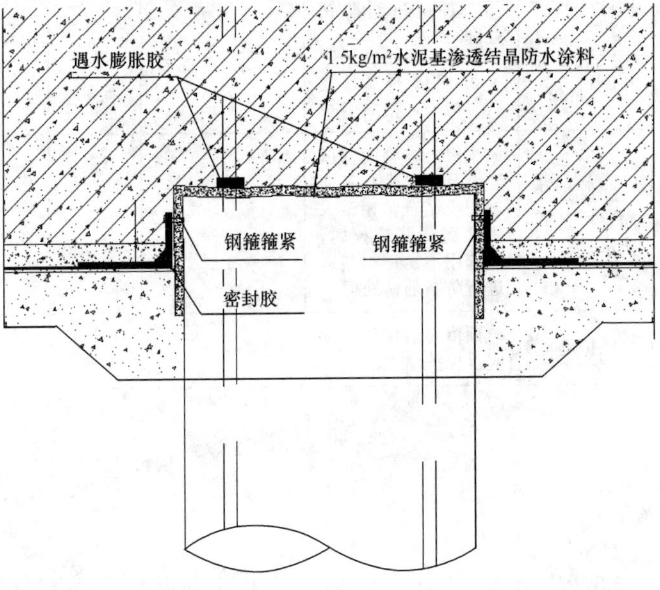

图 5.7.1-1 桩头钢筋根部设置遇水膨胀止水胶

4 底板防水层为防水卷材时，卷材应贴近桩头切割，并采用防水涂料密封处理。防水涂料与卷材的搭接宽度不应小于 150mm，桩侧涂刷高度不得超过桩顶。防水卷材与桩的间距小于 20mm 时，可采用密封胶或防水涂料密封。桩头与底板卷材防水层的密封做法见图 5.7.1-2。

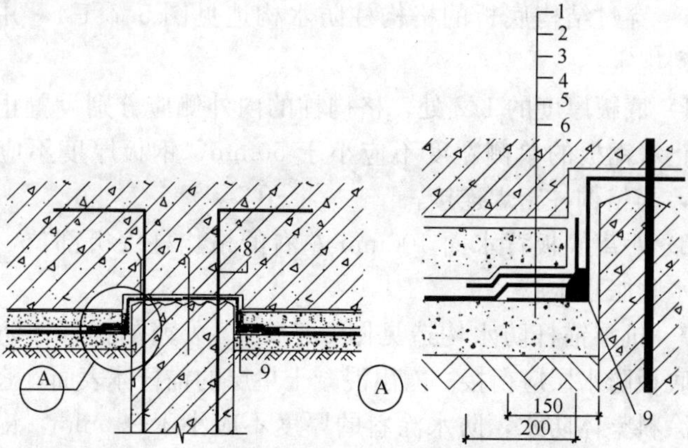

图 5.7.1-2　底板为防水卷材的桩头防水构造

1—混凝土底板；2—细石混凝土保护层；3—防水涂料收头封口；4—底板卷材防水层；5—水泥基渗透结晶型防水涂料；6—混凝土垫层或找平层；7—桩头；8—桩头钢筋；9—密封胶

5　底板防水层为防水涂料时，桩头根部应增设同材质的防水涂料加强层。加强层的平面涂刷宽度不宜小于200mm，厚度不宜小于2.0mm，涂刷高度不得超过桩顶。桩头与底板涂料防水层的密封处理见图5.7.1-3。

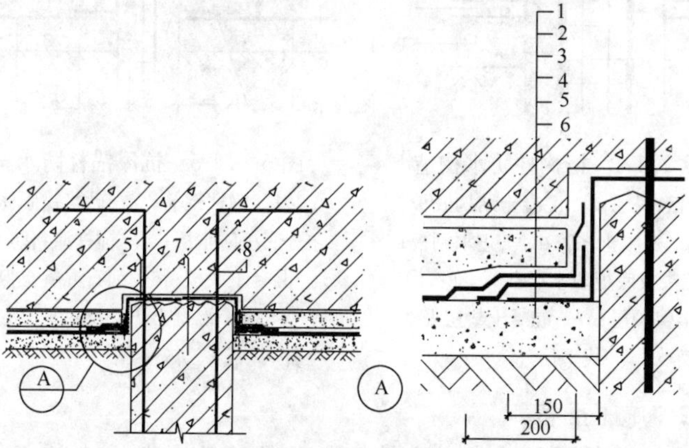

图 5.7.1-3　底板为防水涂料的桩头防水构造

1—混凝土底板；2—细石混凝土保护层；3—底板涂料防水层；4—防水涂料加强层；5—水泥基渗透结晶型防水涂料；6—混凝土垫层或找平层；7—桩头；8—桩头钢筋

6 穿过结构底板的格构柱防水构造见图 5.7.1-4，并应符合下列规定：

1）底板厚度的 1/2 处，格构柱的内外侧应分别设置止水钢板，止水钢板的单侧宽度不应小于 50mm，钢板厚度不应小于 3mm，与格构柱密焊连接。

2）距离底板背水面 100mm 左右的格构柱缀板部位，应设置遇水膨胀止水胶。

7 抗浮锚杆防水构造见图 5.7.1-5。外露的锚杆体防水措施与底板防水层应衔接。露出混凝土垫层的锚杆体表面，宜采用防水涂料整体防水，防水涂料的厚度不应小于 2.0mm，锚杆防水层与底板防水层在平面的搭接宽度不应小于 150m。

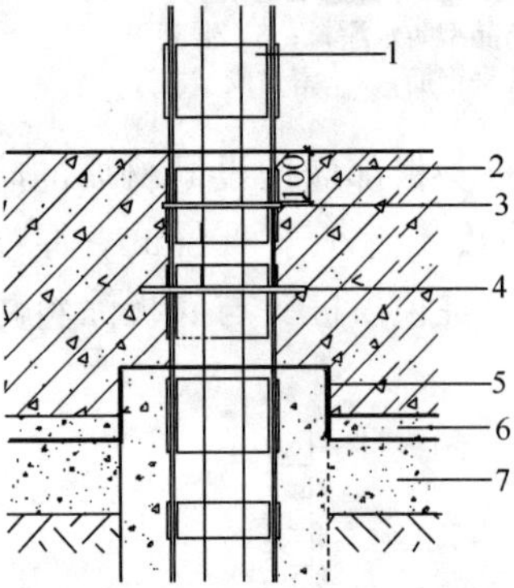

图 5.7.1-4 格构柱防水构造

1—钢格构柱；2—混凝土结构底板；3—遇水膨胀止水胶；4—止水钢板；5—桩头及底板防水层；6—细石混凝土保护层；7—混凝土垫层及找平层

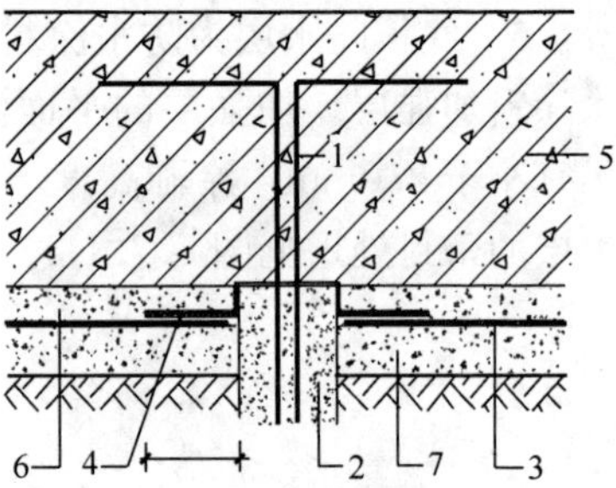

图 5.7.1-5 抗浮锚杆防水构造

1—锚杆钢筋；2—砂浆锚固体；3—底板防水层；4—锚杆涂料防水层；5—混凝土底板；6—细石混凝土保护层；7—混凝土垫层及找平层

5.7.2 施工准备

参考本标准第 4.3 节和第 4.4 节的相关内容。

5.7.3 材料质量控制

参考本标准第 4.3 节和第 4.4 节的相关内容。

5.7.4 施工工艺

1 工作流程

施工方案编制→施工技术交底→施工现场准备→桩及格构柱防水构造施工→底板混凝土浇筑

2 工艺流程

1）桩头防水：

（1）防水卷材：桩头清理→涂刷水泥基渗透结晶型防水涂料→桩头钢筋根部遇水膨胀止水胶施工→底板防水卷材铺贴→涂刷密封胶或防水涂料收头

（2）防水涂料：桩头清理→涂刷水泥基渗透结晶型防水涂料→桩头钢筋根部遇水膨胀止水胶施工→防水涂料加强层施工→底板防水涂料涂刷

2）格构柱、抗浮锚杆防水工艺流程参考桩头防水。

5.7.5 施工要点

1 桩头防水施工应符合下列规定：

1）应按设计要求将桩顶剔凿至混凝土密实处，并清洗干净。

2）破桩后如发现渗漏水，应采取堵漏措施。

3）桩顶及露出垫层以上的桩身四周应涂刷水泥基渗透结晶型防水涂料，涂刷时应连续、均匀，不得少涂或漏涂，并应及时进行养护。

2 穿过结构底板的格构柱防水应符合下列规定：

1）防水施工前格构柱应凿除干净，不得有泥垢。

2）混凝土支承桩不得有渗水，如有渗水应采用堵漏措施。

3 抗浮锚杆防水施工混凝土表面应平整密实，缺陷部位应进行修补。

4 其余施工要点见本标准第 4.3 节和第 4.4 节的相关内容。

5.7.6 成品保护

成品保护措施参照本标准第 4.3 节和第 4.4 节相关内容。

5.7.7 安全、环保措施

安全、环保措施参照本标准第 4.3 节和第 4.4 节相关内容。

5.7.8 质量标准

Ⅰ 主 控 项 目

1 桩及格构柱用聚合物水泥防水砂浆、水泥基渗透结晶型防水涂料、遇水膨胀止水条或止水胶和密封材料必须符合设计要求。

检验方法：检查产品合格证、产品性能检测报告和材料进场检验报告。

2 桩及格构柱防水构造必须符合设计要求。

检验方法：观察检查和检查隐蔽工程验收记录。

3 桩头及格构柱处混凝土应密实，如发现渗漏水应及时采取封堵措施。

检验方法：观察检查和检查隐蔽工程验收记录。

Ⅱ 一 般 项 目

1 桩及格构柱顶面和侧面裸露处应涂刷水泥基渗透结晶型防水涂料，并延伸至结构底板垫层150mm处；桩及格构柱周围300mm范围内应抹聚合物水泥防水砂浆过渡层。

检验方法：观察检查和检查隐蔽工程验收记录。

2 结构底板防水层应做在聚合物水泥防水砂浆过渡层上并延伸至桩及格构柱侧壁，其与桩及格构柱侧壁接缝处应采用密封材料嵌填。

检验方法：观察检查和检查隐蔽工程验收记录。

3 桩头的受力钢筋根部及格构柱根部应采用遇水膨胀止水条或止水胶，并应采取保护措施。

检验方法：观察检查和检查隐蔽工程验收记录。

4 密封材料嵌填应密实、连续、饱满，粘结牢固。

检验方法：观察检查和检查隐蔽工程验收记录。

5.7.9 质量验收

1 检验批的验收由监理工程师或建设单位项目技术负责人

组织项目专业质量检查员等进行验收。

2 细部构造全数检查。

3 验收时检验各种原材料的试验报告。

4 当地方标准有统一规定时，按当地标准执行。当地方无统一标准时，检验批质量验收记录宜采用表5.7.9“桩及格构柱细部防水检验批质量验收记录”。

表5.7.9 桩及格构柱细部防水检验批质量验收记录

编号：______

<table>
<tr><td colspan="2">单位（子单位）工程名称</td><td colspan="2"></td><td>分部（子分部）工程名称</td><td></td><td>分项工程名称</td><td></td></tr>
<tr><td colspan="2">施工单位</td><td colspan="2"></td><td>项目负责人</td><td></td><td>检验批容量</td><td></td></tr>
<tr><td colspan="2">分包单位</td><td colspan="2"></td><td>分包单位项目负责人</td><td></td><td>检验批部位</td><td></td></tr>
<tr><td colspan="2">施工依据</td><td colspan="3"></td><td>验收依据</td><td colspan="2">《地下防水工程质量验收规范》GB 50208-2011</td></tr>
<tr><td rowspan="4">主控项目</td><td colspan="2">验收项目</td><td>设计要求及规范规定</td><td>最小/实际抽样数量</td><td>检查记录</td><td colspan="2">检查结果</td></tr>
<tr><td>1</td><td>桩及格构柱防水用材料</td><td>符合设计要求</td><td></td><td></td><td colspan="2"></td></tr>
<tr><td>2</td><td>桩及格构柱防水构造</td><td>符合设计要求</td><td></td><td></td><td colspan="2"></td></tr>
<tr><td>3</td><td>桩头及格构柱处混凝土质量</td><td>混凝土应密实，如发现渗漏水应及时采取封堵措施</td><td></td><td></td><td colspan="2"></td></tr>
<tr><td>一般项目</td><td>1</td><td>桩及格构柱顶面和侧面处理</td><td>应涂刷水泥基渗透结晶型防水涂料，并延伸至结构底板垫层150mm处；桩及格构柱周围300mm范围内应抹聚合物水泥防水砂浆过渡层</td><td></td><td></td><td colspan="2"></td></tr>
</table>

续表 5.7.9

<table>
<tr><th colspan="3">验收项目</th><th>设计要求及规范规定</th><th>最小/实际抽样数量</th><th>检查记录</th><th>检查结果</th></tr>
<tr><td rowspan="3">一般项目</td><td>2</td><td>桩及格构柱处底板防水层处理</td><td>应做在聚合物水泥防水砂浆过渡层上并延伸至桩头侧壁，其与桩及格构柱侧壁接缝处应采用密封材料嵌填</td><td></td><td></td><td></td></tr>
<tr><td>3</td><td>桩头的受力钢筋根部及格构柱根部</td><td>应采用遇水膨胀止水条或止水胶，并应采取保护措施</td><td></td><td></td><td></td></tr>
<tr><td>4</td><td>密封材料嵌填</td><td>应密实、连续、饱满，粘结牢固</td><td></td><td></td><td></td></tr>
<tr><td colspan="2">施工单位检查结果</td><td colspan="5">专业工长：
项目专业质量检查员：
年 月 日</td></tr>
<tr><td colspan="2">监理（建设）单位验收结论</td><td colspan="5">专业监理工程师：
（建设单位项目专业技术负责人）：
年 月 日</td></tr>
</table>

5.8 孔　口

5.8.1　一般规定

1　地下工程通向地面的各种孔口应采取防止地面水倒灌的措施。人员出入口高出地面的高度宜大于500mm，汽车出入口设置明沟排水时，其深度不应小于200mm，并应采取防雨措施。

2　窗井的底部在最高地下水位以上时，窗井的底板和墙应做防水处理，并宜与主体结构断开，见图5.8.1-1。

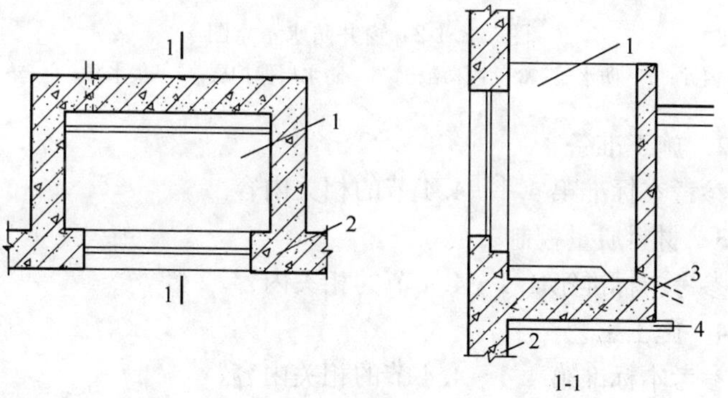

图5.8.1-1　窗井防水示意图

1—窗井；2—主体结构；3—排水管；4—垫层

3　窗井或窗井的一部分在最高地下水位以下时，窗井应与主体结构连成整体，其防水层也应连成整体，并在窗井内设集水井，见图5.8.1-2。

4　无论地下水位高低，窗台下部的墙体和底板应做防水层。

5　窗井内的底板，应比窗下缘低300mm。窗井墙高出地面不得小于500mm。窗井外地面应做散水，散水与墙面间应采用密封材料嵌填。

6　通风口应与窗井同样处理，竖井窗下缘离室外地面高度不得小于500mm。

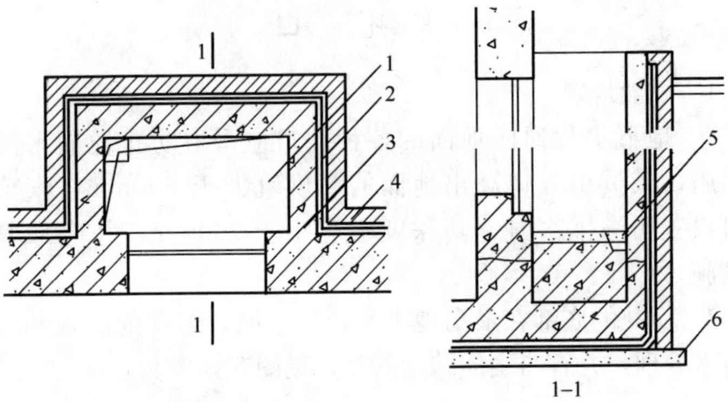

图 5.8.1-2　窗井防水示意图

1—窗井；2—防水层；3—主体结构；4—防水层保护层；5—集水井；6—垫层

5.8.2　施工准备

参考本标准第 4.1～4.4 节的相关内容。

5.8.3　材料质量控制

参考本标准第 4.1～4.4 节的相关内容。

5.8.4　施工工艺

参考本标准第 4.1～4.4 节的相关内容。

5.8.5　施工要点

参考本标准第 4.1～4.4 节的相关内容。

5.8.6　成品保护

参考本标准第 4.1～4.4 节的相关内容。

5.8.7　安全、环保措施

参考本标准第 4.1～4.4 节的相关内容。

5.8.8　质量标准

Ⅰ　主 控 项 目

1　孔口用防水卷材、防水涂料和密封材料必须符合设计要求。

检验方法：检查产品合格证、产品性能检测报告和材料进场检验报告。

2　孔口防水构造必须符合设计要求。

检验方法：观察检查和检查隐蔽工程验收记录。

Ⅱ　一 般 项 目

1　人员出入口应高出地面不应小于500mm；汽车出入口设置明沟排水时，其高出地面宜为150mm，并应采取防雨措施。

检验方法：观察和尺量检查。

2　窗井的底部在最高地下水位以上时，窗井的墙体和底板应做防水处理，并宜与主体结构断开。窗井下部的墙体和底板应做防水处理。

检验方法：观察检查和检查隐蔽工程验收记录。

3　窗井或窗井的一部分地最高地下水位以下时，窗井应与主体结构连成整体，其防水层也应连成整体，并应在窗井内设置集水井。窗台下部的墙体和底板应做防水层。

检验方法：观察检查和检查隐蔽工程验收记录。

4　窗井内的底板应低于窗下缘300mm。窗井墙高出室外地面不得小于500mm；窗井外地面应做散水，散水与墙面间应采用密封材料嵌填。

检验方法：观察检查和检查隐蔽工程验收记录。

5　密封材料嵌填应密实、连续、饱满，粘结牢固。

检验方法：观察检查和检查隐蔽工程验收记录。

5.8.9　质量验收

1　检验批的验收由监理工程师或建设单位项目技术负责人组织项目专业质量检查员等进行验收。

2　细部构造全数检查。

3　验收时检验各种原材料的试验报告。

4　当地方标准有统一规定时，按当地标准执行。当地方无统一标准时，检验批质量验收记录宜采用表5.8.9“孔口细部防水检验批质量验收记录”。

表 5.8.9　孔口细部防水检验批质量验收记录

编号：________

<table>
<tr><td colspan="3">单位（子单位）工程名称</td><td></td><td>分部（子分部）工程名称</td><td></td><td>分项工程名称</td><td colspan="2"></td></tr>
<tr><td colspan="3">施工单位</td><td></td><td>项目负责人</td><td></td><td>检验批容量</td><td colspan="2"></td></tr>
<tr><td colspan="3">分包单位</td><td></td><td>分包单位项目负责人</td><td></td><td>检验批部位</td><td colspan="2"></td></tr>
<tr><td colspan="3">施工依据</td><td colspan="2"></td><td>验收依据</td><td colspan="3">《地下防水工程质量验收规范》GB 50208－2011</td></tr>
<tr><td rowspan="3">主控项目</td><td colspan="2">验收项目</td><td>设计要求及规范规定</td><td colspan="2">最小/实际抽样数量</td><td>检查记录</td><td colspan="2">检查结果</td></tr>
<tr><td>1</td><td>孔口用防水材料</td><td>符合设计要求</td><td colspan="2"></td><td></td><td colspan="2"></td></tr>
<tr><td>2</td><td>孔口防水构造</td><td>符合设计要求</td><td colspan="2"></td><td></td><td colspan="2"></td></tr>
<tr><td rowspan="3">一般项目</td><td>1</td><td>孔口出入口设置</td><td>人员出入口比地面≥500mm；汽车出入口设置明沟排水时，其高出地面宜为150mm</td><td colspan="2"></td><td></td><td colspan="2"></td></tr>
<tr><td>2</td><td>窗井</td><td>窗井下部的墙体和底板应做防水处理</td><td colspan="2"></td><td></td><td colspan="2"></td></tr>
<tr><td>3</td><td>密封材料</td><td>嵌填应密实、连续、饱满，粘结牢固</td><td colspan="2"></td><td></td><td colspan="2"></td></tr>
<tr><td colspan="3">施工单位检查结果</td><td colspan="6">专业工长：
项目专业质量检查员：
年　月　日</td></tr>
<tr><td colspan="3">监理（建设）单位验收结论</td><td colspan="6">专业监理工程师：
（建设单位项目专业技术负责人）：
年　月　日</td></tr>
</table>

5.9 坑、槽

5.9.1 一般规定

1 地下工程内的坑、槽应采用防水混凝土整体浇筑，坑底及侧壁混凝土厚度不应小于200mm。

2 底板以下的坑、槽施工时应采取降水和挡水措施。防水层的基层应符合所选防水材料的技术要求。采用砖胎模作外模板时，砖胎模应砌筑牢固，内侧应用砂浆抹平。

3 底板以下的坑、槽宜采用二道防水。外防水层应与结构底板防水层连成整体。结构内侧防水层宜选用聚合物水泥防水砂浆或水泥基渗透结晶型防水涂料。底板以下坑、槽防水构造见图5.9.1-1。

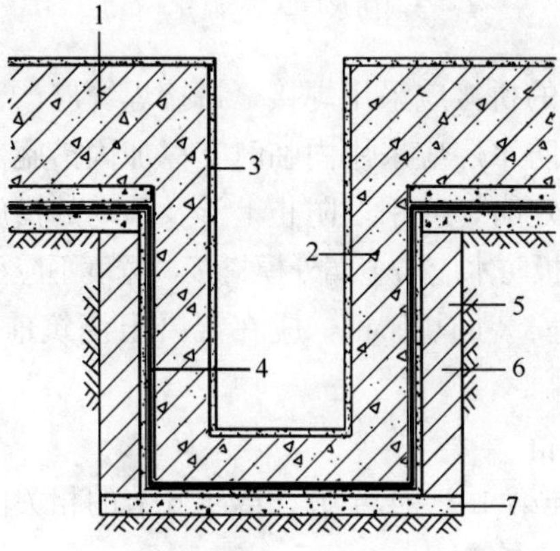

图5.9.1-1 底板下坑、槽防水构造

1—结构底板；2—现浇混凝土坑、槽；3—内防水层；
4—外防水层；5—砖胎模；6—水泥砂浆找平层；7—混凝土垫层

4 底板以下的坑、槽外防水层施工受地下水或其他条件限制时，可采用整体金属外模作外防水层，其构造做法见图5.9.1-2。金属防水层应符合下列规定：

1）所用的金属板和焊条的规格及材料性能，应符合设计要求。

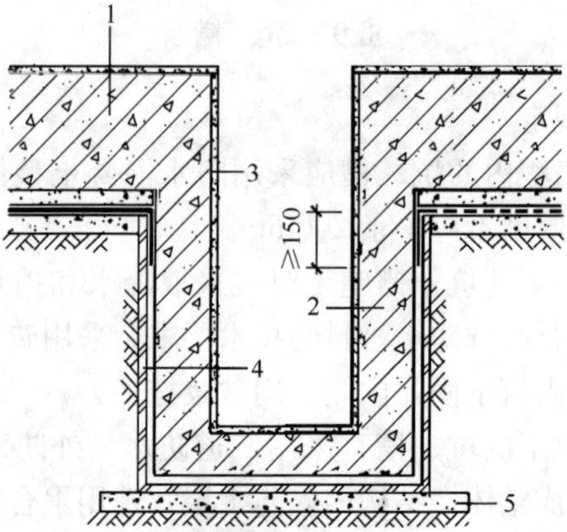

图 5.9.1-2　底板下坑、槽金属防水构造

1—结构底板；2—现浇混凝土坑、槽；3—内防水层；
4—金属防水层；5—混凝土垫层

2）金属板的拼接应采用焊接，拼接焊缝应严密。

3）金属板防水层应采用内临时支撑加固措施。

4）安装固定时，应采取防止上浮及移动的措施。

5）结构底板防水应与金属外模搭接，宽度不应小于 150mm。

5　有设备安装的坑、槽，应在混凝土浇筑前将预埋件安装完毕。

5.9.2　施工准备

参考本标准第 4.1～4.4 节、第 4.6 节的相关内容。

5.9.3　材料质量控制

参考本标准第 4.1～4.4 节、第 4.6 节的相关内容。

5.9.4　施工工艺

参考本标准第 4.1～4.4 节、第 4.6 节的相关内容。

5.9.5　施工要点

参考本标准第 4.1～4.4 节、第 4.6 节的相关内容。

5.9.6　成品保护

成品保护措施参考本标准第 4.1～4.4 节、第 4.6 节的相关内容。

5.9.7 安全、环保措施

1 坑、槽周围应做好安全防护措施。

2 其余安全、环保措施参考本标准第4.1～4.4节、第4.6节的相关内容。

5.9.8 质量标准

Ⅰ 主 控 项 目

1 坑、槽防水混凝土的原材料、配合比及坍落度必须符合设计要求。

检验方法：检查产品合格证、产品性能检测报告、计量措施和材料进场检验报告。

2 坑、槽防水构造必须符合设计要求。

检验方法：观察检查和检查隐蔽工程验收记录。

3 坑、槽、储水库内部防水层完成后，应进行蓄水试验。

检验方法：观察检查和检查蓄水试验记录。

Ⅱ 一 般 项 目

1 坑、槽、储水库宜采用防水混凝土整体浇筑，混凝土表面应坚实、平整，不得有露筋、蜂窝和裂缝等缺陷。

检验方法：观察检查和检查隐蔽工程验收记录。

2 坑、槽底板的混凝土厚度不应少于250mm；当底板的厚度小于250mm时，应采取局部加厚措施，并应使防水层保持连续。

检验方法：观察检查和检查隐蔽工程验收记录。

3 坑、槽施工完后，应及时遮盖和防止杂物堵塞。

检验方法：观察检查。

5.9.9 质量验收

1 检验批的验收由监理工程师或建设单位项目技术负责人组织项目专业质量检查员等进行验收。

2 细部构造全数检查。

3 验收时检验各种原材料的试验报告。

4 当地方标准有统一规定时，按当地标准执行。当地方无统一标准时，检验批质量验收记录宜采用表5.9.9“坑、槽细部防水检验批质量验收记录”。

表5.9.9 坑、槽细部防水检验批质量验收记录

编号：________

<table>
<tr><td colspan="3">单位（子单位）工程名称</td><td colspan="2"></td><td>分部（子分部）工程名称</td><td></td><td colspan="2">分项工程名称</td><td colspan="2"></td></tr>
<tr><td colspan="3">施工单位</td><td colspan="2"></td><td>项目负责人</td><td></td><td colspan="2">检验批容量</td><td colspan="2"></td></tr>
<tr><td colspan="3">分包单位</td><td colspan="2"></td><td>分包单位项目负责人</td><td></td><td colspan="2">检验批部位</td><td colspan="2"></td></tr>
<tr><td colspan="3">施工依据</td><td colspan="3"></td><td>验收依据</td><td colspan="4">《地下防水工程质量验收规范》GB 50208-2011</td></tr>
<tr><td rowspan="4">主控项目</td><td colspan="3">验收项目</td><td colspan="2">设计要求及规范规定</td><td colspan="2">最小/实际抽样数量</td><td colspan="2">检查记录</td><td>检查结果</td></tr>
<tr><td>1</td><td colspan="2">坑、槽防水混凝土的原材料、配合比及坍落度</td><td colspan="2">符合设计要求</td><td colspan="2"></td><td colspan="2"></td><td></td></tr>
<tr><td>2</td><td colspan="2">坑、槽防水构造</td><td colspan="2">符合设计要求</td><td colspan="2"></td><td colspan="2"></td><td></td></tr>
<tr><td>3</td><td colspan="2">坑、槽、储水库蓄水</td><td colspan="2">防水层完成后，应进行蓄水试验</td><td colspan="2"></td><td colspan="2"></td><td></td></tr>
</table>

续表 5.9.9

<table>
<tr><td colspan="2">验收项目</td><td>设计要求及规范规定</td><td>最小/实际抽样数量</td><td>检查记录</td><td>检查结果</td></tr>
<tr><td rowspan="3">一般项目</td><td>1 坑、槽、储水库混凝土浇筑</td><td>宜采用防水混凝土整体浇筑，混凝土表面应坚实、平整，不得有露筋、蜂窝和裂缝等缺陷</td><td></td><td></td><td></td></tr>
<tr><td>2 坑、槽底板混凝土厚度</td><td>应≥250mm；当厚度<250mm时，应采取局部加厚措施，并应使防水层保持连续</td><td></td><td></td><td></td></tr>
<tr><td>3 坑、槽成品保护</td><td>施工完后，应及时遮盖和防止杂物堵塞</td><td></td><td></td><td></td></tr>
<tr><td colspan="2">施工单位检查结果</td><td colspan="4">专业工长：
项目专业质量检查员：
年 月 日</td></tr>
<tr><td colspan="2">监理（建设）单位验收结论</td><td colspan="4">专业监理工程师：
（建设单位项目专业技术负责人）：
年 月 日</td></tr>
</table>

6　特殊施工法结构防水施工

6.1　锚 喷 支 护

6.1.1　一般规定

1　本节适用于暗挖法地下工程的支护结构及复合式衬砌的初期支护。

2　下列情况可采用锚喷衬砌：

1）围岩良好、完整、稳定地段，可采用喷射混凝土衬砌。

2）在层状围岩中，如遇硬软岩互层、薄层各层间结合差，或其产状对稳定不利以及块状围岩结构面组合对稳定不利且可能掉块时，可采用锚杆喷射混凝土衬砌。

3）当围岩呈块（石）碎（石）状镶嵌结构，稳定性较差时，可采用有钢筋网的锚杆喷射混凝土衬砌。

3　下列情况不应采用锚喷衬砌：

1）大面积淋水地段。

2）膨胀性地段、不良地质围岩以及能造成衬砌腐蚀的地段。

3）严寒和寒冷地区有冻害的地段。

4）对衬砌有特殊要求的隧道或地段。

4　复合式衬砌应符合下列规定：

1）复合式衬砌设计应综合考虑包括围岩在内的支护结构，断面形状、开挖方法、施工顺序和断面的闭合时间等因素，力求充分发挥围岩所具有自承能力。

2）复合式衬砌由外层和内层复合而成，其外层为初期柔性支护，可采用喷射混凝土、锚杆、钢筋网、钢支撑等支护形式，单一或合理组合而成；内层为二次衬砌，一般采用现浇混凝土衬砌。两衬砌层间宜用防水夹层措施。

3）确定开挖尺寸时，应预留必要的初期支护变形量，其量值据围岩条件、支护刚度、施工方法等确定，并应量测校正。

5 锚喷衬砌支护的设计参数可按表 6.1.1-1 和表 6.1.1-2 采用。

表 6.1.1-1 锚喷衬砌的设计参数

围岩类别	单车道	双车道
Ⅵ	喷射混凝土厚度 60mm	喷射混凝土厚度 60mm～100mm；必要时设置锚杆，锚杆长 1.5m～2m，间距 1.2m～1.5m
Ⅴ	喷射混凝土厚度 60mm～100mm；必须设置锚杆，锚杆长度长 1.5m～2m，间距 1.2m～1.5m	喷射混凝土厚度 80mm～120mm；设置锚杆，锚杆长 2m～2.5m，间距 1.2m，必要时配置局部钢筋网
Ⅳ	喷射混凝土厚度 80mm～120mm；设置锚杆，设置锚杆长度 2.0m～2.5m，间距 1m～1.2m，必要时配置局部钢筋网	喷射混凝土厚度 100mm～150mm；设置锚杆，锚杆长度 2.5m～3.0m，间距 1m，配置钢筋网

注：1 Ⅲ类及以下围岩采用锚喷衬砌时，设计参数应通过试验确定；

2 边墙喷射混凝土的厚度可取表列参数的下限值，如边墙围岩稳定，可不设置锚杆和钢筋网；

3 配置钢筋网的网格间距一般为 150mm～300mm，钢筋网保护层不小于 20mm。

表 6.1.1-2 复合式衬砌初期支护的设计参数

围岩类别	单 车 道	双 车 道
Ⅳ	喷射混凝土厚度 50mm～100mm；设置锚杆，锚杆长 2m，间距 1m～1.2m，必要时局部设置钢筋网	喷射混凝土厚度 100mm～150mm；锚杆长度 2.5m，间距 1.0m～1.2m；必要时配置钢筋网
Ⅲ	喷射混凝土厚度 100mm～1050mm；锚杆长度 2m～2.5m，间距 1m，必要时配置钢筋网	喷射混凝土厚度 150mm；锚杆长度 2.5m～3m，间距 1m，设置钢筋网
Ⅱ	喷射混凝土厚度 150mm；锚杆长度 2.5m，间距 0.8m～1.0m，设置局部钢筋网，应施作仰拱	喷射混凝土厚度 200mm；锚杆长度 3.0m～3.5m，间距 0.8m～1.0m，设置钢筋网，必要时设置钢架，应施作仰拱

续表 6.1.1-2

围岩类别	单车道	双车道
Ⅰ	喷射混凝土厚度 200mm；锚杆长度 3.0m，间距 0.6m～0.8m，设置钢筋网，必要时设置钢架，应施作仰拱	通过试验确定

6 施工支护的一般规定：

1）施工支护应配合开挖及时施作，确保施工安全。

2）选择支护方式时，应优先采用锚杆、喷射混凝土或锚喷联合作为临时支护。在软弱围岩中采用锚喷支护时，应根据地质条件结合辅助施工方法综合考虑。

3）对不同类别的围岩，应采用不同结构形式的施工支护。

（1）Ⅵ类围岩可不支护，Ⅴ类围岩支护时，宜采用局部混凝土喷射或局部锚杆。为防止岩爆和局部落石，可局部加拴钢筋网。

（2）Ⅳ类围岩可采用锚杆、锚杆挂网、喷混凝土或锚喷联合支护。Ⅲ类围岩必要时可加设钢架。

（3）Ⅲ类围岩宜采用锚喷挂网的联合支护形式，并可结合辅助施工方法进行施工支护。

（4）当地质条件差，围岩不稳定时，可采用构件支撑。

4）施作锚杆、喷射混凝土和构件支撑时，应做好记录。

6.1.2 施工准备

1 技术准备

参见本标准第 3.1.1 条中相关内容。

2 材料准备

锚杆材料、喷射混凝土材料、钢筋网、钢纤维。

3 主要机具设备

1）锚杆施工机具

机械有凿岩机械、锚杆钻孔机、锚杆加工机械、搅拌机、压浆泵等。

2）喷射混凝土施工机具

搅拌机、混凝土喷射机、空压机和压力水泵等。

4 作业条件

1）编制施工方案，制定技术操作规程，对施工人员进行技术培训、交底和安全教育。

2）喷射作业现场，应做好下列准备工作：

（1）拆除作业面障碍物、清除开挖面的浮石和墙脚的岩渣、堆积物。

（2）用高压风水冲受喷面。对遇水易潮、泥化的岩层，则应用压风清扫岩面。

（3）埋设控制喷射混凝土厚度的标志，如贴灰饼、做冲筋、钉标准杆、拉基线等。

（4）喷射机司机与喷射手不能直接联系时，应配备联络装置。

（5）作业区应有良好的通风和足够的照明装置。

3）喷射作业前，应对机械设备、风、水管路、输料管路和电缆线路等进行全面检查及试运转，进行试喷，至达到要求为止。

4）受喷面有滴水、淋水时，喷射前应按下列方法做好治水工作：

（1）明显出水点时，可埋设导管排水。

（2）导水效果不好的含水岩层，可设盲沟排水。

（3）竖井淋壁水，可设截水圈排水。

5）采用湿法喷射时，宜备有液态速凝剂，并应检查速凝剂的泵送及计量装置的性能。

（1）准备好锚杆、水泥、砂、石子、外加剂等原材料，质量应符合要求。在试验室根据实际材质情况选定喷射混凝土的配合比。

（2）喷射作业范围内的所有设备及配件，用苇席或塑料布加以覆盖，以防止被喷射弹回物溅污。

6）有钢筋网的锚喷支护，钢筋网已按设计要求制备，并已安装在喷射作业的工作面上。

6.1.3 材料质量控制

1 锚杆材料

1）锚杆宜采用 HRB335 或 HRB400 钢筋制作。灌浆锚杆宜采用螺纹钢筋，杆体直径以 16mm～22mm 为宜。楔缝锚杆的杆体直径以 16mm～25mm 为宜。

2）全长粘结锚杆宜采用 20MnSi（锰硅）钢筋，也可以采用 Q235 号钢筋，直径宜为 14mm～22mm，长度 2m～3.5m，为增加锚固力，杆体内端可劈口叉开。

3）端头锚固型锚杆宜采用 20MnSi（锰硅）钢筋或 Q235 号钢筋。杆体直径可按表 6.1.3 选用。

表 6.1.3 端头锚固型锚杆的杆体直径

锚固型式	机械式锚固			粘结式锚固	
	楔缝式	胀壳式	倒楔式	树脂卷式	快硬水泥卷式
杆体直径(mm)	20～25	14～22	14～22	16～22	16～22

4）摩擦型锚杆中缝管锚杆管体材料宜用 20 锰硅钢，管壁厚为 2.0mm～2.5mm。采用 Q235 号钢制作缝管锚杆，管壁应增加为 2.75mm～3.25mm。

2 喷射混凝土所用原材料应符合下列规定：

1）水泥

喷射混凝土应选用普通硅酸盐水泥或硅酸盐水泥，新鲜无结块，且水泥强度等级不应低于 32.5MPa。

2）砂

应采用坚硬耐久的中砂或粗砂，细度模数宜大于 2.5，含泥量不应大于 3%；干法喷射时，砂的含水率宜控制在 5%～7%；当采用防粘料喷射机时，砂含水率可为 7%～10%。

3）石子

应采用坚硬耐久的卵石或碎石，粒径不应大于 15mm，含泥量不应大于1%；当使用碱性速凝剂时，不得使用含有活性二氧化硅的石材。

4）水

采用不含有害物质的洁净水，不得使用污水及pH值小于4的酸性水和含硫酸盐量超过水量1%的水。

5）外加剂

速凝剂：应采用质量合格对人体危害小的外加剂。使用前应做与水泥相溶性试验及水泥净浆凝结效果试验，初凝时间不应超过5min，终凝时间不应超过10min。一般速凝剂的掺量约为水泥重量的2%～4%。

6）钢筋网

其钢筋规格、型号、品种，以及各项技术性能应符合设计要求。一般为ϕ4mm～ϕ12mm的HPB300级钢筋制成，网孔为150mm×150mm～300mm×300mm。

7）钢纤维：可用普通碳素钢，其抗拉强度不得低于380MPa，且不得有油渍及明显的锈蚀。钢纤维直径宜为0.3mm～0.5mm，长度宜为20mm～25mm，抗拉强度不低于380MPa。钢纤维的含量宜为混合料的3%～6%。

以上材料均应有出厂合格证，进场时均应按规定取样复验，其结果均应符合国家现行相关技术标准的规定。

8）喷射混凝土试件制作组数应符合下列规定：

（1）地下铁道工程应按区间或小于区间断面的结构，每20延米拱和墙各取抗压试件一组；车站取抗压试件两组。其他工程应按每喷射50m^{3}同一配合比的混合料或混合料小于50m^{3}的独立工程取抗压试件一组。

（2）地下铁道工程应按区间结构每40延米取抗渗试件一组。车站每20延米取抗渗试件一组。其他工程当设计有抗渗要求时，可增做抗渗性能试验。

6.1.4 施工工艺

1 工作流程

1）锚杆施工

施工方案编制→配合比设计→施工技术交底→施工现场准备→杆体施工→灌浆→试验和检测

2）喷射混凝土施工

施工方案编制→配合比设计→施工技术交底→施工现场准备→现场施工→试验和检测

2 工艺流程：

1）锚杆施工

开挖工作面→修整壁面→施工第一层混凝土面层→测放锚杆位置→钻孔→清孔检查→放置锚杆→注浆→绑扎面层钢筋及腰梁钢筋→施工第二层混凝土面层及腰梁→养护→锚杆张拉

2）喷射混凝土施工

(1) 干喷工艺流程：

干拌机拌合干骨料→筛选→空压机送至喷射机→开喷嘴→喷射至喷射面

(2) 湿喷工艺流程

拌合湿骨料→筛选→空压机送至喷射机→开喷嘴→喷射至喷射面

(3) 水泥裹砂法喷射法流程

裹砂砂浆和干水泥混合物分别拌制→混合料进入混合管→打开喷头→喷射至受喷面

(4) 模喷一次衬砌法喷射工艺

安装系统锚杆→清理浮石→测量定位→架设格栅拱→固定模板→喷射混凝土→下一循环凿岩爆破清碴→拆模

6.1.5 施工要点

1）锚杆施工

(1) 锚杆安设作业应在初喷混凝土后及时进行。

(2) 钻孔应符合以下要求：

① 钻孔应圆而直，钻孔方向宜尽量与岩层主要结构面垂直。

② 水泥砂浆锚杆孔径应大于杆体直径 15mm；其他型式锚

杆孔径应符合设计要求。

③ 钻孔深度应满足下列要求：水泥砂浆锚杆孔深允许偏差±50mm；楔缝式锚杆孔深不应小于杆体有效长度，且不应大于杆体有效长度30mm；树脂锚杆和早强药包锚杆孔深应与杆体长度配合恰当。

(3) 普通水泥砂浆锚杆的施工要求如下：

① 砂浆配合比（质量比）：水泥∶砂∶水宜为1∶1～1.5∶(0.45～0.5)，砂的粒径不宜大于3mm。

② 砂浆应拌合均匀，随拌随用，一次拌合的砂浆应在初凝前用完。

③ 灌浆作业应遵守以下规定：注浆开始或中途暂停超过30min时，应用水润滑灌浆罐及其管路。注浆孔口压力不得大于0.4MPa；注浆管应插至距孔底50mm～100mm处，随水泥砂浆的注入缓慢拔出，随即迅速将杆体插入，锚杆杆体插入孔内的长度不得短于设计长度的95%。若孔口无砂浆流出，应将杆体拔出重新注入。

(4) 早强水泥砂浆锚杆的施工要求如下：

① 早强水泥砂浆锚杆施工应遵守本标准第6.1.3条中的规定。

② 早强水泥砂浆锚杆采用硫酸盐早强水泥并掺早强剂。

③ 注浆作业开始或中途停止超过30min时，应测定砂浆坍落度，其值小于10mm时，不得注入罐内使用。

(5) 楔缝锚杆的施工要求如下：

① 楔缝式锚杆安装前，应将杆体与部件组装好；锚杆插入钻孔时楔子不得偏斜或脱落，锚头必须楔紧，保证锚固可靠；安设杆体后应立即上好托板，拧紧螺帽。锚杆施加预张拉力时，其拧紧力矩不应小于100N·m。

② 打紧楔块时不得损坏丝扣。

③ 楔缝锚杆一昼夜后应再次紧固，以后还要定期检查，如发现有松弛情况，应再行紧固。

④ 楔缝式锚杆只能作为临时支护，如作为永久支护应补注水泥浆或水泥砂浆。

（6）树脂锚杆的施工要求如下：

① 安装前应检查树脂卷质量，变质者不得使用。

② 安装时用杆体将树脂卷送入孔底，用搅拌器搅拌树脂时应缓缓推进杆体，搅拌时间一般为30s。搅拌完毕后将孔口处杆件临时固定，15min后可安装托板。

（7）早强药包锚杆的施工应遵守以下要求：

早强药包推入孔内要配备专门工具，中途药包不得破裂。锚杆杆体插入时应注意旋转，使药包充分搅拌。

（8）在有水地段，采用水泥砂浆锚杆时，如遇孔内流水，应在附近另行钻孔后再安设锚杆，也可采用速凝剂早强药包锚杆或采用锚管锚杆向围岩压浆止水。

2）喷射混凝土施工

（1）喷射混凝土配合比应通过试验选定，满足设计强度和喷射工艺的要求。也可按照下列数据选择：灰骨比1∶4～4.5；骨料含砂率45％～55％；水灰比不大于0.45；应增大混凝土与岩石的粘结力和减少回弹，初喷时，水泥∶砂∶石应取1∶2∶(1.5～2)。软弱围岩条件下考虑提高喷射混凝土强度等级。

（2）混合料应拌合均匀，随拌随用，并采用强制搅拌机在短时间内完成，严禁受潮。

（3）喷射混凝土的配合比及拌合均匀性每班检查不得少于两次。喷射混凝土材料计量，一般应以质量计算，其允许误差为：水泥与速凝剂各为2％；砂与石料各为5％。

（4）喷射混凝土作业应符合以下规定：

① 在喷射前，应用水或高压风管将岩面的粉尘和杂物冲洗干净。

② 喷射中发现松动石块或遮挡喷射混凝土的物体时，应及时清除。

③ 喷射作业应分段，分片由下而上顺序进行，每段长度不

宜超过 6m。

④ 一次喷射厚度应根据设计厚度和喷射部位确定，初喷厚度不得小于 40mm～60mm。

⑤ 喷射作业应以适当厚度分层进行，后一层喷射应在前一层混凝土终凝后进行。若终凝后间隔 1h 以上且初喷表面已蒙上粉尘时，受喷面应用高压气体、水清洗干净。岩面有较大凹洼时，应结合初喷予以找平。

⑥ 回弹率应予以控制，拱部不超过 40%，边墙不超过 30%，挂钢筋网后，回弹率限制可放宽 5%。应尽量采用经过验证的新技术，减少回弹率，回弹物不得重新用作喷射混凝土材料。

⑦ 喷射混凝土终凝 2h 后，应喷水养护，养护时间一般不少于 14d。

（5）喷射混凝土作业需紧跟开挖面时，下次爆破距喷射混凝土作业完成时间的间隔，不得小于 4h。

（6）冬期施工时，喷射作业区的不在低于 5℃。在结冰的层面上不得喷射混凝土。混凝土强度未达到 6MPa 前，不得受冻。

（7）采用钢筋网喷射混凝土时，可在岩面喷射一层混凝土后再进行钢筋网的铺设，并在锚杆安设后进行。钢筋网的铺设应符合下列要求：

① 钢筋使用前应清除锈蚀。

② 钢筋网应随受喷面的起伏铺设，与受喷面的间隙一般不大于 30mm。

③ 钢筋网应与锚杆或其他固定装置连接牢固，在喷射混凝土时不得晃动。

（8）采用钢架喷射混凝土时，钢架的型式、制作和架设应符合下列要求：

① 钢架支撑可选用 H 型钢、工字钢、U 型钢、钢轨、钢管或钢筋格栅等制作。钢架加工尺寸等应符合设计要求。

② 钢架支撑必须具有必要的强度和刚度，刚架的设计强度，

应保证能单独承受 2m～4m 高的松动岩柱重量，其形状应与开挖断面相适应。

③ 支撑接头由螺栓连接牢靠，当作为衬砌骨架时，接头应焊接。

④ 格栅钢架的主筋材料应采用 HRB335 级钢筋或 HPB300 钢筋，直径不小于 22mm，连系钢筋可根据具体情况选用。

⑤ 钢管钢架应在钢管上设置注浆孔，架设后应注满水泥砂浆。

⑥ 钢架应按设计位置架设，钢架之间必须用纵向钢筋连接，拱脚必须放在牢固的基础上。钢架与围岩应尽量靠近，但应留 20mm～30mm 间隙作混凝土保护层。当钢架和围岩之间的间隙过大时应设垫块。如钢架支撑作为混凝土骨架时，应用预制混凝土背板或填块固定牢靠。

⑦ 钢架应垂直于隧道中线，上下、左右允许偏差±50mm，钢架倾斜度不得大于 2°。拱脚标高不足时，不得用土、石回填，而应设置钢板进行调整，必要时可用混凝土加固基底。拱脚高度应低于半断面底线 150mm～200mm，当拱脚处围岩承载力不够时，应向围岩方向加大拱脚接触面积。

⑧ 当钢架喷射混凝土作为永久性支护结构时，钢架与围岩之间的间隙必须用喷射混凝土充填密实。间隙过大时，可用钢楔或混凝土楔块顶紧，其点数单侧不得少于 8 个。喷射混凝土应由两侧向上对称喷射，并将钢架覆盖。

（9）有水地段喷射混凝土时应采取以下措施：

① 当涌水点不多时，用开缝摩擦锚杆进行导水处理后再喷射；当涌水范围大时，设树枝状排水导管后再喷射；当涌水严重时，可设置泄水孔，边泄水边喷射。

② 改变配合比，增加水泥用量。先喷干混合料，待其与涌水融合后，再逐渐加水喷射。喷射时由远而近，逐渐向涌水点逼近，然后在涌水点安设导管，将水引出，再在导管附近喷射。

（10）砂层地段喷射混凝土时应采取以下措施：

① 紧贴砂层铺挂细钢筋网并用ϕ22mm 环向钢筋压紧。

② 在正式喷射前应适当减少喷射机的工作气压，先喷射一层加大速凝剂掺量的水泥砂浆，然后再喷射混凝土。

6.1.6 成品保护

1 锚杆体在安装前，要防止腐蚀和机械损伤。

2 在锚喷施工期间，挖土时应注意保护已经作业好的锚喷面。

3 锚喷完工后，应注意及时养护。在喷射混凝土终凝 2h 后，应即进行喷水养护，并保持较长时间的养护，一般不得少于 14d，气温低于 5℃时，不得喷水养护。

4 严禁在锚喷面上方堆积重载，以免影响锚喷面的稳定性。

5 在锚喷面支护的边坡上方，应做排水沟，严禁积水浸湿和流水冲刷锚喷表面。

6 封孔水泥砂浆未达到设计强度的 70％时，不得在锚杆端部悬挂重物或碰撞外锚具。

6.1.7 安全、环保措施

1 安全措施

1）施工前，应认真检查和处理锚喷支护作业区的危石，施工机具应布置在安全地带。

2）Ⅳ、Ⅴ级围岩中进行锚喷支护施工时，应遵守下列规定：

（1）锚喷支护必须紧跟开挖工作面。

（2）先喷后锚，喷射混凝土厚度不应小于 80mm；喷射作业中，应有人随时观察围岩变化情况。

（3）锚杆施工宜在喷射混凝土终凝 3h 后进行。

（4）施工中，应定期检查电源线路和设备的电器部件，确保用电安全。

（5）喷射机、水箱、风包、注浆罐等应进行密封性能和耐压试验，合格后方可使用。

（6）喷射混凝土施工作业中，要经常检查出料弯头、输料管和管路接头等有无磨薄、击穿或松脱现象，发现问题，应及时处理。

（7）处理机械故障时，必须使设备断电、停风。向施工设备送电、送风前，应通知有关人员。

（8）喷射作业中处理堵管时，应将输料管顺直，必须紧按喷头，疏通管路的工作风压不得超过0.4MPa。

（9）喷射混凝土施工用的工作台架应牢固可靠，并应设置安全栏杆。

（10）向锚杆孔注浆时，注浆罐内应保持一定数量的砂浆，以防罐体放空，砂浆喷出伤人。处理管路堵塞前，应消除罐内压力。

（11）非操作人员不得进入正进行施工的作业区。施工中，喷头和注浆正前方严禁站人。

（12）施工操作人员的皮肤应避免与速凝剂、树脂胶泥直接接触，严禁树脂卷接触明火。

（13）钢纤维喷射混凝土施工中，应采用措施，防止钢纤维扎伤操作人员。

3）检验锚杆锚固力应遵守下列规定：

（1）拉力计必须固定牢固。

（2）拉拔锚杆时，拉力计前方或下方严禁站人。

（3）锚杆杆端一旦出现颈缩时，应及时卸荷。

4）水胀锚杆的安装应遵守下列规定：

（1）高压泵应设置防护罩。锚杆安装完毕，应将其搬到安全无淋水处，防止放炮时被砸坏。

（2）搬运高压泵时，必须断电，严禁带电作业。

（3）在高压进水阀未关闭，回水阀未打开之前，不得撤离安装棒。

（4）安装锚杆时，操作人员手持安装棒应与锚杆孔轴线偏离一个角度。

5）预应力锚杆的施工安全应遵守下列规定：

（1）张拉预应力锚杆前，应对设备全面检查，并固定牢固，张拉时孔口前方严禁站人。

（2）拱部或边墙进行预应力锚杆施工时，其下方严禁进行其他作业。

（3）对穿型预应力锚杆施工时，应有联络装置，作业中应密切联系。

（4）封孔水泥砂浆未达到设计强度的70%时，不得在锚杆端部悬挂重物或碰撞外锚具。

2 环保措施

锚喷施工对环境的影响主要是噪声和粉尘。噪声控制主要是选择性能好、噪声较小的机械设备或采取降噪措施，尽可能减少、降低噪声影响。在施工中，主要控制水泥粉尘污染。

1）喷射混凝土施工宜采用湿喷或水泥裹砂喷射工艺。

2）采用干法喷射混凝土施工时，宜采用下列综合防尘措施：

（1）在保证顺利喷射的条件下，增加骨料含水率。

（2）在距喷头3m～4m处增加一个水环，用双水环加水。

（3）在喷射机或混合料搅拌处，设置集尘器或除尘器。

（4）在粉尘浓度较高地段，设置除尘水幕。

（5）加强作业区的局部通风。

（6）采用增粘剂等外加剂。

3）锚喷作业区的粉尘浓度不应大于10mg/m^3。施工中，粉尘测定次数，每半个月至少一次。测定粉尘应采用滤膜称量法。测定粉尘时，其测点位置、取样数量可按表6.1.7进行。

表6.1.7 喷射混凝土粉尘测点位置取样数量

测尘地点	测点位置	取样数（个）
喷头附近	距喷头5.0m，离底板1.5m，下风向设点	3
喷射机附近	距喷射机1.0m，离底板1.5m，下风向设点	3
洞内拌料处	距拌料处2.0m，离底板1.5m，下风向设点	3
喷射作业区	邃洞跨中，离底板1.5m，作业区下风向设点	3

粉尘采样应在喷射混凝土作业正常、粉尘浓度稳定后进行。

每一个试样的取样时间不得少于3min。占总数80%及以上的测点试样的粉尘浓度，应达到不大于$10mg/m^3$，其他试样不得超过$20mg/m^3$。

4）喷射混凝土作业人员，应采用个体防尘用具，以保证操作人员的身体健康。

6.1.8 质量标准

Ⅰ 主 控 项 目

1 喷射混凝土所用原材料、混合料配合比以及钢筋网、锚杆、钢拱架等必须符合设计要求。

检验方法：检查产品合格证、产品性能检测报告、计量措施和材料进场检验报告。

2 喷射混凝土抗压强度、抗渗性能和锚杆抗拔力必须符合设计要求。

检验方法：检查混凝土抗压强度、抗渗性能检验报告和锚杆抗拔力检验报告。

3 锚杆支护的渗漏水量必须符合设计要求。

检验方法：观察检查和检查渗漏水检测记录。

Ⅱ 一 般 项 目

1 喷层与围岩以及喷层之间应粘结紧密，不得有空鼓现象。

检验方法：用小锤轻击检查。

2 喷层厚度有60%以上检查点不应小于设计厚度，最小厚度不得小于设计厚度的50%，且平均厚度不得小于设计厚度。

检验方法：用针探法或凿孔法检查。

3 喷射混凝土应密实、平整，无裂缝、脱落、漏喷、露筋。

检验方法：观察检查。

4 喷射混凝土表面平整度D/L不得大于1/6。

检验方法：尺量检查。

6.1.9 质量验收

1 检验批的验收由监理工程师或建设单位项目技术负责人组织项目专业质量检查员等进行验收。

2 锚喷支护的施工质量检验数量，应按区间或小于区间断面的结构，每 20 延米检查 1 处，车站每 10 延米检查 1 处，每处 $10m^2$，且不得小于 3 处。

3 锚杆必须进行抗拔力试验。同一批锚杆每 100 根应取一组试件，每组 3 根，不足 100 根也取 3 根。同一批试件抗拔力平均值不应小于设计锚固力，且同一批试件抗拔力的最低值不应小于设计锚固力的 90%。

4 当地方标准有统一规定时，按当地标准执行。当地方无统一标准时，检验批质量验收记录宜用表 6.1.9“锚喷支护检验批质量验收记录”。

表 6.1.9　锚喷支护检验批质量验收记录

编号：________

<table>
<tr><td colspan="2">单位（子单位）
工程名称</td><td></td><td>分部（子分部）
工程名称</td><td></td><td>分项工程
名称</td><td></td></tr>
<tr><td colspan="2">施工单位</td><td></td><td>项目负责人</td><td></td><td>检验批容量</td><td></td></tr>
<tr><td colspan="2">分包单位</td><td></td><td>分包单位
项目负责人</td><td></td><td>检验批部位</td><td></td></tr>
<tr><td colspan="2">施工依据</td><td colspan="2"></td><td>验收依据</td><td colspan="2">《地下防水工程质量验收规范》GB 50208—2011</td></tr>
<tr><td colspan="3">验收项目</td><td>设计要求及
规范规定</td><td>最小/实际
抽样数量</td><td>检查记录</td><td>检查结果</td></tr>
<tr><td rowspan="3">主控项目</td><td>1</td><td>混凝土、钢筋网、锚杆质量</td><td colspan="2">符合设计要求</td><td></td><td></td></tr>
<tr><td>2</td><td>混凝土抗压、抗渗、抗拔</td><td colspan="2">符合设计要求</td><td></td><td></td></tr>
<tr><td>3</td><td>锚杆支护的渗漏水量</td><td colspan="2">符合设计要求</td><td></td><td></td></tr>
</table>

续表 6.1.9

<table>
<tr><td colspan="3">验收项目</td><td>设计要求及规范规定</td><td>最小/实际抽样数量</td><td>检查记录</td><td>检查结果</td></tr>
<tr><td rowspan="4">一般项目</td><td>1</td><td>喷层与围岩以及喷层之间粘结</td><td colspan="2">粘结紧密，不得有空鼓现象</td><td></td><td></td></tr>
<tr><td>2</td><td>喷层厚度</td><td colspan="2">有 60%以上检查点不应小于设计厚度，最小厚度不得小于设计厚度的 50%，且平均厚度不得小于设计厚度</td><td></td><td></td></tr>
<tr><td>3</td><td>表面质量</td><td colspan="2">密实、平整，无裂缝、脱落、漏喷、露筋</td><td></td><td></td></tr>
<tr><td>4</td><td>表面平整度允许偏差</td><td colspan="2">$D/L \leqslant 1/6$</td><td></td><td></td></tr>
<tr><td colspan="2">施工单位检查结果</td><td colspan="5">专业工长：
项目专业质量检查员：
年　月　日</td></tr>
<tr><td colspan="2">监理单位验收结论</td><td colspan="5">专业监理工程师：
年　月　日</td></tr>
</table>

6.2 地下连续墙

6.2.1 一般规定

1 本节适用于地下工程的主体结构、支护结构以及隧道工程复合式衬砌的初期支护。

2 地下连续墙施工应具备下列资料：

1）地质勘察报告。

2）专项设计图纸。

3）基坑范围内地下管线、构筑物及临近建筑物的资料。

4）施工现场水文地质、工程地质、气象、水文资料。

5）测量基线和水准点资料。

3 地下连续墙施工前，应平整场地，机械吊装区域使用混凝土硬化，清除成槽范围内的地面、地下障碍物，对需要保留的地下管线应挖露出来，封堵地下空洞并测放出导墙位置。

4 地下连续墙支护的基坑，在土方开挖和隧道结构施工期间，应对基坑围岩和墙体及其支护系统进行监控量测，并及时反馈信息。

5 地下连续墙作为主体结构或其一部分时，应符合下列规定：

1）单层地下连续墙不应直接用于防水等级为一级的地下工程墙体。

2）墙的厚度不宜小于600mm。

3）应根据地质条件选择护壁泥浆及配合比，遇有地下水含盐或受化学污染时，泥浆配合比应进行调整。

4）支撑的预埋件应设置止水片或遇水膨胀止水条（胶），支撑部位及墙体的裂缝、孔洞等缺陷应采用防水砂浆及时修补；当墙体幅间接缝有渗漏时，宜采用注浆或嵌填速凝型无机防水堵漏材料等进行防水处理，也可采取引排措施。

5）墙体与顶板、底板、中楼板的连接处应凿毛，并清洗干净，钢筋连接器处宜涂覆水泥基渗透结晶型防水涂料。

6 地下连续墙支护的基坑为软弱土层时，其基底加固措施应符合设计要求，并在加固浆体达到设计强度后方可进行土方开挖。

6.2.2 施工准备

1 技术准备

参见本标准第 3.1.1 条中相关内容。

2 材料准备

泥浆材料、钢筋、防水混凝土。

3 主要机具设备

有多头钻成槽机、钻抓成槽机、冲击成槽机、泥浆制备及处理设备、吸泥渣设备、混凝土浇筑机具设备、接头管及其顶升提拔设备。

4 作业条件

施工准备工作全部就绪。

6.2.3 材料质量控制

1 泥浆材料

泥浆系由土料、水和掺合物组成。拌制泥浆使用膨润土，细度应为 200～250 目，膨润率 5～10 倍，使用前应取样进行泥浆配合比试验。如采取黏土制浆时，应进行物理、化学分析和矿物鉴定，其黏粒含量应大于 50%，塑性指数大于 20，含砂量小于 5%，二氧化硅与三氧化铝含量的比值宜为 3～4。掺合物有分散剂、增粘剂（CMC）等。外加剂的选择和配方需经试验确定，制备泥浆用水应不含杂质，pH 值为 7～9。

2 钢筋

钢筋的品种、强度级别符合设计要求，备用数量满足工程需要。

3 混凝土

防水混凝土见本标准第 4.1.3 条防水混凝土材料质量控制。

6.2.4 施工工艺

1 工作流程

施工方案编制→配合比设计→施工技术交底→施工现场准备→混凝土浇筑→养护

2 工艺流程：

导墙设置→泥浆制备和使用→槽段开挖→清槽→钢筋笼制作及安放→浇筑混凝土→接头施工→内衬施工

6.2.5 施工要点

1 导墙设置

1）在槽段开挖前，沿连续墙纵向轴线位置构筑导墙，采用现浇混凝土或钢筋混凝土。

2）导墙深度一般为 1m～2m，其顶面略高于地面 50mm～100mm，以防止地表水流入导沟。导墙的厚度一般为 100mm～200mm，内墙面应垂直，内壁净距应为连续墙设计厚度加施工余量（一般为 40mm～60mm）。墙面与纵轴线距离的允许偏差为±10mm，内外导墙间距允许偏盖±5mm，导墙顶面应保持水平。

3）导墙宜筑于密实的黏性土地基上。墙背宜以土壁代模，以防止槽外地表水渗入槽内。如果墙背侧需回填土时，应用黏性土分层夯实，以免漏浆。每个槽段内的导墙应设一溢浆孔。

4）导墙顶面应高出地下水位 1m 以上，以保证槽内泥浆液面高于地下水位 0.5m 以上，且不低于导墙顶面 0.3m。

5）导墙混凝土强度应达到 70%以上方可拆模。拆模后，应立即将导墙间加木支撑至槽段开挖拆除。严禁重型机械通过、停置或作业，以防导墙开裂或变形。

2 泥浆制备和使用

1）泥浆的性能和技术指标，应根据成槽方法和地质情况而定，一般可按表 6.2.5 采用。

2）在施工过程中应加强检查和控制泥浆的性能，定时对泥浆性能进行测试，随时调泥浆配合比，做好泥浆质量检测记录。一般做法是：在新浆拌制后静止 24h，测一次全项（含砂量除外）。在成槽过程中，一般每进尺 1m～5m 或每 4h 测定一次泥浆密度和黏度。在成槽结束前测一次密度、黏度；浇灌混凝土前测一次密度。两次取样位置均应在槽底以上 200mm 处。失水量和 pH 值，应在每槽孔的中部和底部各测一次。含砂量可根据实际情况测定。稳定性和胶体率一般在循环泥浆中不测定。

表 6.2.5　泥浆性能指标表

项目	性能指标		检查方法
	一般地层	软弱土层	
密度	1.04kg/L～1.25kg/L	1.05kg/L～1.30kg/L	泥浆密度称
黏度	18s～22s	19s～25s	漏斗黏度计
胶体率	＞95％	＞98％	量筒法
稳定性	＜0.05g/cm^2	＜0.02g/cm^2	稳定计
失水量	＜30mL/30min	＜20mL/30min	失水仪
pH 值	＜10	8～9	pH 试纸
泥皮厚度	1.5mm/30min～3.0mm/30min	1.0mm/30min～1.5mm/30min	失水仪
静切力	10mg/cm^2～20mg/cm^2	20mg/cm^2～50mg/cm^2	静切力仪

注：1　密度：表中上限为新制泥浆，下限为循环泥浆。一般采用膨润土泥浆时，新浆密度控制在 1.04～1.05；循环程中的泥浆控制在 1.25～1.30；对于松散易坍地层，密度可适当加大。浇灌混凝土前槽内泥浆控制在 1.15～1.25，视土质情况而定。

2　成槽时，泥浆主要起护壁作用，在一般情况下可只考虑密度、黏度、胶体率三项指标。

3　当存在易塌方土层（如砂层或地下水位下的粉砂层等）或采用产生冲击、冲刷的掘削机械时，应适当考虑，泥浆黏度，宜用 25s～30s。

3）泥浆必须经过充分搅拌，常用方法有：低速卧式搅拌机搅拌；螺旋桨式搅拌机搅拌；压缩空气搅拌；离心泵重复循环。泥浆搅拌后应在储浆池内静置 24h 以上，或加分散剂膨润土或黏土充分水化后方可使用。

4）通过沟槽循环或混凝土换置排出的泥浆，如重复使用，必须进行净化再生处理。一般采用重力沉降处理，它是利用泥浆和土渣的密度差，使土渣沉淀，沉淀后的泥浆进入贮浆池，贮浆池的容积一般为一个单元槽段挖掘量及泥浆槽总体积的 2 倍以上。沉淀池和贮浆池设在地上或地下均可，但要视现场条件和工艺要求合理配置。如采用原土造浆循环时，应将高压水通过导管从钻头孔射出，不得将水直接注入槽孔中。

5）在容易产生泥浆渗漏的土层施工时，应适当提高泥浆黏度和增加储备量，并备堵漏材料。如发生泥浆渗漏，应及时补浆和堵漏，使槽内泥浆保持正常。

3 槽段开挖

1）挖槽施工前应预先将连续墙划分为若干个单元槽段，其长度一般为 4m～7m。每个单元槽段由若干个开挖段组成。在导墙顶面划好槽段的控制标记，如有封闭槽段时，必须采用两段式成槽，以免导致最后一个槽段无法钻进。

2）成槽前对钻机进行一次全面检查，各部件必须连接可靠，特别是钻头连接螺栓不得有松脱现象。

3）为保证机械运行和工作平稳，轨道铺设应牢固可靠，道碴应铺填密实。轨道宽度允许误差为±5mm，轨道标高允许误差±10mm。连续墙钻机就位后应使机架平稳，并使悬挂中心点和槽段中心一致。钻机调好后，应用夹轨器固定牢靠。

4）挖槽过程中，应保持槽内始终充满泥浆，以保持槽壁稳定。成槽时，依排渣和泥浆循环方式分为正循环和反循环。当采用砂泵排渣时，依砂泵是否潜入泥浆中，又分为泵举式和泵吸式。一般采用泵举式反循环方式排渣，操作简便，排泥效率高，但开始钻进须先用正循环方式，待潜水砂泵电机潜入泥浆中后，再改用反循环排泥。

5）当遇到坚硬地层或遇到局部岩层无法钻进时，可辅以采用冲击钻将其破碎，用空气吸泥机或砂泵将土渣吸出地面。

6）成槽时要随时掌握槽孔的垂直精度，应利用钻机的测斜装置经常观测偏斜情况，不断调整钻机操作，并利用纠偏装置来调整下钻偏斜。

7）挖槽时应加强观测，如槽壁发生较严重的局部坍落时，应及时回填并妥善处理。槽段开挖结束后，应检查槽位、槽深、槽宽及槽壁垂直度等项目，合格后方可进行清槽换浆。在挖槽过程中应作好施工记录。

4 清槽

1）当挖槽达到设计深度后，应停止钻进，仅使钻头空转而不进尺，将槽底残留的土打成小颗粒，然后开启砂泵，利用反循环抽浆，持续吸渣 10min～15min，将槽底钻渣清除干净。也可用空气吸泥机进行清槽。

2）当采用正循环清槽时，将钻头提高槽底 100mm～200mm，空转并保持泥浆正常循环，以中速压入泥浆，把槽孔内的浮渣置换出来。

3）对采用原土造浆的槽孔，成槽后可使钻头空转不进尺，同时射水，待排出泥浆密度降到 1.1 左右，即认为清槽合格。但当清槽后至浇灌混凝土间隔时间较长时，为防止泥浆沉淀和保证槽壁稳定，应用符合要求的新泥浆将槽孔的泥浆全部置换出来。

4）清理槽底和置换泥浆结束 1h 后，槽底沉渣厚度不得大于 200mm；浇混凝土前槽底沉渣厚度不得大于 300mm，槽内泥浆密度为 1.1～1.25、黏度为 18s～22s、含砂量应小于 8%。

5 钢筋笼制作及安放

1）钢筋笼的加工制作，要求主筋净保护层为 70mm～80mm。为防止在插入钢筋笼时擦伤槽面，并确保钢筋保护层厚度，宜在钢筋笼上设置定位钢筋环、混凝土垫块。纵向钢筋底端距槽底的距离应有 100mm～200mm，当采用接头管时，水平钢筋的端部至接头管或混凝土及接头面应留有 100mm～150mm 间隙。纵向钢筋应布置在水平钢筋的内侧。为便于插入槽内，利钢筋底端宜稍向内弯折。钢筋笼的内空尺寸，应比导管连接处的外径大 100mm 以上。

2）为了保证钢筋笼的几何尺寸和相对位置准确，钢筋笼宜在制作平台上成型。钢筋笼每棱边（横向及竖向）钢筋的交点处应全部点焊，其余交点处采用交错点焊。对成型时临时扎结的铁丝，宜将线头弯向钢筋笼内侧。为保证钢筋笼在安装过程中具有足够的刚度，除结构受力要求外，尚应考虑增设斜拉补强钢筋，将纵向钢筋形成骨架并加适当附加钢筋。斜拉筋与附加钢筋必须与设计主筋焊牢固。钢筋笼的接头当采用搭接时，为使接头能够承受吊入时的下段钢筋自重，部分接头应焊牢固。

3）钢筋笼制作允许偏差值为：主筋间距±10mm；箍筋间距±20mm；钢筋笼厚度和宽度±10mm；钢筋笼总长度±50mm。

4）钢筋笼吊放应使用起吊架，采用双索或四索起吊，以防起吊时因钢索的收紧力而引起钢筋笼变形。同时要注意在起吊时不得拖拉钢筋笼，以免造成弯曲变形。为避免钢筋吊起后在空中摆动，应在钢筋笼下端系上溜绳，用人力加以控制。

5）钢筋笼需要分段吊入接长时，应注意不得使钢筋笼产生变形。下段钢筋笼入槽后，临时穿钢管搁置在导墙上，再焊接接长上段钢筋笼。钢筋笼吊入槽内时，吊点中心必须对准槽段中心，竖直缓慢放至设计标高，再用吊筋穿管搁置在导墙上。如果钢筋笼不能顺利地摄入槽内，应重新吊出，查明原因，采取相应措施加以解决，不得强行插入。

6）所有用于内部结构连续的预埋件、预埋钢筋等，应与钢筋笼焊牢固。

6 浇筑混凝土

1）接头管和钢筋就位后，应检查沉渣厚度并在4h以内浇灌混凝土。浇灌混凝土必使用导管，其内径一般选用250mm，每节长度一般为2.0m～2.5m。导管要求连接牢靠，接头用橡胶圈密封，防止漏水。导管接头若用法兰连接，应设锥形法兰罩，以防拔管时挂住钢筋。导管在使用前要注意认真检查和清理，使用后要立即将粘附在导管上的混凝土清除干净。

2）在单元槽段较长时，应使用多根导管浇灌，导管内径与导管间距的关系一般是：导管内径为150mm，200mm，250mm时，其间距分别为2m、3m、3m～4m，且距槽段端部均不得超过1.5m。为防止泥浆卷入导管内，导管在混凝土内必须保持适宜的埋置深度，一般应控制在2m～4m为宜。在任何情况下，不得小于1.5m或大于6m。

3）导管下口与槽底的间距，以能放出隔水栓和混凝土为度，一般比栓长100mm～200mm。隔水栓应放在泥浆液面上。为防止粗骨料卡住隔水栓，在浇注混凝土前宜先灌入适量的水泥砂浆。隔水栓用铁丝吊住，待导管上口贮斗内混凝土的存量满足首次浇筑，导管底端能埋入混凝土中0.8m～1.2m时，才能剪断铁丝，继续浇筑。

4）混凝土浇灌应连续进行，槽内混凝土面上升速度一般不宜小于2m/h，中途不得间歇。当混凝土不能畅通时，应将导管上下提动，慢提快放，但不宜超过300mm。导管不能作横向移动。提升导管应避免碰挂钢筋笼。

5）随着混凝土的上升，要适时提升和拆卸导管，导管底端埋入混凝土面以下一般保持2m～4m。不宜大于6m，并不小于1m，严禁把导管底端提出混凝土上面。

6）在一个槽段内同时使用两根导管灌注混凝土时，其间距不应大于3.0m，导管距槽段端头不宜大于1.5m，混凝土应均匀上升，各导管处的混凝土表面的高差不宜大于0.3m，混凝土浇筑完毕，终浇混凝土面高程应高于设计要求0.3m～0.5m，此部分浮浆层以后凿去。

7）在浇灌过程中应随时掌握混凝土浇灌量，应有专人每30min测量一次导管埋深和管外混凝土标高。测定应取三个以上测点，用平均值确定混凝土上升状况，以决定导管的提拔长度。

7 接头施工

1）连续墙各单元槽段间的接头型式，一般常用的为半圆形接头型式。方法是在未开挖一侧的槽段端部先放置接头管，后放入钢筋笼，浇灌混凝土，根据混凝土的凝结硬化速度，徐徐将接头管拔出，最后在浇灌段的端面形成半圆形的接合面，在浇筑下段混凝土前，应用特制的钢丝刷子沿接头处上下往复移动数次，刷去接头处的残留泥浆，以利新旧混凝土的结合。

2）接头管一般用10mm厚钢板卷成。槽孔较深时，做成分节拼装式组合管，各单节长度分为6m、4m、2m不等，便于根据槽深接成合适的长度。外径比槽孔宽度小10mm～20mm，直径误差在±3mm以内。接头管表面要求平整光滑，连接紧密可靠，一般采用承插式销接。各单节组装好后，要求上下垂直。

3）接头管一般用起重机组装、吊放。吊放时要紧贴单元槽段的端部和对准槽段中心，保持接头管垂直并缓慢地插入槽内。下端放至槽底，上端固定在导墙或顶升架上。

4）提拔接头管宜使用顶升架（或较大吨位吊车），顶升架上安装有大行程（1m～2m）、起重量较大（50t～100t）的液压千斤顶两台，配有专用高压油泵。

5）提拔接头管必须掌握好混凝土的浇灌时间、浇灌高度、混凝土的凝固硬化速度，不失时机地提动和拔出，不能过早、过快和过迟、过缓。如过早、过快，则会造成混凝土壁塌落；过迟、过缓，则由于混凝土强度增长，摩阻力增大，造成提拔不动和埋管事故。一般宜在混凝土开始浇灌后2h～3h即开始提动接头管，然后使管子回落。以后每隔15min～20min提动一次，每次提起100mm～200mm，使管子在自重下回落，说明混凝土尚处于塑性状态。如管子不回落，管内又没有涌浆等异常现象，宜每隔20mm～30mm拔出0.5m～1.0m，如此重复。在混凝土浇灌结束后5h～8h内将接头管全部拔出。

8 内衬施工

1）地下连续墙墙体内侧采用水泥砂浆防水层、卷材防水层、涂料防水层或塑料板防水层时，应按本标准防水混凝土有关章节规定执行。

2）单元槽段接头不宜设在拐角处，采用复合式衬砌时，内外墙接头宜相互错开。

3）地下连续墙与内衬结构连接处，应凿毛并清理干净，必要时应做特殊防水处理。

9 地下连续墙施工操作要点

1）地下连续墙槽段接头施工是保证防水质量的重点，必须使接头缝具有承受地压和防水抗渗能力。一般接头方式如图 6.2.5 所示。

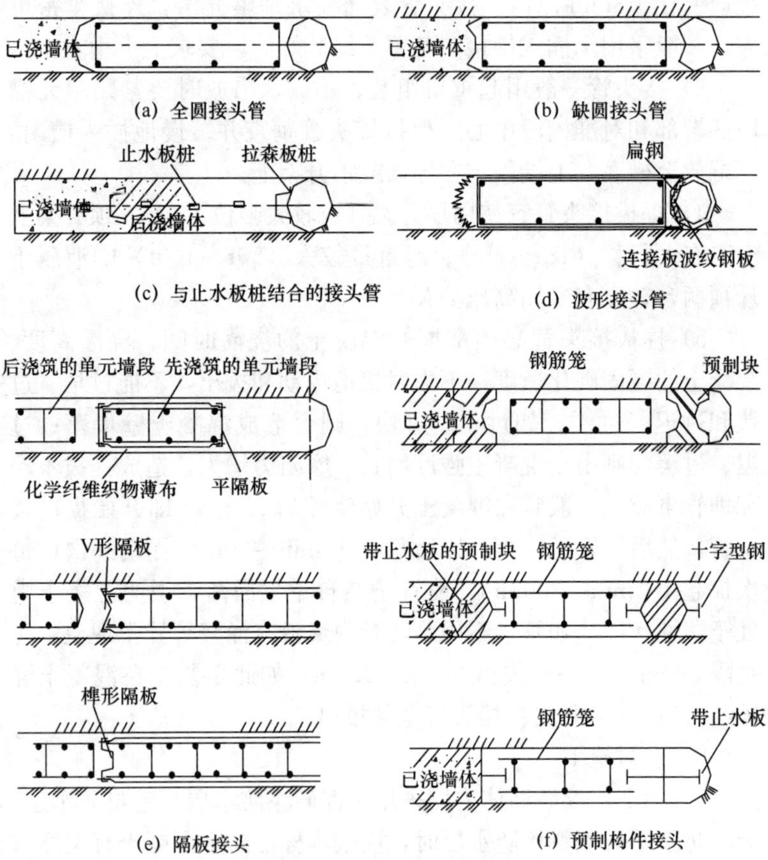

图 6.2.5　墙体接头图示

2）直接钻凿法施工要点：

（1）钻凿接头孔的位置应自混凝土端部向内移 200mm 左右。

（2）钻孔接头孔时应连续作业，不宜间断。

（3）当钻孔偏斜超过允许值时应及时回填片石、卵石，重新钻进。

（4）在灌注相邻槽孔混凝土前，须用圆形钢丝刷将接头孔孔壁上的泥皮刷除干净。

3）预留法施工要点：

（1）接头管的起吊提升速度应与混凝土上升速度一致，并应及时测量灌筑速度，提拔接头管时，开始时约每 20min～30min 提拔一次，每次上拔 300mm～1000mm，上拔速度一般为 2m/h～4m/h，应在混凝土浇筑结束后 8h 以内将接头管全部拔出。

（2）接头管拔出后，必须除去已浇好的混凝土半圆形表面上附着的泥浆和水泥浆的胶凝物，保证止水性能。

（3）拔接头管时间一般应为混凝土浇筑后 2h～3h。

6.2.6 成品保护

1 钢筋笼制作、运输和吊放过程中，应采取技术措施，防止变形。吊放入槽，不得碰伤槽壁。

2 挖槽完毕，应尽快清槽、换浆、下钢筋笼，并在 4h 内浇筑混凝土。在灌注过程中，应固定钢筋笼和导管位置，并采取措施防止泥浆污染。

3 注意保护外露的主筋和预埋件不受损坏。

4 施工过程中，应注意保护现场的轴线桩和水准基点桩，不变形、不位移。

6.2.7 安全、环保措施

1 安全措施

1）地下连续墙施工与相邻建（构）筑物的水平安全距离不宜小于 1.5m。

2）施工前，做好地质勘察和调查研究，掌握地质和地下埋设物情况，清除 3.0m 以内的地下障碍物、电缆、管线等，以保证安全操作。

3）依据地下连续墙钢筋笼的重量提前制定吊装方案，对机械配制、钢筋笼吊点提前设计。

4）起重机、成槽机进场后立即组织验收，审查制造质量证明书、检验证书、安装证明等，对机械的绳索、保护装置、监控系统进行检查验收，要求各主要功能有效运行，各配件满足验收规范要求。

5）特种作业人员必须经考核合格，持有特种作业操作资格证书。

6）成槽施工中要严格控制泥浆密度，防止漏浆、泥浆液面下降、地下水位上升过快、地面水流槽内、泥浆变质等情况的发生，使槽壁面坍塌，或造成地面下陷，导致机架倾覆，或对邻近建筑物或地下埋设物造成损坏。

7）槽孔完成后，应立即下放钢筋笼并灌注混凝土，槽孔应做好防护措施。

8）起吊地下连续墙钢筋笼时，必须先将钢筋笼整体拎起50cm，观察有无变形或有电焊口分离的现象，检查钢筋笼骨架无变形、扭曲、焊口脱落等现象后再起吊。

9）所有成孔机械设备必须有专人专机，严格执行交接班制度和机具保养制度，发现故障和异常现象时，应及时排除，并通知有关专业人员维修和处理。

10）履带吊机在吊钢筋笼行走时，载荷不得超过允许重量的70%，钢筋笼离地不得大于500mm，并应拴好接绳，缓慢行驶。

11）风力大于6级时，应停止钢筋笼的吊装工作。

2 环保措施

1）各种材料要分区堆码整齐，分列排放，并挂上醒目的标志牌；作业面要工完料清，未使用完的材料必须堆码整齐，保持施工现场的整洁。

2）施工现场的固体废料、建筑垃圾要及时清理，按要求运至指定的地点。

3）施工现场的作业面要保持清洁，道路要稳固通畅，保证无污物和积水。

4）水泥和其他易飞扬的细颗粒散体材料，应安排在库内存放或严密遮盖，运输时要防止遗洒、飞扬，卸运时应采取有效措施，以减少扬尘。

5）对无法使用商品混凝土的工地，应在搅拌设备上安装除尘装置，减少搅拌扬尘。

6）工地污水的排放要做到生活用水和施工用水的分离，严格按市政和市容规定处理。

7）凡在居民稠密区进行强噪声作业的，必须严格控制作业时间，一般不得超过22：00，特殊情况需连续作业的，应尽量采取降噪措施，做好周围群众工作，并报工地所在区、县环保局备案后方可施工。

8）加强噪声监控，选用低噪声的机械、设备，定期对机械、设备进行保养、维护。

9）在工程施工过程中，重视附近已有文物及地下文物（未挖掘）的保护工作。

6.2.8 质量标准

Ⅰ 主 控 项 目

1 防水混凝土所用原材料、配合比以及其他防水材料必须符合设计要求。

检验方法：检查出厂合格证、产品性能检验报告、计量措施和现场抽查试验报告。

2 地下连续墙混凝土抗压强度和抗渗压力必须符合设计要求。

检验方法：检查混凝土抗压、抗渗试验报告。

3 地下连续墙的渗水量必须符合设计要求

检测方法：观察检查和检查渗漏水检测记录。

Ⅱ 一 般 项 目

1 地下连续墙的槽段接缝构造符合应设计要求。

检验方法：观察检查和检查隐蔽工程验收记录。

2 地下连续墙墙面不得露筋、露石和夹泥现象。

检验方法：观察检查。

3 地下连续墙墙体表面平整度的允许偏差，临时支护墙体为50mm，单一或复合墙体为30mm。

检验方法：尺量检查。

6.2.9 质量验收

1 检验批的验收由监理工程师或建设单位项目技术负责人组织项目专业质量检查员等进行验收。

2 地下连续墙的施工质量检验数量，应按连续墙每5个槽段抽查一处，每处为1个槽段，且不得少于3处。

3 当地方标准有统一规定时，按当地标准执行。当地方无统一标准时，检验批质量验收记录宜采用表6.2.9“地下连续墙检验批质量验收记录”。

表 6.2.9 地下连续墙检验批质量验收记录

编号：______

<table>
<tr><td colspan="3">单位（子单位）工程名称</td><td></td><td>分部（子分部）工程名称</td><td></td><td>分项工程名称</td><td></td></tr>
<tr><td colspan="3">施工单位</td><td></td><td>项目负责人</td><td></td><td>检验批容量</td><td></td></tr>
<tr><td colspan="3">分包单位</td><td></td><td>分包单位项目负责人</td><td></td><td>检验批部位</td><td></td></tr>
<tr><td colspan="3">施工依据</td><td colspan="2"></td><td>验收依据</td><td colspan="2">《地下防水工程质量验收规范》GB 50208－2011</td></tr>
<tr><td colspan="4">验收项目</td><td>设计要求及规范规定</td><td>最小/实际抽样数量</td><td>检查记录</td><td>检查结果</td></tr>
<tr><td>主控项目</td><td>1</td><td colspan="2">防水混凝土原材料、配合比及其他防水材料</td><td colspan="2">符合设计要求</td><td></td><td></td></tr>
</table>

续表 6.2.9

验收项目			设计要求及规范规定	最小/实际抽样数量	检查记录	检查结果
主控项目	2	混凝土抗压、抗渗强度	符合设计要求			
	3	地下连续墙渗漏水量	符合设计要求			
一般项目	1	地下连续墙槽段接缝构造	符合设计要求			
	2	地下连续墙墙面观感	不得出现露筋、露石、夹泥现象			
	3	表面质量	密实、平整，无裂缝、脱落、漏喷、露筋			
	4	表面平整度允许偏差	临时支护墙体为50mm，单一或复合墙体为30mm			
施工单位检查结果			专业工长： 项目专业质量检查员： 年 月 日			
监理单位验收结论			专业监理工程师： 年 月 日			

6.3 盾构法隧道

6.3.1 一般规定

1 本节适用于在软土及软岩中采用盾构掘进和拼装钢筋混凝土管片方法修建的区间隧道结构的施工及验收。

2 不同防水等级盾构隧道衬砌防水措施。

不同防水等级盾构隧道衬砌防水措施应按表 6.3.1 选用。

表 6.3.1 盾构隧道衬砌防水措施

防水措施		高精度管片	接缝防水				混凝土或其他内衬	外防水涂层
			弹性密封垫	嵌缝	注入密封胶	螺孔密封圈		
防水等级	1级	必选	必选	应选	宜选	必选	宜选	对混凝土有中等以上腐蚀的地层应选，在非腐蚀地层宜选
	2级	必选	必选	宜选	宜选	应选	局部宜选	对混凝土有中等以上腐蚀的地层宜选
	3级	应选	应选	宜选	—	宜选	—	对混凝土有中等以上腐蚀的地层宜选

3 管片、砌块防水混凝土的抗渗等级应等于隧道埋深水压力的 2～3 倍，且不得小于 S10。管片、砌块必须按设计要求经检验合格后方可使用。管片混凝土应进行氯离子扩散系数（RCM 法）或电通量（Q）的检测，氯离子扩散系数不应大于 $3.5\times10^{-12}m^2/s$，电通量不应大于 1000C，并宜进行管片的单块抗渗检漏。

6.3.2 施工准备

1 技术准备

参见本标准第 3.1.1 条中相关内容。

2 材料准备

防水混凝土、接缝密封垫、螺孔密封垫、管片外防水涂料。

3 主要机具

1）机械设备

搅拌筒、搅拌棒、电动搅拌器

2）主要机具

钢丝刷、平铲、凿子、锤子、砂布、砂纸、扫帚、小毛刷、皮老虎、吹风机、溶剂桶、刷子、棉纱、铁锅、铁桶或塑化炉、刮刀、腻子刀、嵌缝手动挤料枪、嵌缝电动挤料枪、灌缝车、鸭嘴壶、防污条、磅秤、安全防护用品。

4 作业条件

1）管片作业条件同防水混凝土作业条件。

2）防水层施工作业条件

（1）管片拱形（背部朝上）放置或竖式放置，以方便作业。

（2）管片结束水池养护或蒸气养护后晾干，使其表面湿度≤9%，宜通过混凝土表面测湿仪测定，也可采用简单方法测定。即是：将面积约 $1m^2$，厚度为 1.5mm～2mm 的橡胶板覆盖在基层面上，放置 2h～3h，如覆盖的基层表面无水印，紧贴基层一侧橡胶板又无凝结水印，则说明含水率已小于 9%，可以满足施工要求。

（3）露天作业时，应与气象部门联系，并作好必要的防雨准备。

6.3.3 材料质量控制

1 衬砌混凝土原料的要求

1）水泥

配制防水混凝土的水泥应采用强度不低于 32.5MPa 的普通硅酸盐水泥，且必须是国家规定的水泥厂生产的水泥，每批水泥进货应配有质量保证书，经检验合格后方可使用。不同的厂家生产的水泥不准混存、混用；水泥进库应按批、按类分别堆放整齐，每堆放高度不得超过 10 包，过期水泥不准使用。

2）砂

应采用中砂，每批黄砂进场时必须做材料分析，含泥量不大于3%（重量比）。

3）石子

粒径15mm～25mm，每批石子进场前必须做材料分析，含泥量不大于1%（重量比）。

4）钢筋

钢筋表面应洁净，不得有油漆、油渍、污垢。钢筋出现颗粒或片状锈蚀时不准使用。每批钢筋进场应配有质量保证书，经检验合格后方可使用。

5）掺入磨细粉煤灰或外掺剂时，必须有试验依据，以保证质量合格，掺量准确。

2 衬砌混凝土材料配合比

钢筋混凝土管片的标准配合比可参见表6.3.3。具体应经试验确定。

表6.3.3 管片混凝土配比

设计强度等级 σ_{cK} (N/mm^2)	水泥用量 C (kg/cm^3)	用水量 W (kg/m^3)	水灰比 W/C (%)	坍落度 (mm)	空气量 (%)	粗骨料最大尺寸 (mm)	细骨料率 (%)
C45	380	152	40	30～60	3～4	20	40
C45	380	148	39	30～60	3～4	20	40
C45	380	148	39	30～60	3～4	20	40
C45	380	148	39	30以下	3～4	25	40
C55	480	158	33	20～30	—	20	32

3 衬砌接缝—弹性密封垫、传力衬垫和螺孔密封圈材料要求

1）管片至少应设置一道密封垫沟槽。接缝密封垫宜选择具有合理构造形式、良好回弹性或遇水膨胀性、耐久性的橡类材料，其外形应与沟槽相匹配。弹性密封橡胶垫与遇水膨胀橡胶密封垫的性能应符合附录B中表B.3.5、表B.3.6的规定。

2）管片接缝密封垫应被完全压入密封垫沟槽内，密封垫沟槽的截面积应大于或等于密封垫的截面积，其关系宜符合下式规定：

$$A = (1 \sim 1.15)A_0$$

式中：A——密封垫沟槽截面积；

A_0——密封垫截面积。

3）密封垫的闭合压缩力数值应满足水密性与管片拼装的双重要求。

4）密封垫的外侧宜设置挡水条，挡水条的材质宜为遇水膨胀类材料，且管片设计时应预留定位槽。

5）螺孔防水应符合下列规定：

（1）片肋腔的螺孔口应设置锥形倒角的螺孔密封圈沟槽。

（2）螺孔密封圈的外形应与沟槽相匹配，并有利于压密止水或膨胀止水。在满足止水的要求下，其端面宜小。

6）管片外防水涂层应符合下列规定：

（1）宜采用环氧、改性环氧、水泥基渗透结晶型等材料。

（2）耐化学腐蚀性、抗微生物侵蚀性、耐水性、耐磨性良好，且无毒或低毒。

（3）在管片外弧面混凝土裂缝宽度达到 0.2mm 时，仍能抗最大埋深处水压，不渗漏。

（4）具有防杂散电流的功能，体积电阻率高。

（5）施工简便，且能在冬期操作。

7）衬砌接缝—弹性密封垫、传力衬垫和螺孔密封圈材料要求

（1）材料预检：弹性密封条和橡胶软木衬垫的检验分两个方面。材质，宜按期去生产厂抽取生胶料，制成试件委托检测单位进行技术指标测试；规格尺寸，宜每 20 环抽取“封顶”、“邻接”、“标准”各 1 条进行尺寸检测。

（2）材料存放：框形密封条出厂产品应标明“标”、“邻”、“缝”三种形式。在工地贮存期间亦应有规则地分类堆放，不得

乱放（包括楔形密封条、变形密封条及加厚橡胶带）。

（3）为避免密封垫挠曲、变形，粘贴前需将其置于40℃烘房烘热整形36h后再试用（烘房大小以能放置15环密封橡胶垫为宜）。

（4）橡胶软木衬垫（包括纠偏用楔子料）要分类存放。胶粘剂除应密封、干燥储存外，每批提货时应注意出厂期不超过半年。

6.3.4 施工工艺

1 工作流程

始发井结构施工→盾构选型生产→编制方案及交底→盾构出厂及拼装→盾构推进→压浆→监测

2 工艺流程

1）管片制作工艺流程：

配合比设计→原材料进场→计量搅拌→出机吊运→浇注捣实→抹面→养护→脱模转运→湿润养护→制品检查→制品存放→整环拼装 →整环检查→出厂

2）钢筋混凝土管片拼装工艺流程：

管片验收→运到拼装工地→编号、进行防水处理→底部管片就位→安装相邻管片→插入封顶管片→调整成环→拧紧螺栓

3）弹性密封垫、传力衬垫和螺孔密封圈施工工艺流程：

检验合格管片→管片翻身早强水泥修补缺陷→除泥灰（必要时刷外防水涂料于背面）→涂胶→密封垫沟槽（用膨胀橡胶时应涂缓膨胀剂）→橡胶软木板→表面去灰涂胶→粘贴纵缝→合格的框形密封垫整形→套入管片→翻转→涂胶→粘贴→木槌敲实→角部加贴自粘性丁基薄片→送井下→涂减磨剂→螺孔密封圈穿入螺栓→拼装

4）不定型密封材料嵌缝施工流程：

修补嵌缝槽→消除泥灰→调整工子条中腻子宽度→密封膏设置→工子条安设→配界面剂配乳胶水泥→十字接头加强处理→涂刷界面剂于作业位置→嵌填乳胶水泥→刮抹成型→检查→端口封

口→再修补

5）衬砌外防水涂层的施工工艺流程：

清除杂物→对衬砌空隙、裂纹、破损部位修补→按配比将涂料混合均匀刷冷底子油或直接刷底涂料→在第一度涂层后24h刷刮涂第二度涂层

6.3.5 施工操作要点

1 钢筋混凝土管片制作施工

钢筋混凝土管片制作应符合下列规定：

（1）应按设计要求进行结构性能检验，检验结果应符合设计要求。

（2）管片强度和抗渗等级以及混凝土氯离子扩散系数应符合设计要求。

（3）吊装预埋件首次使用前必须进行抗拉拔试验，试验结果应符合设计要求。

（4）管片不应存在露筋、孔洞、疏松、夹渣、有害裂缝、缺棱掉角、飞边等缺陷，麻面面积不得大于管片面积的5%。

（5）日生产每15环应抽取1片管片进行检验，允许偏差和检验方法应符合表6.3.4-1的规定。

表6.3.4-1 管片制作尺寸允许偏差和检验方法

项目	允许偏差（mm）	检验工具	检验数量
宽度	±1	卡尺	3点
弧长、弦长	±1	样板、塞尺	3点
厚度	+3，−1	钢卷尺	3点

（6）每生产200环管片后应进行水平拼装检验1次，其允许偏差和检验方法应符合表6.3.4-2的规定。

表6.3.4-2 管片水平拼装检验允许偏差和检验方法

项目	允许偏差（mm）	检验频率	检验工具
环向缝间隙	2	每缝测6点	塞尺

续表 6.3.4-2

项目	允许偏差（mm）	检验频率	检验工具
纵向缝间隙	2	每缝测 2 点	塞尺
成环后半径	±2	测 4 条（不放衬垫）	钢卷尺
成环后外径	+6，−2	测 4 条（不放衬垫）	钢卷尺

2 钢筋混凝土管片抗压和抗渗试验要求

1）抗压和抗渗试块制作应符合下列规定：

（1）直径 8m 以下隧道，同一配合比按每生产 10 环制作抗压试件一组，每生产 30 环制作抗渗试块一组。

（2）直径 8m 以上隧道，同一配合比按每工作台班制作抗压试件一组，每生产 10 环制作抗渗试块一组。

2）单块抗渗检漏应符合下列规定：

（1）检验数量：管片每生产 100 环应抽查 1 块管片进行检漏测试，连续 3 次达到检漏标准，则改为每生产 200 环抽查 1 块管片，再连续 3 次达到检漏标准，按最终检测频率为 400 环抽查 1 块管片进行检漏测试。如出现一次不达标，则恢复 100 环抽查 1 片管片的最初检漏频率，再按上述要求进行抽检。当检漏频率为每 100 环抽查 1 块时，如出现不达标，则双倍复检，如再出现不达标，必须逐块检漏。

（2）检漏标准：管片外表在 0.8MPa 水压力下，恒压 3h，渗水进入管片外背高度不超过 50mm 为合格。

3 钢筋混凝土管片拼装施工

1）管片验收合格后方可运至工地，拼装前应编号并进行防水处理。

2）管片拼装顺序应先就位底部管片，然后自下而上左右交叉安装，每环相邻管片应均匀摆放并控制环面平整度和封口尺寸，最后插入封顶管片成环。

3）管片拼装后螺栓应拧紧，环向及纵向螺栓应全部穿进。

4 管片接缝防水施工

1）管片至少设置一道密封垫沟槽，粘贴密封垫前应将槽内清理干净。

2）密封垫应粘贴牢固，平整、严密，位置正确，不得有起鼓、超长和缺口现象。

3）管片拼装前应逐块对粘贴的密封垫进行检查，拼装时不得损坏密封垫。有嵌缝防水要求的，应在隧道基本稳定后进行。

4）管片拼装接缝连接螺栓孔之间应按设计加设螺孔密封圈。必要时，螺栓孔与螺栓间应采取封堵措施。

5 管片外防水涂层施工

1）铲除浮浆杂物，清洗油污、沥青、油性涂料。对空隙、裂缝、破损部位应采用同标号水泥砂浆、混凝土进行修复。

2）按规定的配比要求，将涂料混合搅拌均匀。

3）按规定的要求涂刷（或喷涂、滚刷）冷底子油或直接涂刷底涂料。

4）涂刷时要均匀一致，不得过厚或过薄。为确保涂膜厚度，用单位面积用量和厚度仪两种手段控制。

5）常在第一道涂层后24h刮涂第二道涂层，涂刷的方向必须和第一道的涂刮方向垂直。重涂时间的间隔与涂料品种有很大关系。如果面层与底层分别采用两类涂料，则按各自不同的工艺条件实施，同时必须注意两层之间的结合。

6 弹性密封垫、传力衬垫和螺孔密封圈施工操作要点

1）冬期框形密封条整形时，密封垫会因堆放时的绕曲而走形，需先经烘房恒温，使其套入管片时服贴。

2）管片混凝土面与橡胶面分别涂胶。

3）涂胶时密封垫要涂满，软木橡胶用“四边加斜十字涂”，相应混凝土亦同。涂胶量约200g/m^2，涂刷工具可用由油漆刀改制的刀头（呈锯齿状）。

4）若胶粘剂开封后溶剂挥发变稠，可边加入溶剂边搅拌稀释。采用单面涂胶的直接粘结法：即混凝土面单面涂胶，凉置一段时间（一般10min～15min，随气温、湿度而异，以接触不粘

为宜）。

5）粘合前再次检查是否所有粘结面已均匀涂胶，如漏涂则要补涂，粘贴时注意四个角部密封垫位置不可“耸肩”或“塌肩”，整个密封垫表面应在同一平面上，谨防歪斜或扭曲。

6）套框和混凝土粘结时，一旦粘合就不可重行揭开，以免粘结强度受影响，故检查平整后应一次到位。由于实际加工的密封垫纵向、环向长度比管片上设置的密封垫沟槽短，为粘贴就位时恰到好处，应先正确定位，粘合四个角部后再粘合中间。

7）粘合后用小木槌扣击，凡“露肩”或稍有隆起处要叩击密贴。

8）粘合后应养护24h后方可运往井下拼装。如为遇水膨胀橡胶，还应加涂缓膨胀剂于橡胶密封垫表面（尤其是拱底块）。

9）传力衬垫粘结在管片上后不得脱胶、翘边、歪斜现象。传力衬垫粘合在管片纵肋面时，应注意螺孔的位置，为此需事先在螺孔位置的衬垫板上开设大于螺孔的孔洞，并正确就位。

10）为加强T字缝和十字缝接头的防水，宜在管片密封垫的角部位置，加贴自粘性丁基胶腻子薄片。加贴时应注意正确排布，以满足角部每条缝中有一层薄片，从而起到填平密封作用。

11）下井前应再次检查几种防水材料粘结是否良好，有无脱、翘处，若有再补粘。

7 不定型密封材料嵌缝施工操作要点

1）如嵌填水膨胀腻子、密封胶类密封材料、外封聚合物水泥、合成纤维水泥类加固材料，应先嵌填密封材料，不得外溢或翘露。若用有控制膨胀材料，也应同样填塞密实。若单用密封胶，则应两面粘结。

2）外封加固材料可以直接填塞于嵌缝槽面层，也可加封于嵌缝槽两侧。为提高它与管片混凝土基层的粘结力，宜于结合面先涂刷混凝土界面处理剂处理。

3）YJ－302型界面处理剂涂刷2h～4h内，即应做外封加固材料。若已超过时间，则应重新涂刷。

4）外封加固材料应严格按设计要求的外形和尺寸施工，以利于密封和防裂。拱顶部的外封加固材料应能速凝，以免坠落。

5）直接用外封加固材料作嵌缝密封材料时，亦可参考上述作业方式。

6）应保证十字接头处密封材料的紧密结合，保持防水的连续性和整体性。

6.3.6 成品保护

1 保证钢筋、模板的位置正确，防止踩踏钢筋和碰坏模板支撑。

2 保护好预埋穿墙管、电线管、电线盒、预埋铁件及止水片（带）的位置正确，并固定牢靠，防止振捣混凝土时碰动，造成位移、挤偏和表面铁件陷进混凝土内。

3 在拆模和吊运其他物件时，应避免碰坏施工缝接口和损坏止水片（带）。

4 按要求进行混凝土养护。

5 操作人员应按作业顺序作业，避免过多在已施工的涂膜层上走动，同时工人不得穿带钉子鞋操作。

6 穿过地面、墙面等处的管根、地漏，应防止碰损、变位。地漏、排水口等处应保持畅通，施工时应采取保护措施。

7 涂膜防水层未固化前不允许上人作业。干燥固化后应及时做保护层，以防破坏涂膜防水层，造成渗漏。

8 涂膜防水层施工时，应注意保护门窗、墙壁等成品，防止污染。

9 严禁在已做好的防水层上堆放物品，尤其是金属物品。

6.3.7 安全、环保措施

1 安全措施

1）混凝土搅拌机及配套机械作业前，应进行无负荷试运转，运转正常后再开机工作。

2）搅拌机、皮带机、卷扬机等应有专用开关箱，并装有漏电保护器。停机时应拉断电闸，下班时应上锁。

3）混凝土振动器操作人员应穿胶鞋、戴绝缘手套，振动器应有防漏电装置，不得挂在钢筋上操作。

4）使用钢模板，应有导电措施，并设接地线，防止机电设备漏电，造成触电事故。

5）工作人员应穿工作服，戴安全帽、手套、口罩等劳保用品。

6）管片应支设稳固，防止倾覆。

7）施工场所应通风良好。

8）材料应贮存在阴凉、远离火源的地方。

9）本施工中无低毒以上药品，对人体呼吸道、消化道、皮肤无严重危害。

10）由于防水材料为有机物，整个场地应备有消防器材。有关烘箱设备使用和行车吊运安全条例，应执行有关规定。

11）工作场所严禁吸烟和进食，施工场地应备卫生箱。

2 环保措施

1）施工现场的废物垃圾要及时清理，按环保要求运至指定的地点。

2）施工现场的作业面要保持清洁，道路要稳固通畅，保证无污物和积水。

3）水泥和其他易飞扬的细颗粒散体材料，应安排在库内存放或严密遮盖，运输时要防止遗洒、飞扬，卸运时应采取有效措施，以减少扬尘。

4）对无法使用商品混凝土的工地，应在搅拌设备上安装除尘装置，减少搅拌扬尘。

5）工地污水的排放要做到生活用水和施工用水的分离，严格按市政和市容处理。

6）凡在居民稠密区进行强噪声作业的，必须严格控制作业时间，一般不得超过22：00，特殊情况需连续作业的，应尽量采取降噪措施，做好周围群众工作，并报工地所在区、县环保局备案后方可施工。

7）对于影响周围环境的工程安全防护设施，要经常检查维护，防止由于施工条件的改变或气候的变化影响其安全性。

8）在工程施工过程中，重视附近已有文物及地下文物（未挖掘）的保护工作。

6.3.8 质量标准

Ⅰ 主 控 项 目

1 盾构隧道衬砌所用防水材料必须符合设计要求。

检验方法：检查产品合格证、产品性能检测报告和材料进场检验报告。

2 钢筋混凝土管片的抗压强度和抗渗性能必须符合设计要求。

检验方法：检查混凝土抗压、抗渗性能检验报告和管片单块检漏测试报告。

3 盾构隧道衬砌的渗漏水量必须符合设计要求。

检验方法：观察检查和检查渗漏水检测记录。

Ⅱ 一 般 项 目

1 管片接缝密封垫及其沟槽的断面尺寸应符合设计要求。

检验方法：观察检查和检查隐蔽工程验收记录。

2 密封垫在沟槽内应套箍和粘贴牢固，不得歪斜、扭曲。

检验方法：观察检查。

3 管片嵌缝槽的深宽比及断面构造形式、尺寸应符合设计要求。

检验方法：观察检查和检查隐蔽工程验收记录。

4 嵌缝材料嵌填密实、连续、饱满，表面平整，密贴牢固。

检验方法：观察检查。

5 管片环向及纵向螺栓全部穿进并拧紧。衬砌内表面的外露铁件防腐处理应符合设计要求。

检验方法：观察检查。

6.3.9 质量验收

1 检验批的验收由监理工程师或建设单位项目技术负责人组织项目专业质量检查员等进行验收。

2 盾构法隧道的施工质量检验数量，应按每连续5环抽查1环，且不得少于3环。

3 当地方标准有统一规定时，按当地标准执行。当地方无统一标准时，检验批质量验收记录宜采用表6.3.9“盾构法隧道检验批质量验收记录表”。

表 6.3.9 盾构法隧道检验批质量验收记录表

编号：______

<table>
<tr><td colspan="3">单位（子单位）工程名称</td><td></td><td>分部（子分部）工程名称</td><td></td><td>分项工程名称</td><td></td></tr>
<tr><td colspan="3">施工单位</td><td></td><td>项目负责人</td><td></td><td>检验批容量</td><td></td></tr>
<tr><td colspan="3">分包单位</td><td></td><td>分包单位项目负责人</td><td></td><td>检验批部位</td><td></td></tr>
<tr><td colspan="3">施工依据</td><td colspan="2"></td><td>验收依据</td><td colspan="2">《地下防水工程质量验收规范》GB 50208-2011</td></tr>
<tr><td colspan="4">验收项目</td><td>设计要求及规范规定</td><td>最小/实际抽样数量</td><td>检查记录</td><td>检查结果</td></tr>
<tr><td rowspan="3">主控项目</td><td>1</td><td colspan="2">防水材料质量</td><td colspan="2">符合设计要求</td><td></td><td></td></tr>
<tr><td>2</td><td colspan="2">管片抗压、抗渗</td><td colspan="2">符合设计要求</td><td></td><td></td></tr>
<tr><td>3</td><td colspan="2">隧道衬砌渗漏水量</td><td colspan="2">符合设计要求</td><td></td><td></td></tr>
<tr><td rowspan="4">一般项目</td><td>1</td><td colspan="2">管片接缝密封垫及沟槽的断面尺寸</td><td colspan="2">符合设计要求</td><td></td><td></td></tr>
<tr><td>2</td><td colspan="2">密封垫</td><td colspan="2">在沟槽内应套箍和粘贴牢固，不得歪斜、扭曲</td><td></td><td></td></tr>
<tr><td>3</td><td colspan="2">管片嵌缝槽的深宽比及断面构造形式、尺寸</td><td colspan="2">符合设计要求</td><td></td><td></td></tr>
<tr><td>4</td><td colspan="2">嵌缝材料</td><td colspan="2">嵌填密实、连续、饱满，表面平整，密贴牢固</td><td></td><td></td></tr>
</table>

续表 6.3.9

验收项目			设计要求及规范规定	最小/实际抽样数量	检查记录	检查结果
一般项目	5	管片环向及纵向螺栓	全部穿进并拧紧			
	6	衬砌内表面的外露铁件防腐处理	符合设计要求			
施工单位检查结果			专业工长： 项目专业质量检查员： 年　月　日			
监理单位验收结论			专业监理工程师： 年　月　日			

6.4 沉　　井

6.4.1 一般规定

1 本节适用于工业与民用建筑的地下工程，可用于各类钢筋混凝土筒身的防水施工，如工业与民用建筑的深坑、地下室、水泵房、设备深基础、桥墩、码头等沉井工程。

2 沉井结构应采用防水混凝土浇筑。沉井分段制作时，施工缝的防水措施应符合本标准第 5.1 节的有关规定；固定模板的螺栓穿过混凝土井壁时，螺栓部位的防水处理应符合本标准第 5.5.4 条的规定。

3 沉井干封底施工应符合下列规定：

1）沉井基底土面应全部挖至设计标高，待其下沉稳定后再将井内积水排干。

2）清除浮土杂物，底板与井壁连接部位应凿毛、清洗干净或涂刷混凝土界面处理剂，及时浇筑防水混凝土封底。

3）在软土中封底时，宜分格逐段对称进行。

4）封底混凝土施工过程中，应从底板上的集水井中不间断地抽水。

5）地下水位应降至底板底高程 500mm 以下，封底混凝土达到设计强度后，且沉井内部结构完成并满足抗浮要求后，方可停止抽水。集水井的封堵应采用微膨胀混凝土填充捣实，并用法兰、焊接钢板等方法封平。

4 沉井水下封底施工应符合下列规定：

1）井底应将浮泥清除干净，并铺碎石垫层。

2）底板与井壁连接部位应冲刷干净。

3）封底宜采用水下不分散混凝土，其坍落度宜为 180mm～220mm。

4）封底混凝土应在沉井全部底面积上连续均匀浇筑，浇筑时导管插入混凝土深度不宜小于 1.5m。

5）封底混凝土达到设计强度后，方可从井内抽水，并应检查封底质量，对渗漏水部位应进行堵漏处理。

5 防水混凝土底板应连续浇筑，不得留设施工缝；底板与井壁接缝处的防水处理应符合本标准第 5.1 节的有关规定。

6 沉井与其他地下工程连接时，应先封住井壁外侧含水层的渗水通道。

6.4.2 施工准备

1 技术准备

参见本标准第 3.1.1 条中相关内容。

2 材料准备

防水混凝土、施工缝防水设防、螺孔密封垫、法兰盘盖、ϕ600～ϕ800 带钢或混凝土钢外包铁丝网。

3 主要机具

1）沉井制作机具设备包括模板、钢筋加工常规机具设备、混凝土搅拌机、自卸汽车、机动翻斗车、手推车、插入式振动器等。

2）沉井下沉机具设备包括履带式起重机、塔式起重机、出土吊斗等。

3）排水机具设备包括离心式水泵或潜水泵。

4 作业条件

1）场地已平整至要求标高，按施工要求排除地面及地面3m以内的障碍物。

2）按施工总平面图布置，临时设施、临时水电、排水沟、安装设备等已试运转正常。

3）按设计总图和沉井平面布置要求，已设置测量控制网和水准基点，进行定位放线，定出沉井中心轴线和基坑轮廓线，作为沉井制作和下沉定位的依据。

6.4.3 材料质量控制

混凝土

1）沉井结构的混凝土强度等级应按立方体抗压强度标准值确定。干式沉井主体结构的混凝土强度不应低于C25，湿式沉井主体结构的混凝土强度不应低于C20。

2）水下封底混凝土强度等级不应低于C20。

3）凡有抗渗要求的沉井，井壁和底板混凝土的抗渗等级应通过试验确定，并应符合表6.4.3-1的规定。

表6.4.3-1 混凝土抗渗等级 *Pi*

最大水头与混凝土壁板厚度比值 i_w	抗渗等级 *Pi*
＜10	P4
10～30	P5
＞30	P6

注：混凝土抗渗等级 *Pi* 系指，龄期为28d的混凝土试件，施加 $i\times0.1$MPa水压力后满足不渗水的指标，其中 i 为4，6，8。

4）最冷月平均气温低于−3℃的地区，外露的井壁混凝土应具有良好的抗冻性能，并应按表6.4.3-2的规定采用。抗冻混凝土用水泥不得不采用火山灰硅酸盐水泥和粉煤灰硅酸盐水泥。

表6.4.3-2　混凝土抗冻等级*Fi*

最冷月平均气温	冻融循环次数	
	≥100	＜100
＜−10℃	F300	F250
−3℃～−10℃	F250	F200

注：1　混凝土抗冻等级*Fi*系指，龄期为28d的混凝土试件，在进行相应冻融循环总次数*i*次作用后，其强度降低不大于25%，重量损失不超过5%；

2　气温应根据连续5年以上的实测资料，统计其平均值确定；

3　冻融循环总次数系指一年内气温从＋3℃以上降至−3℃以下，然后回升至＋3℃以上的交替次数；对于地表水取水头部，尚应考虑一年中月平均气温低于−3℃期间，因水位涨落而产生的冻融交替次数，此时水位每涨落一次应按一次冻融计算。

6.4.4　施工工艺

1　工作流程

探明地质→清理及平整场地→设备及辅助设施选型→方案编制交底→场地处理→沉井分节→铺垫、支撑、立模、绑扎钢筋→沉井混凝土浇筑、养生、拆模→沉井下沉

2　工艺流程

1）沉井制作工艺流程

（1）就地浇筑沉井：场地平整→放线→（开挖基坑）→砂垫层→垫木或挖刃脚上模→素混凝土垫层→支设内模（土模、木模）→绑扎钢筋（设水管、气幕管）→立外模（气幕口）→浇筑混凝土、养护

（2）浮式沉井：锚锭、导向，准备起吊设备和钢刃脚、钢壳→底节钢壳沉井拼装→起吊、沉船、滑道下水→浮运到位→悬浮状态下接高及下沉→精确定位→注水下沉（放气落底）→中心对

称、分仓排水（气筒充气）浇筑混凝土

2）沉井下沉工艺流程

（1）水中（排水）挖土下沉：下沉准备工作→设置垂直运输机械、排水泵，挖排水沟、集水井→挖土下沉→观测→纠偏→沉至设计标高、核对标高→降水→设集水井、铺设封底垫层→底板防水→绑底板钢筋、隐检→底板浇筑混凝土→施工内隔墙、梁、板、顶板、上部建筑及辅助设施→回填土

（2）助沉措施：加压、抽水、炮振、射水、泥浆套、空气幕。

3）沉井封底

（1）干封底：井壁凹槽新老混凝土接触面凿毛、冲刷干净→素混凝土垫层→混凝土底板（预留集水井）→抽水→集水井封堵→混凝土找平

（2）水下封底：井底浮泥清除→井壁凹槽新老混凝土接触面冲刷干净→浇筑水下混凝土封底→抽水→排水封底法施工上部底板混凝土→养护

6.4.5 施工要点

1 沉井制作施工

1）当地基强度较低、经计算垫木需用量较多，铺设过密时，应在垫木下设砂层加固，以减少垫木数量。

2）承载垫木数量根据沉井第一节浇筑的重量及地基承载力而定，垫木的间距一般为0.5m～1.0m。当沉井为分节浇筑一次下沉时，在允许产生沉降时，砂浆垫层的承载力可以提高，但不得超过木材强度。

3）沉井的制作有一次制作和多节制作，地面制作及基坑等方案。沉井高度在10m以内可一次制作，一次下沉。沉井分段制作时，施工缝的防水措施应符合本标准第5.1节的要求。采用基坑中制作，基坑应比沉井宽2m～3m，四周设排水沟、集水井，使地下水位降至比基坑底面低0.5m，挖出的土方在周围筑堤挡水，要求护堤宽度不少于2m。

4）混凝土浇筑完毕后12h内对混凝土表面覆盖和浇水养护，井壁侧模拆除后应悬挂草袋并浇水养护，每天浇水次数应能保持混凝土处于湿润状态。浇水养护时间，当混凝土采用硅酸盐水泥、普通硅酸盐水泥或矿渣硅酸盐水泥时不得少于7d，当混凝土内掺用缓凝型外加剂或有抗渗要求时不得少于14d。

5）有抗渗要求的，固定模板用的螺栓中间设止水环，具体防水措施应符合本标准第4.4.1条的要求。

2 沉井下沉

1）下沉前应进行井壁外观检查，检查混凝土强度及抗渗等级，并根据勘测报告计算极限承载力，计算沉井下沉的分段摩阻力及分段的下沉系数（≥1.15～1.25），作为判断每个阶段可否下沉，是否会出现突沉以及确定下沉方法及采取措施的依据。

2）下沉前应分区、分组、依次、对称、同步的抽除（拆除）刃脚下的垫架（砖垫座），每抽出一根垫木后，在刃脚下立即用砂、卵石或砾砂填实。

3）小型沉井挖土多采用人工或风动工具；大型沉井，在井内用小型反铲挖土机挖掘。挖土须分层、对称、均匀地进行，一般在沉井中间开始逐渐挖向四周，每层高0.4m～0.5m，沿刃脚周围保留0.5m～1.5m宽的土堤，然后沿沉井壁，每2m～3m一段向刃脚方向逐层全面、对称、均匀的削薄土层，每次削5cm～10cm，当土层经不住刃脚的挤压而破裂，沉井便在自重作用下均匀垂直挤土下沉，使不产生过大倾斜。各仓土面高差应在50cm以内。

4）在挖土下沉过程中，工长、测量人员、挖土工人应密切配合，加强观测，及时纠偏。

5）沉井下沉多采用排水挖土下沉方法，常用方法是：设明沟、集水井排水，在沉井内离刃脚2m～3m挖一圈排水明沟，设3～4个集水井，深度比开挖面底部低1.0m～1.5m，沟和井底深度随沉井挖土而不断加深。在井壁上设离心式水泵或井内设潜水泵，将地下水排出井外。当地质条件较差，有流砂发生的情况，可在沉井外部周围设置轻型井点、喷射井点或深井井点以降低地下水位，或采用井点与明沟排水相结合的方法进行降水。

6）沉井下沉观测方法为在沉井外壁周围弹水平线，井筒内按 4 等分或 8 等分标出垂直轴线，各吊线坠一个，对准下部标板来控制。观测时间，每班三次，接近设计标高时两小时一次。随时掌握分析观测数值，当线坠偏离垂线达 50mm 或标高差在 100mm，应立即纠正。挖土过程中可通过调整挖土标高或劳动力进行纠偏。

7）筒壁下沉时，外测土会随之出现下陷，与筒壁间形成空隙，一般干筒壁外侧填砂，保持不少于 30cm 高，随下沉灌入空隙中，以减小下沉的摩阻力，并减少了以后的清淤工作。雨期应在填砂外侧作挡水堤，以阻止雨水进入空隙，防止出现筒壁外的摩阻力接近于零，而导致沉井突沉或倾斜的现象。

8）沉井下沉接近设计标高时，应加强观测，防止超沉。可在四角或筒壁与底梁交接处砌砖墩或垫枕木垛，使沉井压在砖墩或枕木垛上，使沉井稳定。

9）沉井下沉出现倾斜，如调整挖土仍不能纠正时，可加荷调整，但若一侧已到设计标高，则直采用旋转喷射高压水的方法，协助下沉进行纠偏。

10）沉井挖出之土方用吊斗吊出，运往弃土场，不得堆在沉井附近。

11）当采用射水下沉法辅助沉井下沉时，预埋冲刷管组防水措施应符合本标准 5.4 节的有关规定。

3 沉井封底施工

1）沉井下沉至设计标高，再经 2d～3d 下沉稳定，或经观测在 8h 内累计下沉量不大于 10mm，即可进行封底。

2）封底前应先将刃脚处新旧混凝土接触面冲洗干净或打毛，对井底进行修整使之成锅底形，由刃脚向中心挖放射形排水沟，填以卵石作成滤水盲沟，在中部设 2～3 个集水井与盲沟连通，使井底地下水汇集于集水井中用潜水电泵排出，保持水位低于基底面 0.5m 以下。

3）封底一般铺一层 150mm～500mm 厚卵石或碎石层，再在其上浇一层混凝土垫层，在刃脚下切实填严，振捣密实，以保证沉井的最后稳定，达到 50％强度后，在垫层上铺卷材防水层，绑钢筋，两端伸入刃脚或凹槽内，浇筑底板混凝土。

4）混凝土浇筑应在整个沉井面积上分层、不间断地进行，由四周向中央推进，并用振动器捣实，当井内有隔墙时，应前后左右对称地逐孔浇筑。

5）混凝土养护期间应继续抽水，待底板混凝土强度达到 70％后，对集水井逐个停止抽水，逐个封堵。封堵方法是将集水井中水抽干，在套管内迅速用干硬性混凝土填塞并捣实，然后上法兰盘用螺栓拧紧或四周焊接封闭，上部用混凝土垫实捣平。

6.4.6 成品保护

1 保证钢筋、模板的位置正确，防止踩踏钢筋和碰坏模板支撑。

2 保护好预埋铁件及止水片（带）的位置正确，并固定牢靠，防止振捣混凝土时碰动，造成位移、挤偏和表面铁件陷进混凝土内。

3 在拆模和吊运其他物件时，应避免碰坏施工缝接口和损坏止水片（带）。

4 按要求进行混凝土养护。

6.4.7 安全、环保措施

1 安全措施

1）混凝土搅拌机及配套机械作业前，应进行无负荷试运转，运转正常后再开机工作。

2）搅拌机、皮带机、卷扬机等应有专用开关箱，并装有漏电保护器；停机时应拉断电闸，下班时应上锁。

3）混凝土振动器操作人员应穿胶鞋、戴绝缘手套，振动器应有防漏电装置，不得挂在钢筋上操作。

4）使用钢模板，应有导电措施，并设接地线，防止机电设备漏电，造成触电事故。

5）工作人员应穿工作服，戴安全帽、手套、口罩等劳保用品。

6）管片应支设稳固，防止倾覆。

7）施工场所应通风良好。

8）材料应贮存在阴凉、远离火源的地方。

9）本施工中无低毒以上药品，对人体呼吸道、消化道、皮肤无严重危害。

10）由于防水材料为有机物，整个场地应备有消防器材。有关烘箱设备使用和行车吊运安全条例，应执行有关规定。

11）工作场所严禁吸烟和进食，施工场地应备卫生箱。

2 环保措施

1）施工现场的废物垃圾要及时清理，按环保要求运至指定的地点。

2）施工现场的作业面要保持清洁，道路要稳固通畅，保证无污物和积水。

3）水泥和其他易飞扬的细颗粒散体材料，应安排在库内存放或严密遮盖，运输时要防止遗洒、飞扬，卸运时应采取有效措施，以减少扬尘。

4）对无法使用商品混凝土的工地，应在搅拌设备上安装除尘装置，减少搅拌扬尘。

5）工地污水的排放要做到生活用水和施工用水的分离，严格按市政和市容处理。

6）凡在居民稠密区进行强噪声作业的，必须严格控制作业时间，一般不得超过 22：00，特殊情况需连续作业的，应尽量采取降噪措施，做好周围群众工作，并报工地所在区、县环保局备案后方可施工。

7）对于影响周围环境的工程安全防护设施，要经常检查维护，防止由于施工条件的改变或气候的变化影响其安全性。

8）在工程施工过程中，重视附近已有文物及地下文物（未挖掘）的保护工作。

6.4.8 质量标准

Ⅰ 主 控 项 目

1 沉井混凝土的原材料、配合比及坍落度必须符合设计要求。

检验方法：检查产品合格证、产品性能检测报告、计量措施和材料进场检验报告。

2 沉井混凝土的抗压强度和抗渗性能必须符合设计要求。

检验方法：检查混凝土抗压、抗渗性能检验报告。

3 沉井的渗漏水量必须符合设计要求。

检验方法：观察检查和检查渗漏水检测记录。

Ⅱ 一 般 项 目

1 沉井干封底和水下封底的施工应符合本标准第 6.4.1 第 4 条、第 5 条的规定。

检验方法：观察检查和检查隐蔽工程验收记录。

2 沉井底板与井壁接缝处的防水处理应符合设计要求。

检验方法：观察检查和检查隐蔽工程验收记录。

6.4.9 质量验收

1 检验批的验收由监理工程师或建设单位项目技术负责人组织项目专业质量检查员等进行验收。

2 沉井分项工程检验批的抽样检验数量，应按混凝土外露面积每 $100m^2$ 抽查 1 处，每处 $10m^2$，且不得少于 3 处。

3 当地方标准有统一规定时，按当地标准执行。当地方无统一标准时，检验批质量验收记录宜采用表 6.4.9“沉井防水施工检验批质量验收记录表”。

表 6.4.9 沉井防水施工检验批质量验收记录表

编号：______

单位（子单位）工程名称			分部（子分部）工程名称		分项工程名称		
施工单位			项目负责人		检验批容量		
分包单位			分包单位项目负责人		检验批部位		
施工依据				验收依据	《地下防水工程质量验收规范》GB 50208－2011		
验收项目			设计要求及规范规定	最小/实际抽样数量	检查记录		检查结果
主控项目	1	防水材料质量	符合设计要求				
主控项目	2	沉井抗压、抗渗	符合设计要求				
主控项目	3	沉井渗漏水量	符合设计要求				
一般项目	1	沉井干封底和水下封底的施工	符合标准 6.4.1 条第 4 款、第 5 款规定				
一般项目	2	沉井底板与井壁接缝处的防水处理	符合设计要求				
施工单位检查结果			专业工长： 项目专业质量检查员： 年　月　日				
监理单位验收结论			专业监理工程师： 年　月　日				

6.5 逆筑结构

6.5.1 一般规定

1 本节适用于地下连续墙为主体结构或地下连续墙与内衬

构成复合式衬砌进行逆筑法施工的地下工程。

2 地下连续墙为主体结构逆筑法施工应符合下列规定：

1）地下连续墙墙面应凿毛、清洗干净，并宜做水泥砂浆防水层。

2）地下连续墙与顶板、中楼板、底板接缝部位应凿毛处理，施工缝的施工应符合本标准第 5.1 节的有关规定。

3）钢筋接驳器处宜涂刷水泥基渗透结晶型防水涂料。

3 地下连续墙与内衬构成复合式衬砌逆筑法施工除应符合本标准第 6.5.1 条第 2 款的规定外，尚应符合下列规定：

4 内衬墙垂直施工缝应与地下连续墙的槽段接缝相互错开 2.0m～3.0m。

5 底板混凝土应连续浇筑，不宜留设施工缝。底板与桩头接缝部位的防水处理应符合本标准第 5.7 节的有关规定。

6 底板混凝土达到设计强度后方可停止降水，并应将降水井封堵密实。

7 逆筑法施工接缝防水构造形式见图 6.5.1。

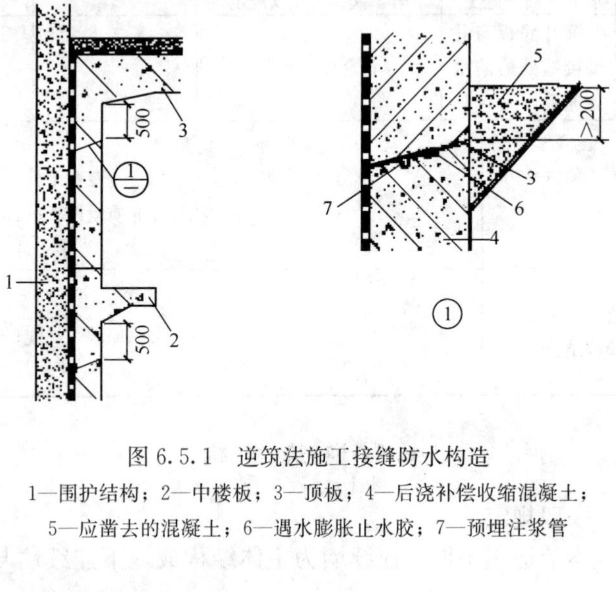

图 6.5.1 逆筑法施工接缝防水构造

1—围护结构；2—中楼板；3—顶板；4—后浇补偿收缩混凝土；5—应凿去的混凝土；6—遇水膨胀止水胶；7—预埋注浆管

8 逆筑结构的侧墙施工缝内表面宜采用聚合物水泥防水砂浆、聚合物水泥防水涂料或水泥基渗透结晶型防水涂料进行防水处理。

6.5.2 施工准备

1 技术准备

参见本标准第 3.1.1 条中相关内容。

2 材料准备

防水混凝土。

3 主要机具

1）地下连续墙施工机具见本标准第 6.2 节。

2）模板、钢筋加工常规机具设备、混凝土搅拌机、自卸汽车、机动翻斗车、手推车、插入式振动器等。

3）出土机具设备包括挖机、出土吊斗、渣土车等。

4 作业条件

1）场地已平整至要求标高，按施工要求排除地面及地面 3m 以内的障碍物。

2）按施工总平面图布置，临时设施、临时水电、排水沟、安装设备等已试运转正常。

3）按设计总图和平面布置要求，已设置测量控制网和水准基点，进行定位放线。

6.5.3 材料质量控制

见本标准第 4.1.3 条防水混凝土材料质量控制。

6.5.4 施工工艺

1 工作流程

地质勘探→方案编制及交底→支护结构施工→中间支撑柱及基础施工→土方开挖→底板施工→养护

2 工艺流程

施工围护墙→施工中间支承柱→土方开挖→顺作梁板结构（全逆作法）或肋梁（半逆作法）→逐层向下开挖土方，施工各层地下结构→底板施工

6.5.5 施工操作要点

1）围护墙与结构外墙相结合的工艺

防水做法见第 6.2 节地下连续墙。

2）支撑体系与结构楼板相结合的工艺

出土进料口：

①梁板结构体系的孔洞一般开设在梁间，并在首层孔洞边梁周边预留止水片，逆作法结束后在浇筑封闭。

②在无梁楼盖上设置施工孔洞时，一般需设置边梁并在首层孔洞边梁周边附加止水构造。

3）后浇带与沉降缝位置的构造处理

见本标准第 5.4.2 条和第 5.4.3 条相关规定。

4）水平结构和临时围护墙的连接

（1）边跨结构存在二次浇注的工序要求，逆作阶段先施工的边梁与后浇筑的边跨结构接缝处应采取止水措施。若顶板有防水要求，可先凿毛边梁与后浇筑结构顶板的接缝面，然后通长布置遇水膨胀止水条；也可在接缝处设注浆管，待结构达到强度后注浆充填接缝处的微小缝隙。

（2）周边设置的临时支撑穿越外墙，应在对临时支撑穿越外墙位置采取设置止水钢板或止水条的措施，也可在临时支撑处留洞，洞口设置止水钢板，待支撑拆除后再封闭洞口。

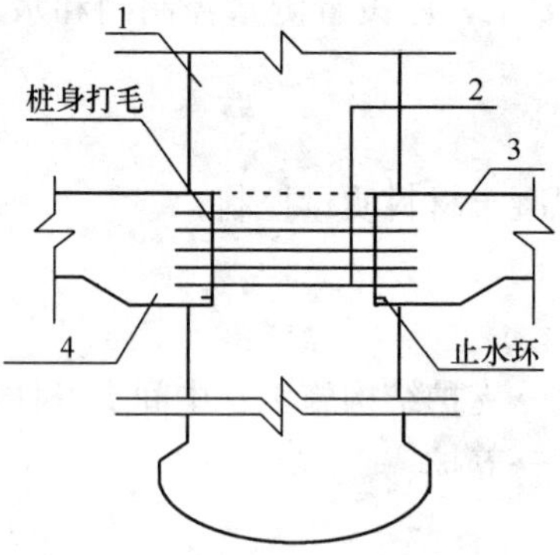

图 6.5.5-1 挖孔桩和基础底板的连接

1—挖孔桩；2—桩中预埋拉结筋；3—基础底板；4—底板局部加厚

5）底板与钢立柱连接处的止水构造

钢立柱在底板位置应设置止水构件以防止地下水上渗，在钢立柱周边加焊止水钢板，做法详见图 6.5.5-1、图 6.5.5-2。

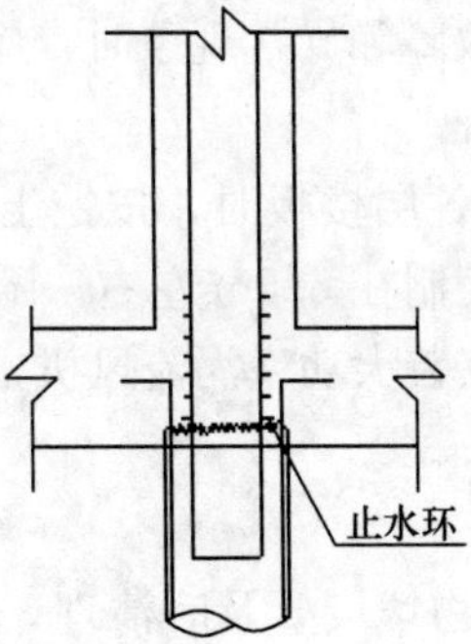

图 6.5.5-2　钢管混凝土立柱和底板及灌注桩的连接

6.5.6　成品保护

1　保护好预埋铁件及止水片（带）的位置正确，并固定牢靠，防止振捣混凝土时碰动，造成位移、挤偏和表面铁件陷进混凝土内。

2　挖土、出土过程中注意对格构柱或钢管柱做好保护，避免碰撞。

6.5.7　安全、环保措施

1　安全措施

1）施工前，做好地质勘察和调查研究，掌握地质和地下埋设物情况，清除 3.0m 以内的地下障碍物、电缆、管线等，以保证安全操作。

2）操作人员应熟悉成槽机械设备性能和工艺要求，严格执行各专用设备使用规定和操作规程。

3）地下施工动力、照明线路设置专用的防水线路，并埋设在楼板、梁、柱等结构中，专用的防水电箱应设置在柱上，不得随意挪动。

4）随着地下工作面的推进，自电箱至各电器设备的线路均需采用双层绝缘电线，并架空铺设在楼板底。施工完毕应及时收拢架空电线，并切断电箱电源。

5）所有机械设备必须有专人专机，严格执行交接班制度和机具保养制度，发现故障和异常现象时，应及时排除，并通知有关专业人员维修和处理。

6）在浇筑地下室各层楼板时，按挖土行进路线应预先留设通风口，通风口间距控制在 8.5m 左右。随着作业面推进，当露出通风口后即应及时安装大功率涡流风机，并启动风机向地下施工操作面送风。

2 环保措施

1）施工现场的废物垃圾要及时清理，按环保要求运至指定的地点。

2）施工现场的作业面要保持清洁，道路要稳固通畅，保证无污物和积水。

3）水泥和其他易飞扬的细颗粒散体材料，应安排在库内存放或严密遮盖，运输时要防止遗洒、飞扬，卸运时应采取有效措施，以减少扬尘。

4）对无法使用商品混凝土的工地，应在搅拌设备上安装除尘装置，减少搅拌扬尘。

5）工地污水的排放要做到生活用水和施工用水的分离，严格按市政和市容处理。

6）凡在居民稠密区进行强噪声作业的，必须严格控制作业时间，一般不得超过 22：00，特殊情况需连续作业的，应尽量采取降噪措施，做好周围群众工作，并报工地所在区、县环保局备案后方可施工。

7）对于影响周围环境的工程安全防护设施，要经常检查维护，防止由于施工条件的改变或气候的变化影响其安全性。

8）在工程施工过程中，重视附近已有文物及地下文物（未挖掘）的保护工作。

6.5.8 质量标准

Ⅰ 主控项目

1 补偿收缩混凝土的原材料、配合比及坍落度必须符合设计要求。

检验方法：检查产品合格证、产品性能检测报告、计量措施和材料进场检验报告。

2 内衬墙接缝用遇水膨胀止水条或止水胶和预埋注浆管必须符合设计要求。

检验方法：检查产品合格证、产品性能检测报告和材料进场检验报告。

3 逆筑结构的渗漏水量必须符合设计要求。

检验方法：观察检查和检查渗漏水检测记录。

Ⅱ 一般项目

1 逆筑结构的施工应符合本标准第 6.5.1 条第 2 款和第 3 款的规定。

检验方法：观察检查和检查隐蔽工程验收记录。

2 遇水膨胀止水条的施工应符合本标准第 5.1.8 条的规定；遇水膨胀止水胶的施工应符合标准第 5.1.9 条的规定；顶埋注浆管的施工应符合本规范第 5.1.10 条的规定。

检验方法：观察检查和检查隐蔽工程验收记录。

6.5.9 质量验收

1 检验批的验收由监理工程师或建设单位项目技术负责人组织项目专业质量检查员等进行验收。

2 逆筑结构分项工程检验批的抽样检验数量，应按混凝土外露面积每 $100m^2$ 抽查 1 处，每处 $10\ m^2$，且不得少于 3 处。

3 当地方标准有统一规定时，按当地标准执行。当地方无统一标准时，检验批质量验收记录宜采用表 6.5.9“逆筑结构防水施工检验批质量验收记录表”。

表 6.5.9　逆筑结构防水施工检验批质量验收记录表

编号：＿＿＿＿

单位（子单位）工程名称			分部（子分部）工程名称		分项工程名称	
施工单位			项目负责人		检验批容量	
分包单位			分包单位项目负责人		检验批部位	
施工依据				验收依据	《地下防水工程质量验收规范》GB 50208－2011	
验收项目			设计要求及规范规定	最小/实际抽样数量	检查记录	检查结果
主控项目	1	补偿收缩混凝土的原材料、配合比及坍落度	符合设计要求			
	2	内衬墙接缝用遇水膨胀止水条或止水胶和预埋注浆管	符合设计要求			
	3	逆筑结构的渗漏水量	符合设计要求			
一般项目	1	逆筑结构的施工	应符合本标准第 6.5.1 条第 2 款和第 3 款的规定			
	2	遇水膨胀止水条的施工	应符合本标准第 5.1.8 条的规定			
	3	遇水膨胀止水胶的施工	应符合标准第 5.1.9 条的规定			
	4	预埋注浆管的施工	应符合本规范第 5.1.10 条的规定			

续表 6.5.9

施工单位 检查结果	专业工长： 项目专业质量检查员： 年 月 日
监理单位 验收结论	专业监理工程师： 年 月 日

7 排 水 工 程

7.1 渗排水、盲沟排水

7.1.1 一般规定

1 渗排水、盲沟排水是采用疏导的方法，将地下水有组织地经过排水系统排走，以削弱水对地下结构的压力，减少水对结构的渗透作用，从而达到降低地下水位和防水的目的。

2 渗排水适用于无自流排水条件、防水要求较高且有抗浮要求的地下工程。

3 盲沟排水适用于地基为弱透水性土层、地下水量不大或排水面积较小，地下水位在结构底板以下或在丰水期地下水位高于结构底板的地下工程。

4 渗排水、盲沟排水均应在地基工程验收合格后进行施工。

5 渗排水、盲沟排水的基本要求。

1）渗排水应符合下列要求：

（1）渗排水层用砂、石应洁净，含泥量不应大于2%。

（2）渗排水应设置在工程结构底板以下，并应有粗砂过滤层与集水管组成。

（3）粗砂过滤层总厚度宜为300mm，如较厚时应分层铺填；过滤层与基坑土层接触处，应采用厚度为100mm～150mm、粒径为5mm～10mm的石子铺填。

（4）集水管应设置在粗砂过滤层下部，坡度不宜小于1%，且不得有倒坡现象。集水管之间的距离宜为5m～10m，并与集水井相通。

（5）工程底板与渗排水层之间应做隔浆层，建筑周围的渗排水层顶面应做散水坡。

2）盲沟排水应符合下列要求：

(1) 盲沟的类型及盲沟与基础的距离应根据工程地质情况确定，且应符合设计要求。

(2) 盲沟的断面尺寸应根据地下水流量大小和构造上的需要确定，一般断面宽度不小于300mm，高度不小于400mm。

(3) 盲沟反滤层是工程降排水设施的重要环节，应正确做好反滤层的颗粒分级和层次排列，使地下水流畅而土壤中细颗粒不流失。

(4) 盲沟在转弯处和高低处应设置检查井，井底应比渗透水管底部低200mm～300mm，出水口处应设置滤水箅子。

(5) 宜将基坑开挖时的排水明沟与永久盲沟相结合。

7.1.2 施工准备

1 技术准备

参见本标准第3.1.1条中相关内容。

2 材料准备

1) 砂、石品种、粒径选用应符合设计要求，备用数量应满足工程需要。

2) 铸铁管、钢筋混凝土管、混凝土管、硬质PVC管的选用应符合设计要求。

3) 土工布、玻璃丝布符合设计要求。

3 施工机具、设备

一般应备有小型挖掘机、蛙式或柴油打夯机、手推车、平头铁锹、2m靠尺、钢尺或木折尺等。

4 作业条件

1) 地基工程已经验收合格，并办理好隐蔽手续。

2) 设置各层铺筑的标志，如水平标准木桩或标高桩，或在固定的建筑物墙上、槽和沟的边坡上弹上水平标高线或钉上水平标高木橛。

3) 当施工面有水时，应采取排水或降低地下水的措施，使基坑保持无水状态；检查施工面轴线、标高，并清理干净基底。

7.1.3 材料质量控制

1 渗排水层所用材料要求

1）渗水层选用粒径5mm～15mm或20mm～40mm的卵石，要求洁净、坚硬、不易风化，含泥量不得大于2%。

2）小石子滤水层选用粒径5mm～10mm的卵石要求洁净，含泥量不得大于2%。

3）砂滤水层宜选用中粗砂，要求洁净，无杂质，含泥量不得大于2%。

4）集水管可采用150mm～200mm直径带孔的铸铁管、钢筋混凝土管、硬质PVC管或不带孔的长度为500mm～700mm混凝土管等。

5）铸铁管质量控制

（1）外观质量

①直管及管件上应铸造或印上商标、制造厂名称、标准号、规格、生产日期。

②直管及管件的内外表面应光洁、平整、不允许有裂缝、冷隔、蜂窝及其他妨碍使用的缺陷，不影响使用的铸造缺陷允许修补，但修补后局部凸起处必须磨平，修补后应符合要求。

③直管及管件端口边缘应平整，不应有崩口。管的端口平面应与管的对称轴垂直，与直角的最大偏差 *DN*50～*DN*200 为 −3°。

（2）尺寸及重量

表7.1.3-1 铸铁管尺寸及质量允许偏差

公称直径（mm）	外径（mm）		壁厚（mm）				直管单位质量（kg/m）
			直管		管件		
DN	*DE*	外径公差	δ	公差	δ	公差	
150	160	±2	4.0	−0.5	5.3	−1.3	42.2
200	210		5.0	−1.0	6.0	−1.5	69.3

每根直管重量允许偏差为±8%，每根直管重量允许偏差为±10%。

(3) 运输及贮存

①车船联运或长途运输，装卸次数较多时，直管用木托铁皮打捆。就地使用的直管，可简化包装。直管及管件在运输过程中不应碰伤、摔坏。

②贮存直管的仓库、场地地面应平坦。硬地面垫木块，并防止直管滚动。管垛高度不应超过 2m。管件应以同一品种。同一规格码放成垛，或装于木箱内，排列整齐。

6) 钢筋混凝土管质量控制

(1) 外观质量

①管子内、外表面应平整，管子应无粘皮、麻面、蜂窝、塌落、空鼓，局部凹坑深度不应大于 5mm。

②钢筋混凝土管外表面不允许有裂缝，内表面裂缝宽度不得超过 0.05mm，但表面龟裂和砂浆层的干缩裂缝不在此限。合缝处不应漏浆。

(2) 物理性能

制管用混凝土强度等级不得低于 C30，钢筋混凝土管外压荷载和内水压力检验指标见表 7.1.3-2。

表 7.1.3-2　钢筋混凝土管规格、外压荷载和内水压力检验指标

公称内径 D_0 (mm)	有效长度 L (mm) ≥	Ⅰ级管				Ⅱ级管				Ⅲ级管			
		壁厚 t (mm) ≥	裂缝荷载 (kN/m)	破坏荷载 (kN/m)	内水压力 (MPa)	壁厚 t (mm) ≥	裂缝荷载 (kN/m)	破坏荷载 (kN/m)	内水压力 (MPa)	壁厚 t (mm) ≥	裂缝荷载 (kN/m)	破坏荷载 (kN/m)	内水压力 (MPa)
200	2000	30	12	18	0.06	30	15	23	0.10	30	19	29	0.10

(3) 运输及贮存

① 管子起吊应轻起轻落，严禁直接用钢丝穿心吊。装卸时不允许管子自由滚动和随意抛掷，运输途中严禁碰撞。

② 管子应按品种、规格、外压荷载级别及生产日期分别堆放，堆放场地要平整、堆放层数不宜超过表 7.1.3-3 的规定。

表 7.1.3-3　管子堆放层数

公称内径 D_0（mm）	100～200	250～400	450～600	700～900	1000～1400	1500～1800	≥2000
层数	7	6	5	4	3	2	1

7）硬质 PVC 管质量控制

（1）外观质量

管材内外壁应光滑，不允许有气泡、裂口和明显的痕迹、凹陷、色泽不均及分解变色线。管材两端面应切割平整并于轴线垂直。

（2）规格尺寸

管材平均外径、壁厚应符合表 7.1.3-4 的规定。

表 7.1.3-4　管材平均外径、壁厚

公称外径 d_n（mm）	平均外径（mm）		壁厚（mm）	
	最小平均外径 $d_{em,min}$	最大平均外径 $d_{em,max}$	最小壁厚 e_{min}	最大壁厚 e_{max}
110	110.0	110.3	3.2	3.8
125	125.0	125.3	3.2	3.8
160	160.0	160.4	4.0	4.6
200	200.0	200.5	4.9	5.6

管材长度不允许有负偏差。

（3）物理性能

管材的物理力学性能应符合表 7.1.3-5 的规定。

表 7.1.3-5　管材物理力学性能

项　目	要求
密度（kg/m^3）	1350～1550
维卡软化温度（VST）（℃）	≥79
纵向回缩率（%）	≤5
二氯甲烷浸渍试验	表面变化不劣于 4L
拉伸屈服强度（MPa）	≥40
落锤 *TIR*	*TIR*≤10%

(4) 运输与贮存

产品在装卸和运输时，不得受到撞击、曝晒、抛摔和重压。管材存放场地应平整，堆放整齐，堆放高度不宜超过 2m，远离热源。承口部位宜交错放置，避免挤压变形。当露天存放时，应遮盖，防止曝晒。

2 无管盲沟所用材料要求

1）石子渗水层选用 60mm～100mm 洁净的砾石或碎石。

2）小石子、砂子滤水层应符合表 7.1.3-6 规定。

表 7.1.3-6 盲沟反滤层的层次和粒径组成

反滤层的层次	建筑物地区地层为砂性土时（塑性指数 $I_p<3$）	建筑物地区地层为黏性土时（塑性指数 $I_p>3$）
第一层（贴自然土）	用 1mm～3mm 粒径砂子组成	用 2mm～5mm 粒径砂子组成
第二层	用 3mm～10mm 粒径小卵石组成	用 5mm～10mm 粒径砂子组成

3）砂石含泥量不得大于 2%。

3 埋管盲沟所用材料要求

1）滤水层石子粒经宜选用 20mm～40mm 的洗净碎石或卵石，含泥量不应大于 2%。

2）分隔层选用玻璃丝布或土工布，玻璃丝布规格 12～14 目，幅宽 980mm，土工布大于 $280g/m^2$。

3）盲沟管选用内径为 100mm 的硬质 PVC 管，沿管周六等分，间隔 150mm，钻 ϕ12 孔眼，隔行交错制成透水管，但要控制无砂混凝土的配合比和构造尺寸；排水管选用内径 100mm 的硬质 PVC 管；跌落井用无孔管，内径为 100mm 的硬质 PVC 管。

4）管材零件有弯头、三通、四通等要符合设计要求。

7.1.4 施工工艺流程

1 工作流程

1）渗排水工程

施工方案编制→施工技术交底→施工现场准备→土方开挖→渗排水部分施工→上部构造施工

2）盲沟排水

施工方案编制→施工技术交底→施工现场准备→土方开挖→盲沟排水部分施工→上部构造施工

2 工艺流程

1）渗排水工程

定位放线→基坑开挖→砌保护墙→滤水层→安装排水管→分层铺设渗排水层→铺抹隔浆层→防水结构→散水坡

2）盲沟排水

（1）无管盲沟

定位放线→沟槽开挖→铺设滤水层→设置滤水箅子

（2）埋管盲沟

定位放线→回填土盲沟成形→铺设分隔层→滤水层→铺设排水管→排水层→分隔层→回填土

7.1.5 施工操作要点

1 渗排水工程

1）施工顺序：对有钢筋混凝土底板的结构，应先作底部渗水层，再施工主体结构和立壁渗排水层；无底板，则在主体结构施工完毕后，再施工底部和立壁渗排水层。

2）与基坑土体接触采用5mm～10mm石子或粗砂作为滤水层，其总厚度为100mm～150mm。

3）渗排水层应分层铺填，每层厚度不大于300mm，用平板振动器仔细捣实，不得用碾压的方法，以免将石子压碎，阻塞渗水层。渗水层厚度偏差不得超过±50mm。

4）集水管在铺填时放入，管外侧第一道滤水层宜采用厚100mm～150mm，粒径5mm～10mm的圆砾或角砾包裹，外侧第二道滤水层宜采用粗砂填埋，粗砂层厚度不应小于150mm。当铺设500mm～700mm长不带孔眼的混凝土管或陶土管时，管子端部之间留出10mm～15mm间隙，以便向管内渗水。集水管和排水沟应有不小于1%的坡度，不得有倒坡或积水现象。

5）隔浆层采用油毡或抹30mm～50mm厚的水泥砂浆，严格控制好砂浆的稠度及施工后的平整度。

6）回填土应用打夯机仔细分层夯实，并避免泥土渗入砂、石层内。采用砖墙作外部保护层时，砖墙应与两侧填土、填砂石配合进行，每砌1m高，即在两侧同时填土和卵石，使压力平衡，避免一侧回填，将墙挤倒。

7）散水坡应超过渗排水层外缘且不少于400mm。

8）施工时应将水位降低至滤水层下，不得在泥水中作滤水层，施工完的渗排水系统应保持畅通。

9）渗排水工程构造见图7.1.5-1。

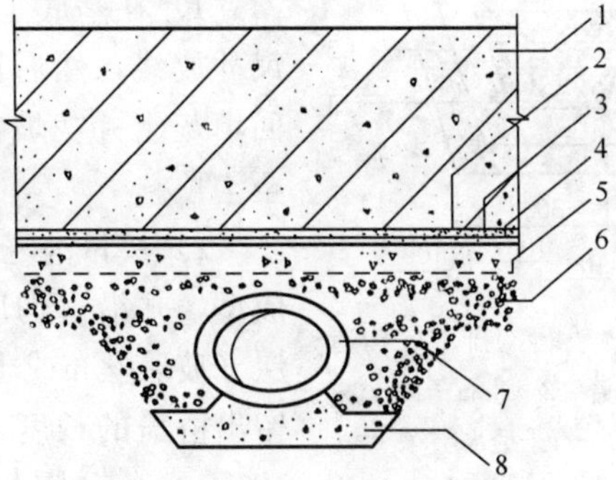

图7.1.5-1　渗排水层构造

1—结构底板；2—细石混凝土；3—底板防水；
4—混凝土垫层；5—隔浆层；6—粗砂过滤层；
7—集水管；8—集水管座

2　无管盲沟

1）按盲沟位置、尺寸放线，挖土，沟底应按设计坡度找坡，严禁倒坡。

2）沟底清理，两壁拍平，铺设滤水层。沟底先铺粗砂滤水层100mm厚，再铺小石子滤水层100mm厚，然后中间、四周同时分层铺设大石子透水层和小石子、粗砂滤水层，要求各层厚度、密实度均匀一致，注意勿使污物、泥土等杂物混入滤水层。铺设应按构造层次分明，靠近土的四周为粗砂滤水层，向内四周为小石子滤水层，再向内为大石子滤水层。

3）铺设各层滤水层要保持弧度和密实度均匀一致，注意勿使污物、混凝土进入滤水层，铺设应按构造层次分明，靠近土的四周应为粗砂渗水层，再向内四周为小石子滤水层，中间为石子滤水层。

4）盲沟出水口应设置滤水箅子。为了在使用过程中清除淤塞物，可在盲沟的转角处设置窨井，供清淤使用。

5）无管盲沟的构造见图 7.1.5-2。

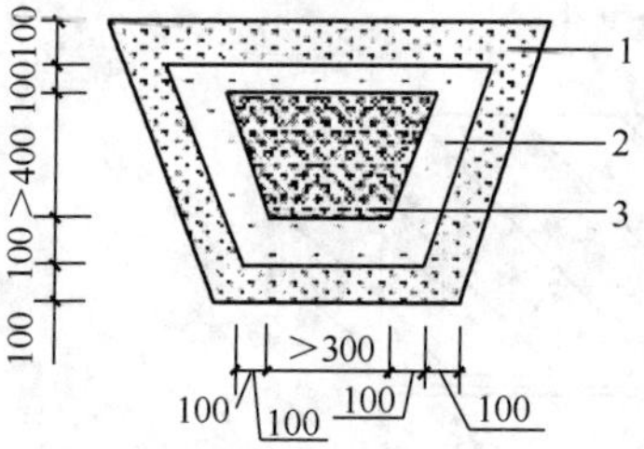

图 7.1.5-2　无管盲沟排水层构造
1—粗滤水管、2—小石子滤水层；3—石子透水层

3　埋管盲沟

1）在基底上按盲沟位置、尺寸放线，然后回填土，沟底回填灰土并找坡，沟侧填素土至沟顶。

2）按盲沟宽度再修整沟壁成型，并沿盲沟底及壁铺分隔层（玻璃丝布或土工布），同时留出搭盖的长度（一般搭盖>100mm），分隔层预留部分应临时固定在沟上口两侧，并注意保护，不得损坏。

3）在铺好玻璃丝布的盲沟内铺填 170mm～200mm 厚石子，并找好坡度，严防倒流，必要时应以仪器施测每段管底标高。

4）在铺设的石子中央铺设盲沟花管，管子接头用 0.2mm 铁皮包裹，以铁丝绑扎，并用沥青胶结材料与玻璃丝布涂裹两层，如图 7.1.5-3 所示。拐弯用弯头连接见图 7.1.5-4，然后测设管道标高，符合设计坡度要求后，继续铺设石子至沟顶。石子铺设应使厚度、密实度均匀一致。

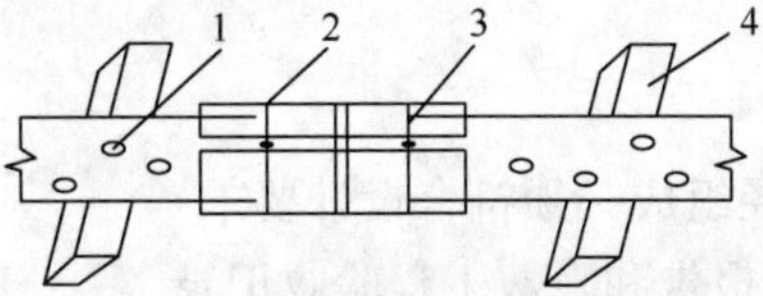

图 7.1.5-3　PVC 花管接头做法

1—PVC 花管；2—0.2mm 铁皮包裹，外再用沥青胶粘剂玻璃丝布包裹；3—铁丝扎紧；4—砖墩

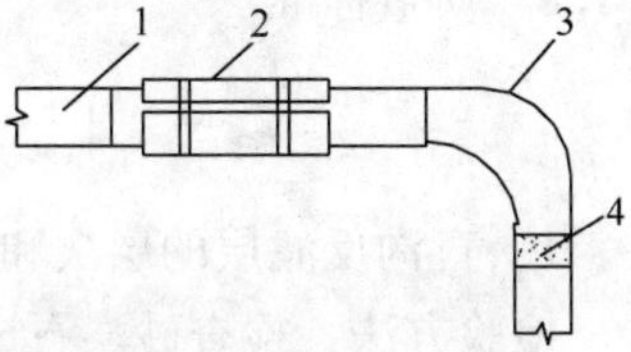

图 7.1.5-4　PVC 弯头做法

1—盲沟花管；2—沥青胶粘剂玻璃丝布包裹、3—铸铁弯头；4—麻丝油膏塞严

5）排水管安装好后，经测量管道标高符合实际要求，即可继续铺设石子滤水层至盲沟沟顶，石子铺设厚度、密实度均匀一致，施工时不得破坏排水管。

6）石子铺至沟顶后，将预留的玻璃丝布或者土工布沿石子表面覆盖搭接，搭接宽度不小于 100mm，最后进行回填土，回填时注意不得损坏玻璃丝布、土工布。

7）埋管盲沟构造见图 7.1.5-5。

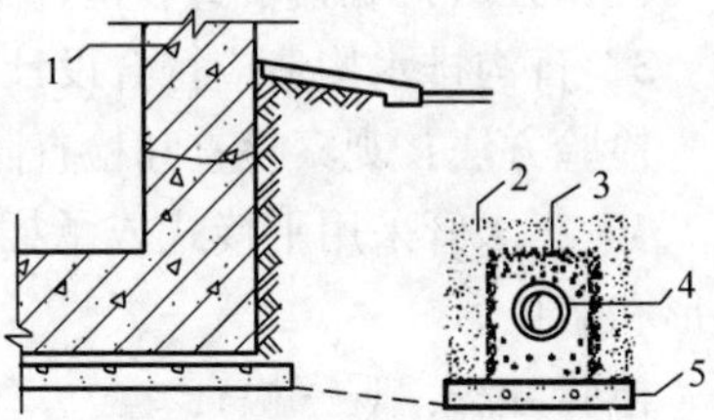

图 7.1.5-5　埋管盲水沟断面

1—主体结构；2—中砂反滤层；3—卵石反滤层；4—集水管；5—水泥/砂/碎石层

7.1.6　成品保护

1　滤水层四周应同时进行施工，压实均匀、对称分层，以免破坏集水管。

2　施工时对原有结构层、防水层及保护层进行防护。

7.1.7　安全、环保措施

1　施工中的砂石料尽量避免扬尘，六级以上大风禁止作业。

2　在进行滤水层施工时，随时注意观测周围环境的变化，并根据实际情况制定相应的预防措施，以避免造成周围土层移动，水的流失。

7.1.8 质量标准

Ⅰ 主 控 项 目

1 盲沟反滤层的层次和粒径组成必须符合设计要求。

检验方法：检查砂、石试验报告和隐蔽工程验收记录。

2 集水管的埋置深度及坡度必须符合设计要求。

检验方法：观察和尺量检查。

Ⅱ 一 般 项 目

1 渗排水构造应符合设计要求。

检验方法：观察检查和检查隐蔽工程验收记录。

2 渗排水层的铺设应分层、铺平、拍实。

检验方法：观察检查和检查隐蔽工程验收记录。

3 盲沟排水构造应符合设计要求。

检验方法：观察检查和检查隐蔽工程验收记录。

4 集水管采用平接式或承插式接口应连接牢固，不得扭曲变形和错位。

检验方法：观察检查

7.1.9 质量验收

1 基本要求：渗排水、盲沟排水分项工程检验批的抽样检验数量：应按10%抽查，其中按两轴线间或10延米为1处，且不得少于3处。

2 检验批的验收由监理工程师或建设单位项目技术负责人组织项目专业质量检查员等进行验收。

3 各分项工程由一个或若干个检验批组成，检验批可根据施工及质量控制和专业验收需要按照施工段、变形缝等进行划分。

4 当地方标准有统一规定时，按当地标准执行。当地方无统一标准时，检验批质量验收记录宜采用表7.1.9“渗排水、盲沟排水检验批质量验收记录表”。

表 7.1.9　渗排水、盲沟排水检验批质量验收记录表

编号：

<table>
<tr><td colspan="2">单位（子单位）
工程名称</td><td></td><td>分部（子分部）
工程名称</td><td></td><td>分项工程
名称</td><td></td></tr>
<tr><td colspan="2">施工单位</td><td></td><td>项目负责人</td><td></td><td>检验批容量</td><td></td></tr>
<tr><td colspan="2">分包单位</td><td></td><td>分包单位
项目负责人</td><td></td><td>检验批部位</td><td></td></tr>
<tr><td colspan="2">施工依据</td><td colspan="2"></td><td>验收依据</td><td colspan="2">《地下防水工程质量验收规范》GB 50208－2011</td></tr>
<tr><td colspan="3">验收项目</td><td>设计要求及
规范规定</td><td>最小/实际
抽样数量</td><td>检查记录</td><td>检查结果</td></tr>
<tr><td rowspan="2">主控项目</td><td>1</td><td>反滤层质量</td><td colspan="2">符合设计要求</td><td></td><td></td></tr>
<tr><td>2</td><td>集水管埋深及坡度</td><td colspan="2">符合设计要求</td><td></td><td></td></tr>
<tr><td rowspan="4">一般项目</td><td>1</td><td>渗排水层构造</td><td colspan="2">符合设计要求</td><td></td><td></td></tr>
<tr><td>2</td><td>渗排水层铺设</td><td colspan="2">铺设应分层、
铺平、拍实</td><td></td><td></td></tr>
<tr><td>3</td><td>盲沟构造</td><td colspan="2">符合设计要求</td><td></td><td></td></tr>
<tr><td>4</td><td>集水管接口</td><td colspan="2">采用平接式或承插式接口
应连接牢固，不得扭曲
变形和错位</td><td></td><td></td></tr>
<tr><td colspan="2">施工单位
检查结果</td><td colspan="5">专业工长：
项目专业质量检查员：
年　月　日</td></tr>
<tr><td colspan="2">监理（建设）单位
验收结论</td><td colspan="5">专业监理工程师：
年　月　日</td></tr>
</table>

7.2　隧道排水、坑道排水

7.2.1　一般规定

1　隧道排水、坑道排水适用于贴壁式、复合式、离壁式衬砌。

1）设置在衬砌内，具体见图 7.2.1-1。

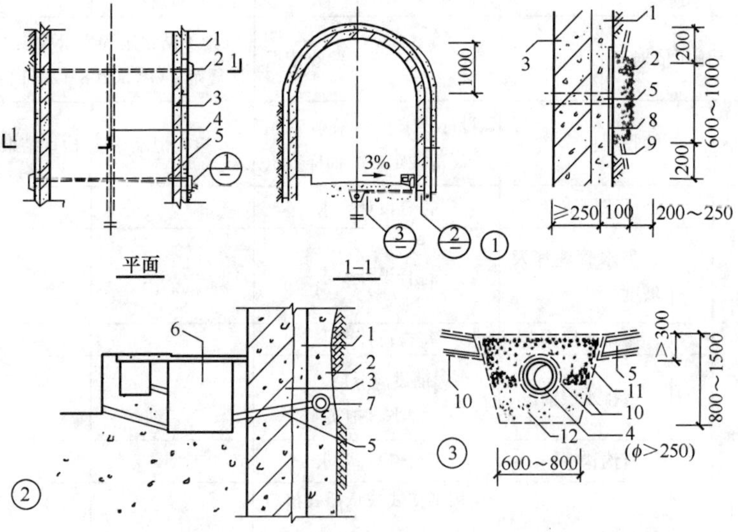

图 7.2.1-1　贴壁式衬砌排水构造

1—初期支护；2—盲沟；3—主体结构；4—中心排水盲管；5—横向排水管；6—排水明沟；7—纵向集水盲管；8—隔浆层；9—引流孔；10—无纺布；11—无砂混凝土；12—管座混凝土

2）复合式衬砌除纵向盲管设置在塑料防水板外侧并与缓冲排水层连接畅通外，其他均与贴壁衬砌要求相同。

3）离壁式衬砌的拱肩应设置排水沟，沟底预埋排水管或设排水孔，直径宜为 50mm～100mm，间距不宜大于 6m，在侧墙和拱肩处应设检查孔，侧墙外排水沟应做明沟，其纵向坡度应与隧道坡度相一致，具体见图 7.2.1-2。

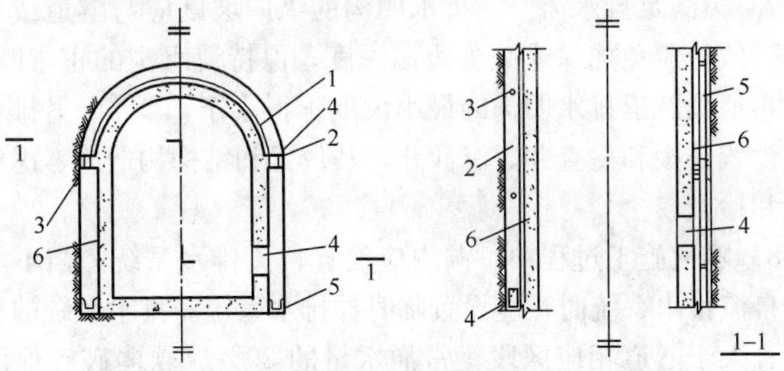

图 7.2.1-2 离壁式衬砌排水构造

1—防水层；2—拱肩排水沟；3—排水孔；4—检查孔；

5—外排水沟；6—内衬混凝土

2 隧道或坑道内如设置排水泵房时，主排水泵站和辅助排水泵站、集水池的有效容积应符合设计规定，设计是应充分考虑隧道或坑道消防排水、汛期排水等因素。

3 主排水泵站、辅助排水泵站和污水泵房的废水及污水，应分别排入城市雨水和污水管道系统。污水的排放尚应符合国家现行有关标准的规定。

4 坑道排水应符合有关特殊功能设计的要求（如国防工程、人防工程）。

5 隧道贴壁式、复合式衬砌围岩疏导排水应符合下列规定：

1）地下水出露比较集中、围岩地下水量较少的隧洞，宜在衬砌背后设置盲沟、盲管或钻孔等引排措施。

2）围岩水量较大、出水面广时，衬砌背后应设置环向、纵向盲沟组成排水系统，将水集排至排水沟内，同时应按水量大小、出露面广度控制环向盲沟间距，一般宜为 10m～30m。

3）当地下水水压较高地下水丰富、含水层明显且有补给来源时，可采用辅助坑道或泄水洞等截、排水设施，尽可能使隧道处于地下水位线以上。

6 盲沟中心宜采用无砂混凝土管或硬质塑料管，其管周围应设置反滤层；盲管应采用软式透水管。

7　为满足排水需要，排水明沟的纵向坡度应与隧道或坑道坡度一致，避免加深或减少边沟深度，保持流水沟的正常断面，若困难地段隧道排水明沟的最小坡度不得小于0.2%。另排水明沟应设置盖板和检查井、沉沙井，其位置和结构构造应考虑便于清理和检查。

8　隧道施工过程中，洞内应设置自流排水系统。当不具备设置自流排水系统时，应设置临时抽排水系统。排水系统的抽水能力宜大于隧道相应区段正常涌水量的20%。软弱破碎地区的富水隧道、高水压隧道、斜井、竖井等对排水要求较高的工程，可增加抽排水能力。

9　围岩稳定和防潮要求高的隧道可采用离壁式衬砌，侧墙外排水沟应做成明沟，其纵向坡度不应小于0.5%。

7.2.2　施工准备

1　技术准备

参见本标准第3.1.1条中相关内容。

2　材料准备

排水盲管用软式透水管或混凝土管，导水盲管用外包土工布与螺旋钢丝构成的软式透水管、土工布等材料，应按设计要求和工程需要选用。

3　施工机具、设备

一般应备有小型挖掘机、自卸汽车、蛙式或柴油打夯机、手推车、平头铁锹、2m靠尺、钢尺或木折尺等。

4　作业条件

1）地基工程已经验收合格，并办理好隐蔽手续。

2）洞内施工现场照明符合要求，配备紧急照明电源。

3）洞内施工道路畅通。

4）上道工序经检查符合要求，才可进入下道工序施工。

7.2.3　材料质量控制

1　环向排水盲沟（管）宜采用软式透水管，并应符合下列规定：

1）应沿隧道的周边固定于围岩或初期支护表面；直径不宜小于 30mm。

2）纵向间距宜为 5m～12m，在水量较大或集中出水点应加密布置。

3）盲管与二次衬砌接触部位应外包无纺布形成隔浆层。

4）环向排水盲管应将水直接引入侧沟。

2 纵向排水盲管宜采用软式透水管，宜布置在防水板与初期支护之间，并应符合下列规定：

1）纵向排水盲管应设置在隧道两侧墙脚或隧底位置。

2）宜与墙脚位置的横向排水管相连接。

3）管径应根据围岩或初期支护的渗水量确定，但内径不宜小于 50mm。

4）纵向排水盲管坡度应与隧道纵坡一致。

3 横向排水管宜采用混凝土管或硬质塑料管，并应符合下列规定：

1）横向排水管应与纵向盲管、侧沟或中心排水盲沟（管）相连。

2）横向导排水管的间距宜为 5m～12m，坡度不宜小于 2%。

3）横向导排水管的直径应根据排水量大小确定，但内径不宜小于 50mm。

4 中心排水盲沟（管）可采用盲沟、暗沟排水，并应符合下列规定：

1）中心排水盲沟（管）宜设置在隧道底板以下，其坡度和埋设深度应符合设计要求。

2）隧道底板下与围岩接触的中心盲沟（管）宜采用带孔混凝土管，并应设置反滤层。

3）中心排水盲管的直径应根据渗排水量大小确定，但不宜小于 250mm，纵向应设置检查井，其间距不应大于 50m。

5 软式透水管质量控制

1）外观质量

外观应无撕裂、无孔洞、无明显脱纱，钢丝保护材料无脱落，钢丝骨架与管壁联结为一体。

2）外径尺寸允许偏差应符合表 7.2.3-1 的规定。

表 7.2.3-1 软式透水管外径尺寸允许偏差

规 格	FH50	FH80	FH100	FH150	FH200	FH250	FH300
外径允许偏差（mm）	±2.0	±2.5	±3.0	±3.5	±4.0	±6.0	±8.0

3）滤布性能应符合表 7.2.3-2 的规定。

表 7.2.3-2 滤布性能

项 目	性能指标						
	FH50	FH80	FH100	FH150	FH200	FH250	FH300
纵向抗拉强度（kN/5cm）	≥1.0						
纵向伸长率（%）	≥12						
横向抗拉强度（kN/5cm）	≥0.8						
横向伸长率（%）	≥12						
圆球顶破强度（kN）	≥1.1						
CBR 顶破强力（kN）	≥2.8						
渗透系数 K_{20}，（cm/s）	≥0.1						
等效孔径 O_{95}（mm）	0.06～0.25						

注：圆球顶破强度试验及 CBR 顶破强力试验只需进行其中的一项。FH50 由于滤布面积较小，应采用圆球顶破强度试验；FH80 及以上的建议采用 CBR 顶破强力试验。

4）运输及贮存

在运输过程中应有防潮、防火措施，避免产品损伤和受潮。产品应存于防潮和防虫咬的仓库，堆放高度不应超过 4m，避免阳光曝晒。

6 土工布质量控制

衬垫材料宜采用土工布，单位面积质量不应小于 300g/m²，纵横向断裂强度不应小于 5kN/m，厚度不应小于 2.0mm，其他性能指标应符合现行国家标准《土工合成材料短纤针刺非织造土工布》GB/T 17638、《土工合成材料长丝纺粘针刺非织造土工布》GB/T 17639、《土工合成材料非织造布复合土工膜》GB/T 17642 的有关规定。

1）土工布外观质量

土工布外观质量逐卷（段）检验，按卷（段）评定。外观疵点分为轻缺陷和重缺陷，要求见表 7.2.3-3，在一卷土工布上不允许存在重缺陷，轻缺陷每 200m^{2}应不超过 5 个，否则外观质量为不合格。

表 7.2.3-3　外观疵点的评定

序号	疵点名称	轻缺陷	重缺陷	备注
1	布面不匀、折痕	轻微	严重	
2	杂物	软质，粗≤5mm	硬质；软质，粗>5mm	
3	边不良	≤300cm 时，每 50cm 计一处	>300cm	
4	破损	≤0.5cm	>0.5cm；破洞	以疵点最大长度计
5	其他	参照相似疵点评定		

2）物理性能基本要求按表 7.2.3-4 的规定。

表 7.2.3-4　基本项技术要求

序号	项目＼指标＼规格[a]	300	350	400	450	500	600	800	备注
1	单位面积质量[b]偏差（%）	−7	−7	−7	−7	−6	−6	−6	
2	厚度（mm），≥	2.4	2.7	3.0	3.3	3.6	4.1	5.0	
3	幅宽[b]偏差（%）	−0.5							
4	断裂强度（kN/m），≥	9.5	11.0	12.5	14.0	16.0	19.0	25.0	纵横向
5	断裂伸长率（%）	25～100							

续表 7.2.3-4

序号	项目 \ 指标 \ 规格[a]	300	350	400	450	500	600	800	备注
6	CBR 顶破强度（kN），≥	1.5	1.8	2.1	2.4	2.7	3.2	4.0	
7	等效孔径 O_{90}（O_{95}）（mm）	0.07～0.2							
8	垂直渗透系数（cm/s）	$K\times$（10^{-1}～10^{-3}）							K=1.0～9.9
9	撕破强度[c]（kN），≥	0.24	0.28	0.33	0.38	0.42	0.46	0.60	纵横向

注：[a] 规格按单位面积质量。实际规格介于表中相邻规格之间时，按内插法计算相应考核指标；超出表中范围时，考核指标由供需双方协商确定。

[b] 标准值按设计或协议。

[c] 参考指标，作为生产内部控制，用户有要求的按实际设计值考核。

3）运输及贮存

产品在运输、贮存中不得沾污、雨淋、破损，不得长期曝晒和直立。产品应放置在干燥处，周围不得有酸、碱等腐蚀性介质，注意防潮、防火。

7 混凝土管质量控制

1）外观质量

（1）管子内、外表面应平整，管子应无粘皮、麻面、蜂窝、塌落、空鼓，局部凹坑深度不应大于 5mm。

（2）混凝土管不允许有裂缝。合缝处不应漏浆。

2）物理性能

制管用混凝土强度等级不得低于 C30，混凝土管外压荷载和内水压力检验指标见表 7.2.3-5。

表 7.2.3-5　混凝土管规格、外压荷载和内水压力检验指标

公称内径 D_0 (mm)	有效长度 L (mm) ≥	Ⅰ级管			Ⅱ级管		
		壁厚 t (mm) ≥	破坏荷载 (kN/m)	内水压力 (MPa)	壁厚 t (mm) ≥	破坏荷载 (kN/m)	内水压力 (MPa)
100	1000	19	12	0.02	25	19	0.04
150		19	8		25	14	
200		22	8		27	12	
250		25	9		33	15	
300		30	10		40	18	
350		35	12		45	19	
400		40	14		47	19	
450		45	16		50	19	
500		50	17		55	21	
600		60	21		65	24	

3）运输及贮存

（1）管子起吊应轻起轻落，严禁直接用钢丝穿心吊。装卸时不允许管子自由滚动和随意抛掷，运输途中严禁碰撞。

（2）管子应按品种、规格、外压荷载级别及生产日期分别堆放，堆放场地要平整、堆放层数不宜超过表 7.2.3-6 的规定。

表 7.2.3-6　管子堆放层数

公称内径 D_0 (mm)	100～200	250～400	450～600	700～900	1000～1400	1500～1800	≥2000
层数	7	6	5	4	3	2	1

7.2.4　施工工艺

1　工作流程

施工方案编制→施工技术交底→施工现场准备→现场施工

2　工艺流程

1）复合式衬砌缓冲排水层：

清理初期支护→铺设土工布→设置暗钉圈固定土工布铺设、固定防水板

2）排水明沟：

测量放线→沟槽开挖→放线修整→明沟砌筑或混凝土浇筑→盖板

3）排水暗沟：

初期支护→渗漏水引导→塑料管或塑料排水带敷设→衬砌浇筑

4）纵向集水盲管：

测量放线→沟槽开挖→放线修坡→管座混凝土→铺设盲管土工布→安装盲管、综合土工布→无砂混凝土→缝合盲管最外层土工布

5）盲沟：

沟槽开挖→放线回填→施工分隔层→滤水层→铺设排水管→滤水层→分隔层→回填土

7.2.5 施工操作要点

1 复合式衬砌缓冲排水层

1）初期支护的基面应用高压水冲洗清理，用风铺凿打清理尖锐的棱角；清理后即用暗钉圈将土工织物固定在初期支护上。

2）土工织物的搭接应在水平铺设的场合采用缝合法或者胶结发，搭接长度不应小于300mm。

3）土工复合材料的土工织物面为迎水面，涂膜面与后浇筑混凝土相接触。

2 排水明沟

1）排水明沟的纵向坡度不得小于0.5%。铁路公路隧道长度大于200m时宜设双侧排水沟，纵向坡度应与线路坡度一致，但不得小于0.1%。

2）排水明沟的断面尺寸视排水量而定，可按表7.2.5-1选用。

表 7.2.5-1 排水明沟断面

通过排水明沟的排水量（m^3/h）	排水明沟净断面（mm）	
	沟宽	沟深
50 以下	300	250
50～100	350	350
100～150	350	400
150～200	400	400
200～250	400	450
250～300	400	500

3）设置排水沟盖板。排污时应进行封闭。

4）在直线段每 50m～200m 及交叉、转弯、变坡处，应设置检查井，井口须设活动盖板。

5）在寒冷及严冬地区应采用防冻措施。

3 排水暗沟

1）在塑料管或塑料排水带敷设前应根据设计要求及排水坡度在初期支护上定出标高。

2）导水管与混凝土衬砌接触部位应外包无纺布作隔浆层。

4 集水盲管

1）采用机械和人工结合的方式开挖沟槽，严格控制纵向坡度，严防倒流，施工时将尖锐的石头和杂物清除干净。

2）铺设土工布，其要求同复合式衬砌。

3）分段安装盲管，在调整管节时应注意保护土工布。

4）检查盲管土工布符合要求即可浇筑无砂混凝土，浇筑均匀，保护好土工材料。

5）缝合土工布时，其搭接长度不应小于 300mm。

5 离壁式衬砌排水系统

围岩稳定和防潮要求高的工程可设置离壁式衬砌，衬砌与岩壁的距离应符合下列规定：

1）拱顶上部宜为 600mm～800mm。

2）侧墙处不应小于500mm。

3）衬砌拱部宜作卷材、塑料防水板、水泥砂浆等防水层。拱肩设置排水沟，沟底预埋排水管或设排水孔，直径宜为50mm～100mm，间距不大于6m。在侧墙和拱肩处设检查孔，侧墙外排水沟应做明沟，其纵向坡度不应小于0.5%。

7.2.6 成品保护

1 对已完工程及时验收隐蔽，进入下道工序施工，避免长期暴露，杂质、淤泥混入，造成防水层阻塞。

2 施工期间做好排降水措施，防止被泥水淹泡。

3 坚持按施工程序施工，精心操作、材料分规格堆放和使用，防止石子级配混杂。

4 排水盲管施工完毕应及时覆盖，不能覆盖应做好标识，防止碾压。

7.2.7 安全文明施工

1 制定健康和安全规章制度，加强通风、照明、防尘和防止有害气体的工作，并预防塌方。

2 水平和垂直运输机械，必须有专人操作，停放位置应与沟（坑）边保持一定安全距离，防止机械倾覆，以发生设备和人身安全事故。

3 岩造孔应实行湿式作业。

4 施工时加强通风、尘、毒的检测，保证洞内作业的安全。

5 施工现场材料的堆放应按施工平面布置图规定位置堆放，确保现场作业面整齐清洁、道路畅通。

7.2.8 质量标准

Ⅰ 主 控 项 目

1 盲沟反滤层的层次和粒径必须符合设计要求。

检验方法：检查砂、石试验报告。

2 无砂混凝土管、硬质塑料管或软式透水管必须符合设计要求。

检验方法：检查产品合格证和产品性能检测报告。

3 隧道、坑道排水系统必须畅通。

检验方法：观察检查

Ⅱ 一 般 项 目

1 盲沟、盲管及横向导水管的管径、间距、坡度均应符合设计要求。

检验方法：观察和尺量检查。

2 隧道或坑道内排水明沟及离壁式衬砌外排水沟，其断面尺寸及坡度应符合设计要求。

检验方法：观察和尺量检查。

3 盲管应与岩壁或初期支护密贴，并应固定牢固；环向、纵向盲管接头宜与盲管相配套。

检验方法：观察检查

4 贴壁式、复合式衬壁的盲沟与混凝土衬砌接触部位应做隔浆层。

检验方法：观察检查和检查隐蔽工程验收记录。

7.2.9 质量验收

1 检验批的验收由监理工程师或建设单位项目技术负责人组织项目专业质量检查员等进行验收。

2 隧道排水、坑道排水分项工程检验批的抽样检验数量：应按10%抽查，其中按两轴线间或10延米为1处，且不得少于3处。

3 当地方标准有统一规定时，按当地标准执行。当地方无统一标准时，检验批质量验收记录宜采用表7.2.9“隧道、坑道排水检验批质量验收记录表”。

表 7.2.9 隧道、坑道排水检验批质量验收记录表

编号：________

<table>
<tr><td colspan="3">单位（子单位）工程名称</td><td></td><td>分部（子分部）工程名称</td><td></td><td colspan="2">分项工程名称</td><td></td></tr>
<tr><td colspan="3">施工单位</td><td></td><td>项目负责人</td><td></td><td colspan="2">检验批容量</td><td></td></tr>
<tr><td colspan="3">分包单位</td><td></td><td>分包单位项目负责人</td><td></td><td colspan="2">检验批部位</td><td></td></tr>
<tr><td colspan="3">施工依据</td><td colspan="2"></td><td>验收依据</td><td colspan="3">《地下防水工程质量验收规范》GB 50208－2011</td></tr>
<tr><td rowspan="4">主控项目</td><td colspan="2">验收项目</td><td colspan="2">设计要求及规范规定</td><td>最小/实际抽样数量</td><td colspan="2">检查记录</td><td>检查结果</td></tr>
<tr><td>1</td><td>反滤层材料质量</td><td colspan="2">符合设计要求</td><td></td><td colspan="2"></td><td></td></tr>
<tr><td>2</td><td>管材质量</td><td colspan="2">符合设计要求</td><td></td><td colspan="2"></td><td></td></tr>
<tr><td>3</td><td>排水系统</td><td colspan="2">必须畅通</td><td></td><td colspan="2"></td><td></td></tr>
<tr><td rowspan="4">一般项目</td><td>1</td><td>盲沟、盲管及横向导水管管径、间距、坡度</td><td colspan="2">符合设计要求</td><td></td><td colspan="2"></td><td></td></tr>
<tr><td>2</td><td>排水明沟及离壁式衬砌外排水沟断面尺寸、坡度</td><td colspan="2">符合设计要求</td><td></td><td colspan="2"></td><td></td></tr>
<tr><td>3</td><td>盲管及接头</td><td colspan="2">盲管应与岩壁或初期支护密贴，并应固定牢固；环向、纵向盲管接头宜与盲管相配套</td><td></td><td colspan="2"></td><td></td></tr>
<tr><td>4</td><td>贴壁式、复合式衬壁的盲沟与混凝土衬砌接触部位</td><td colspan="2">应做隔浆层</td><td></td><td colspan="2"></td><td></td></tr>
<tr><td colspan="3">施工单位检查结果</td><td colspan="6">专业工长：
项目专业质量检查员：
年　月　日</td></tr>
<tr><td colspan="3">监理（建设）单位验收结论</td><td colspan="6">专业监理工程师：
年　月　日</td></tr>
</table>

7.3 塑料排水板排水工程

7.3.1 一般规定

1 塑料排水板适用于无自流排水条件且防水要求较高的地下工程以及地下工程种植顶板排水。

2 塑料排水板排水构造应选用抗压强度大且耐久性好的凹凸型排水板。

3 铺设塑料排水板应采用搭接法施工，长短边搭接宽度均不应小于100mm。塑料排水板的接缝处宜采用配套胶粘剂粘结或热熔焊接。

4 地下工程种植顶板种植土若低于周围土体，塑料排水板排水层必须结合排水沟或盲沟分区设置，并保持排水畅通。

5 塑料排水板应与土工布复合使用。土工布宜采用200g/m^2～400g/m^2的聚酯无纺布。土工布应铺设在塑料排水板的凸面上，相邻土工布搭接宽度不应小于200mm，搭接部位应采用粘合或缝合。

7.3.2 施工准备

1 技术准备

参见本标准第3.1.1条中相关内容。

2 材料准备

塑料排水板、土工布、钢丝网、砂浆、射钉等。

3 施工机具、设备

一般应备有小型挖掘机、自卸汽车、蛙式或柴油打夯机、手推车、平头铁锹、2m靠尺、钢尺或木折尺等。

4 作业条件

1）基层表面平整、坚实。

2）初期支护稳定。

3）上道工序经检查符合要求，才可进入下道工序施工。

7.3.3 材料质量控制

1 塑料排水板质量控制

1）外观质量

（1）排水板应边缘整齐，无裂纹、缺口、机械损伤等可见缺陷。

（2）每卷板材接头不得超过一个。较短的一段长度应不少于2000mm，接头处应剪切整齐，并加长300mm。

2）规格尺寸

排水板厚度、凹凸高度、宽度、长度应不小于生产商明示值。板厚度应不小于0.5mm，凹凸高度应不小于8mm。排水板主材单位面积质量与无纺布单位面积质量应不小于生产商明示值。

3）排水板物理力学性能应符合表7.3.3-1的规定。

表7.3.3-1　排水板物理力学性能

序号	项　目		指　标
1	伸长率10%时拉力（N/100mm）		≥350
2	最大拉力（N/100mm）		≥600
3	断裂伸长率（%）		≥25
4	撕裂性能（N）		≥100
5	压缩性能	压缩率为20%时最大强度（kPa）	≥150
		极限压缩现象	无破裂
6	低温柔度		−10℃无裂纹
7	热老化（80℃，168h）	伸长率10%时拉力保持率（%）	≥80
		最大拉力保持率（%）	≥90
		断裂伸长保持率（%）	≥70
		压缩率为20%时最大强度保持率（%）	≥90
		极限压缩现象	无破裂
		低温柔度	−10℃无裂纹
8	纵向通水量（侧压力150kPa）（cm^3/s）		≥10

4）运输及贮存

（1）产品运输时应防止倾斜或侧压，必要时加盖苫布。

（2）贮存时，不同类型、规格的产品应分别立放，不应混杂；应避免日晒雨淋，注意通风，贮存温度不应高于45℃；在正常贮存条件下，贮存期自生产之日起至少为一年。

2 土工布质量控制

土工布各项质量指标应符合第7.2.3条的相关规定。

3 钢丝网质量控制

1）外观质量

钢丝网网面平整、网孔均匀、色泽应基本一致。镀锌层应均匀，重量应大于122g/m²。网面锌粒数不超过网孔数的5‰，小于1mm不计。

2）尺寸

钢丝网长度不得有负偏差，宽度允许偏差为±5mm。经向网孔偏差范围不超过±5%，纬向网孔偏差范围不超过±2%。丝径及网边露头长的尺寸应符合表7.3.3-2的规定。

表7.3.3-2 丝径及网边露头长的尺寸要求

网号	网孔尺寸（mm）J×W	丝径（mm）D		网边露头长（mm）
		尺寸	极限偏差	
20×20	50.80×50.80	1.80～2.50	±0.07	≤2.5
10×20	25.40×50.80			
20×20	25.40×25.40			
04×10	12.70×25.40	1.00～1.80	±0.05	≤2
06×06	19.05×19.05			
04×04	12.70×12.70	0.50～0.90	±0.04	≤1.5
03×03	9.53×9.53			
02×02	6.35×6.35			

3）物理性能

钢丝网断丝和脱焊不超过表7.3.3-3的规定。

表 7.3.3-3 钢丝网断丝和脱焊的要求

网号	断丝		脱焊
	处/卷≤	处/m≤	点/处≤
20×20	4	2	2
10×20	4	2	2
20×20	6	2	3
04×10	8	2	3
06×06	10	3	4
04×04	12	3	4
03×03	15	4	5
02×02	20	4	5

钢丝网焊点抗拉力应符合表 7.3.3-4 的规定。

表 7.3.3-4 钢丝网断丝和脱焊的要求

丝径（mm）	焊点抗拉力（N）	丝径（mm）	焊点抗拉力（N）
2.50	＞500	1.00	＞80
2.20	＞400	0.90	＞65
2.00	＞330	0.80	＞50
1.80	＞270	0.70	＞40
1.60	＞210	0.60	＞30
1.40	＞160	0.55	＞25
1.20	＞120	0.50	＞20

4）运输与贮存

（1）产品单件用防潮材料包装，包装后平整牢固。

（2）产品在运输中避免冲击、挤压、雨淋、受潮及化学品的腐蚀。

（3）产品应贮存在无腐蚀介质、空气流通，相对湿度不大于85％的仓库中。

4 射钉质量控制

1）外观质量

（1）射钉金属件表面应镀锌，镀层不应起泡、掉皮、脱落和有大的麻点、黑点、露钢或变色等缺陷。

（2）射钉不应有裂纹或大的飞边、缺口、钝尖、压痕、毛刺、拉丝、损伤、凹痕等缺陷。

2）尺寸

射钉长度不超过 30mm 时，其公差为±0.8mm，长度超过 30mm 时，其公差为±1mm。

3）物理性能

（1）射钉钉体芯部硬度应为 50HRC～57HRC。

（2）射钉光钉杆弯曲至 90°不应断裂，压花钉杆弯曲至 30°不应断裂。

（3）射钉对《碳素结构钢》GB/T 700 中 Q235、抗拉强度不大于 420N/mm^2、厚度符合表 7.3.3-5 规定的钢板进行射击，当钉长不小于 16mm 时，钉尖应穿出钢板 3mm 以上，当钉长小于 16mm 时，钉头应贴近钢板。射击后，射钉钉体不应有断裂。破碎或严重弯曲等现象。

表 7.3.3-5 钢丝网断丝和脱焊的要求

灯杆直径（mm）	钉长（mm）		
	L≤30	30<L≤60	L>60
≤3.8	8	6	4
<3.8～4.6	10	8	6
>4.6	12	10	8

4）运输与贮存

（1）射钉在运输、装卸和临时堆码过程中应防雨和防湿。

（2）射钉应贮存于无腐蚀性气体且干燥、通风的场所，堆垛下面应有防潮措施。

7.3.4 施工工艺流程

1 工作流程

1）室内底板、室内侧墙、种植顶板塑料板排水：

施工方案编制→施工技术交底→施工现场准备→结构施工→（防水层）→排水板施工→面层施工

2）隧道、坑道塑料板排水：

施工方案编制→施工技术交底→施工现场准备→初期支护→排水板施工→二次衬砌施工

2 工艺流程

1）室内底板塑料板排水：

混凝土底板→铺设塑料排水板（支点向下）→混凝土垫层→配筋混凝土面层等

2）室内侧墙塑料板排水：

混凝土侧墙→粘贴塑料排水板（支点向墙面）→钢丝网固定→水泥砂浆面层等

3）种植顶板塑料板排水：

混凝土顶板→找坡层→防水层→混凝土保护层→铺设塑料排水板（支点向上）→铺设土工布→覆盖等

4）隧道、坑道塑料板排水：

初期支护→铺设土工布→铺设塑料排水板（支点向初期支护）→二次衬砌结构等

7.3.5 施工要点

1 底板塑料板排水

1）排水板自然展开，铺设在规划好的位置。

2）排水板按照底板设计的坡度铺设。

3）搭接方向应按照顺水方向，不允许逆向搭接，搭接不得小于100mm。

4）底板排水板支点向下，严禁反铺。

5）排水板收口处应与排水沟或者集水井相连。

2 室内侧墙塑料板排水

1）结构墙面清理后刷一道丙烯乳胶液，保持墙体清洁。

2）在墙面涂刷粘结剂粘牢排水板。

3）一般采用带橡胶垫的射钉固定排水板，间距宜为500mm，形成品字形。

4）排水板支点朝向墙面，严禁反铺。

5）排水板底部应与底板排水沟相连。

6）排水板面层覆盖层做好防裂措施。

3 种植顶板塑料板排水

1）按照要求做好找坡，一般为0.2%～0.5%，排水板幅宽一般为2m～4m。

2）排水板应验顶板边缘顺坡铺设，采用焊接或者搭接，搭接宽度不小于100mm，排水板上应覆盖1层土工布。

3）当车库顶板有较大反梁时，应将整个大梁包住，形成整体。

4）排水板的上返高度及收头严格按照设计图纸节点或者图集施工，防止泥土、水泥、黄砂等垃圾进入排水板的正面拱肩，确保排水畅通。

5）回填时应做好排水板及土工的保护，分层回填、对称回填，每层回填控制在300mm。

4 隧道、坑道塑料板排水

1）排水板铺设在初期支护与二次衬砌之间，宜由拱顶想两侧展铺，并应边铺边用焊机将塑料板与安定全焊接牢靠，应采用双面焊焊缝，两幅塑料防水板的搭接宽度不小于100mm。

2）排水暗固定宜采用带垫圈的射钉固定，一般间距为0.5m～0.8m。

3）在铺设排水板前应铺设一层缓冲层，可采用土工布。

4）分段设置塑料防水板时，两端应有封闭措施。

5）排水板铺设不宜超过三层，铺设时不应绷得太紧宜根据及基面的平整度留有充分的余地。

6）防水板的铺设应超前混凝土施工，超前距离一般为5m～20m。

7.3.6 成品保护

1 已铺设的防排水板层，应及时采取措施进行保护，严禁在铺设的排水板上进行施工和运输，施工完成后应及时进入下道工序。

2 排水层施工时要注意已经完成的其他成品保护。

7.3.7 安全文明施工

1 进场材料分类堆放、整齐有序，并配备一定数量的灭火器。

2 遇六级以上大风或大雨时，应暂停作业，雨后应清扫现场，待地面略干不滑在恢复施工。

3 施工时时刻注意高空落物伤人。

4 施工过程严格保护电机，防止受潮，经常检查监测绝缘。

5 施工时应及时回收废弃的边料和角料。

7.3.8 质量标准

Ⅰ 主 控 项 目

1 塑料排水板和土工布必须符合设计要求。

检验方法：检查产品合格证和产品性能检测报告。

2 塑料排水板排水层必须与排水系统连通，不得有堵塞现象。

检验方法：观察检查

Ⅱ 一 般 项 目

1 塑料排水板排水层构造做法应符合本标准第 7.3.4 条的规定。

检验方法：观察检查和检查隐蔽工程验收记录。

2 塑料排水板的搭接宽度和搭接方法应符合本标准第 7.3.1 条的规定。

检验方法：观察和尺量检查。

3 土工布铺设应平整、无折皱；土工布的搭接宽度和搭接方法应符合本标准第7.3.1条的规定。

检验方法：观察和尺量检查。

7.3.9 质量验收

1 检验批的验收由监理工程师或建设单位项目技术负责人组织项目专业质量检查员等进行验收。

2 塑料排水板排水分项工程检验批的抽样检验数量：应按铺设面积每100m^2抽查1处，每处10m^2，且不得少于3处。

3 当地方标准有统一规定时，按当地标准执行。当地方无统一标准时，检验批质量验收记录宜采用表7.3.9“塑料排水板检验批质量验收记录表”。

表7.3.9 塑料排水板检验批质量验收记录表

编号：________

单位（子单位）工程名称		分部（子分部）工程名称		分项工程名称		
施工单位		项目负责人		检验批容量		
分包单位		分包单位项目负责人		检验批部位		
施工依据			验收依据	《地下防水工程质量验收规范》GB 50208－2011		
	验收项目		设计要求及规范规定	最小/实际抽样数量	检查记录	检查结果
主控项目	1	塑料排水板	符合设计要求			
主控项目	2	土工复合材料	符合设计要求			
主控项目	3	塑料排水板排水层与排水系统是否连通	必须连通，不得有堵塞现象			

续表 7.3.9

		验收项目	设计要求及规范规定	最小/实际抽样数量	检查记录	检查结果
一般项目	1	塑料排水板排水层构造做法	符合设计和规范要求			
	2	塑料排水板的搭接宽度和搭接方法	长短边搭接宽度均不应小于 100mm，塑料排水板的接缝处宜采用配套胶粘剂粘结或热熔焊接			
	3	土工布铺设、土工布的搭接宽度和搭接方法	铺设应平整、无折皱，搭接宽度不应小于 200mm，搭接部位应采用粘合或缝合			
施工单位检查结果			专业工长： 项目专业质量检查员： 年 月 日			
监理（建设）单位验收结论			专业监理工程师： 年 月 日			

8 注浆防水

8.1 预注浆、后注浆

8.1.1 一般规定

1 本节适用于工程开挖前预计涌水量较大的地段或软弱地层采用的预注浆，以及工程开挖后处理围岩渗漏、回填衬砌壁后空隙采用的后注浆。

2 在砂卵石层中宜采用渗透注浆法；在砂层中宜采用劈裂注浆法；在黏土层中宜采用劈裂或电动硅化注浆法；在淤泥质软土中宜采用高压喷射注浆法。

3 注浆材料应符合下列要求：

1）具有较好的可注性，凝胶（固）时间可调。

2）具有固结收缩小，良好的粘结性、抗渗性、耐久性和化学稳定性。

3）无毒并对环境污染小。

4）注浆工艺简单，施工操作方便，安全可靠。

8.1.2 施工准备

1 技术准备

参见本标准第3.1.1条中相关内容。

2 材料准备

注浆材料品种、规格的选用，应符合设计和施工方案的要求，备用数量满足工程需要。

3 主要机具

1）主要机具：空气压缩机、贮气罐、料罐、钢嘴和插头、皮管、双液齿轮计量泵、注浆泵、混合器、止浆塞、注浆专用钻机、注浆搅拌机。

2）其他工具：拌合锅、铁板、电炉、天平、铲刀、毛刷、止水夹、量杯、量筒等。

4 作业条件

1）预注浆前应先做止浆墙（垫），其在注浆时止浆墙（垫）应达到设计强度的70%。

2）回填注浆应在二次衬砌混凝土达到设计强度后进行。

3）衬砌后围岩注浆应在回填注浆固结体强度达到70%后进行。

8.1.3 材料质量控制

1 注浆材料应符合下列要求：

具有较好的可注性，凝胶（固）时间可调；具有固结收缩小，良好的粘结性、抗渗性、耐久性和化学稳定性；无毒并对环境污染小，注浆工艺简单、施工操作方便，安全可靠。

2 注浆浆液应符合下列规定：

1）预注浆宜采用水泥浆液、黏土水泥浆液或化学浆液。

2）后注浆宜采用水泥浆液、水泥砂浆或掺有石灰、黏土膨润土、粉煤灰的水泥浆液。

3）注浆不得影响结构安全和对环境产生污染。

4）水泥类浆液宜选用普通硅酸盐水泥，其他浆液材料应符合有关规定。浆液的配合比应经试验室内和现场试验确定。

3 单液水泥注浆材料：

水泥：水泥强度一般不低于32.5MPa，当有侵蚀性水时，宜用耐蚀性高的水泥，还可采用膨胀水泥。水泥浆的水灰比应控制在0.5～2.0之间。

砂子：采用通过3mm筛孔的山砂和河砂，细度模数1.2～2.0，其余同混凝土用砂要求。

水泥浆的速凝剂：常用氯化剂或水玻璃及一些有机化合物。

水泥浆的速凝早强剂：常用三乙醇胺和食盐，三异丙醇胺和食盐，三异丙醇胺和硫酸亚铁，三乙醇胺和石膏，石膏和氯化钙等。

悬浮剂：悬浮剂常用膨润土和高塑黏土等。塑化剂：常用食糖、硫化钠和亚硫酸盐纸浆废液。

4 超细水泥注浆材料：

超细水泥的粒径一般小于 2μm。

5 黏土水泥注浆材料：

黏土要求没有太多的粉细砂，水泥强度等级为 32.5MPa 的普通硅酸盐水泥，添加剂为无机盐溶液。

6 水玻璃注浆材料：

水玻璃和水泥。

7 丙烯酰胺类注浆材料：

丙烯酰胺：交联剂＝95：5（重量比）。

8 铬木素类注材料：

一般配成浓度为30％～50％的溶液，其比重变化为1.17～1.27。

9 聚氨酯注浆材料。

10 环氧树脂注浆材料。

11 脲醛树脂类注浆材料：

甲液为甲醛：尿素＝2：1（重量比），乙液为硫酸（浓度为1％～8％）。甲液：乙液＝6：1 或 7：1（体积比）。

12 甲凝注浆材料。

甲凝浆液的配方见表 8.1.3-1。

表 8.1.3-1 甲凝浆液的配方

性能	1	2	3	备注
甲基丙烯酸甲酯	100	100	100	
甲基丙烯酸丁酯	25			
醋酸乙烯酯		15		
丙烯腈			15	
过氧化苯甲酰	1.25	1.0	1.5	
二甲基苯胺	1.25	0.5	1.5	
对甲苯亚磺酸	0.15	0.5	0.5	
甲基丙烯酸		3.0	0.5	
水杨酸		1.0		
铁氰化钾		0.03	0.03	抑制剂

注：配方中材料固体以重量计（g），液体以体积计（mL）。

13　凝注浆材料。

丙凝浆液的组成和配方见表 8.1.3-2。

表 8.1.3-2　丙凝浆液的组成和配方

作用	材料名称	代号	状态	水溶性作用量（%）
主剂	丙烯酰胺	A	固体	易溶于水 9～9.5
交联剂	NN′——次甲基双丙烯酰胺	M	固体	能溶于水 0.5
	甲醛水溶液	F	水溶液	易溶于水 1
引发剂	过核酸铵	AP	固体	易溶于水 0.5
促进剂	β——二甲氨基丙腈或三乙醇胺	DMAPN	液体	易溶于水 0.4
缓凝剂	铁氰化钾	KFe	固体	能溶于水 0a～0.01a
速凝剂	硫酸亚铁	Fe^{2+}	固体	易溶于水 0h～0.01h
pH 调节剂	氢氧化钠或氨水	OH^-	固体或	易溶于水
溶剂	水	W	水溶液	～89

8.1.4　施工工艺

1　工作流程

施工方案编制→施工技术交底→施工现场准备→钻孔（设置注浆管）→注浆

2　工艺流程

钻孔→设置注浆管→注水试验→注浆→钻孔检查→测定渗漏水量→（追加注浆钻孔）→注浆结束

3　施工操作要点

1）预注浆施工

（1）预注浆钻孔，应根据岩层裂隙状态、地下水情况、设备能力、浆液有效扩散半径、钻孔偏斜率和对注浆效果的要求等，综合分析后确定注浆孔数、布孔方式及钻孔角度。

（2）预注浆的段长，应根据工地地质、水文地质条件、钻孔设备及工期要求确定，宜为 10m～50m，但掘进时必须保留止水岩垫（墙）的厚度。注浆孔底距开挖轮廓的边缘，宜为毛洞高度（直径）的 0.5～1 倍，特殊工程可按计算和试验确定。

(3) 高压喷射注浆孔间距应根据地质情况及施工工艺确定，宜为0.4m～2.0m。

(4) 钻孔应严格按照设计的钻孔方向、角度和孔径进行钻进。钻孔过程中应做好详细的记录。其误差应符合以下要求：

① 开孔位置最大允许偏差应为50mm，钻孔偏斜率最大允许偏差应为0.5%。

② 钻孔深度最大允许偏差应为1%。

(5) 在钻孔过程中遇到涌水时，应停机，测定涌水量，决定注浆方法。

(6) 设置注浆管。应根据出水位置和岩石的好坏，确定注浆管的止浆塞在钻孔内的位置。

(7) 注浆前，应进行压水或压稀浆试验，测定地层吸水率和吸浆速度等参数，注水试验时的注水量及注入压力应从小到大。

(8) 注浆前必须对注浆泵进行试验，保证注浆泵正常运转。

(9) 注浆应在注浆前通过试验和计算初选，在压浆过程中再根据现场具体情况进行调整。

(10) 注浆时要先开水泥浆泵，再开水玻璃泵。注浆时，要严格控制两种浆液的进浆比例，一般水泥与水玻璃的何种比为1∶1～1∶0.6。

(11) 注浆过程中应加强隧道结构和建（构）筑物、管线等受力或变形的监测，当出现注浆量接近或达到设计要求，注浆压力不上升、地表隆起或沉降超标、建（构）筑物或管线变形异常等情况时，应采取下列措施的一种或几种：

① 改变注浆方法，调整注浆方案和参数。

② 改变注浆材料或调整浆液配比及外加剂。

③ 改进注浆工艺、机具设备。

④ 停止注浆，分析原因。

(12) 注浆结束条件：各孔段注浆量和注浆压力达到设计要求。当注浆压力达到设计要求、注浆量达不到设计要求时，当进浆速度不大于1L/min，稳压注浆时间不小于10min，可结束该孔或单段注浆。

（13）隧道超前预注浆结束后，应通过钻孔检查测试出（注）水量、渗透系数、取芯率等对注浆效果进行检查，每循环（段）检查孔数量不应小于钻孔数量的5%，且不得少于3个检查孔，检查孔中宜至少设置1个取芯孔。进行出水量测试时，检查孔出水量不宜大于1.0L/min·m，且不得有泥沙流出；压水试验时，地层的渗透系数、透水率等指标应达到设计要求。对注浆效果有严格要求的工程，应采用压（抽）水试验、芯样物理力学指标测试、孔内成像、物探等方法对注浆效果检验和评价，当注浆效果达不到设计要求时，应进行补充注浆，并重新对注浆效果检查和评价。

（14）注浆结束后，结构表面应清理干净，注浆孔及检查孔封填密实。

2）后注浆法施工

（1）固结注浆施工与其他类型的注浆施工相同，但在注浆前应根据不同的结构形式进行注浆压力计算。

（2）回填注浆、固结注浆和二次衬砌内注浆的施工顺序，应符合下列规定：

① 沿隧道轴线应由低向高，由下向上，少水到多水进行注浆。

② 多水地段，应先两头，后中间。

③ 斜井或竖井注浆应由上向下分段注浆，一个注浆段内应从下向上注浆。

（3）回填注浆施工时应加密布孔，回填注浆孔的孔径不宜小于40mm，间距宜为2m～5m，此时，压力不超过0.5MPa，压缩空气压力不超过0.60MPa，竖井注浆压力控制在0.3MPa～0.5MPa，地道注浆控制在0.2MPa～0.3MPa。回填注浆时，对岩石破碎、渗漏水量较大的地段，宜在衬砌与围岩间采用定量、重复注浆法分段设置隔水墙。

① 注浆之前，清理注浆孔，保证其顺畅。

② 注浆是一项连续作业，不得任意停泵。

③ 注浆顺序是由低处向高处，由无水处向有水处依次压注。注浆时，必须严格控制注浆压力，防止大量足跑浆和结构裂隙。在注浆中如发现大量跑浆、漏浆，应关泵停压，待 2d～3d 后进行第二次注浆。在某一注浆管工作时，邻近的注浆管应开口，让壁外的地下水从邻近管内流出，当发现管内有浆液流出时，应立即关闭。注浆结束停泵后，立即关闭孔口阀门进行封孔，然后拆除和清洗管路，待砂浆初凝后，再拆卸注浆管，并用高标号的水泥砂浆将注浆孔填满捣实。

3）壁后注浆施工

（1）注浆的压力一般为 2×10^5 Pa～4×10^5 Pa。

（2）转弯处施工时，盾构机推进的反力要平稳，并尽快传递到地层，尽早注浆。

（3）衬砌后围岩注浆钻孔深入围岩不应小于 1m，孔径不宜小于 40mm，孔距可根据渗漏水的情况确定。

（4）岩石地层预注浆或衬砌后围岩注浆的压力，应比静水压力大 0.5MPa～1.5MPa，回填注浆及衬砌内注浆的压力应小于 0.5MPa。

（5）衬砌内注浆钻孔应根据衬砌渗漏水情况布置，孔深宜为衬砌厚度的 1/3～2/3。

4）软弱地层注浆施工

（1）高压注浆。

① 高压喷射注浆孔间距应根据地质情况及施工工艺确定，宜为 0.4m～2.0m。

② 高压喷射注浆帷幕宜插入不透水层，其深度应按下式计算：

$$d=\frac{h-b\alpha}{2\alpha}$$

式中：d——帷幕插入深度（m）；

H——作用水头（m）；

α——接触面允许坡度，取 5～6；

b——帷幕厚度（m）。

③ 高压喷射注浆的工艺参数应根据试验确定，也可按表8.1.4选用，并在施工中进行修正。

表 8.1.4 高压喷射注浆工艺参数

<table>
<tr><td rowspan="3">项目</td><td colspan="6">压力（MPa）</td><td rowspan="3">输浆量（L/min）</td><td rowspan="3">喷嘴直径（mm）</td><td rowspan="3">提升速度（mm/min）</td></tr>
<tr><td>单管法</td><td colspan="2">双重管法</td><td colspan="3">三重管法</td></tr>
<tr><td>浆液</td><td>浆液</td><td>空气</td><td>水</td><td>空气</td><td>浆液</td></tr>
<tr><td>指标</td><td>20～30</td><td>20～30</td><td>0.7</td><td>20～30</td><td>0.7</td><td>2～3</td><td>40～150</td><td>2.0～3.0</td><td>50～200</td></tr>
</table>

（2）压密注浆。

（3）流砂层注浆技术。有三种注浆法：

① 一是化学注浆法，应选择合适的浆液类型、凝胶时间、注浆泵的排量。

② 二是排管注浆法。

（4）置换注浆法，其施工要点如下：

① 在距流砂层顶板 1.5m～2.0m 厚黏土隔水层上构筑止浆垫。

② 以同心圆锥面状布孔，终孔距荒径外 1.5m～2.0m。中心有一个检查孔。

③ 置换注浆的每次置换量以 1.5m^3～2.0m^3 为宜。

④ 断层破碎带的注浆技术。

（5）应提高断层破碎带的可注性：

① 压裂法：注浆浆液以稀水水泥浆为主，注浆时连续作业，不得中途停泵。

② 预处理法。

③ 同层钻进交替注浆法：

（6）应限制断层的浆液扩散性：

① 控量注浆。每次注浆段高度为 5m，注入量控制在 6m^3～12m^3。

② 先注稀浆再注浓浆。

③ 延伸套管加强掘进时穿过断层部位的加固强度。

④ 提高注浆压力。

5）注浆过程控制应符合的规定

（1）根据工程地质、注浆目的等控制注浆压力和注浆量。

（2）回填注浆应在二次衬砌混凝土达到设计强度后进行，衬砌后围岩注浆应在充填注浆固结体达到设计强度的70%后进行。

（3）浆液不得溢出地面和超出有效注浆范围，地面注浆结束后注浆孔应封填密实。

（4）注浆范围和建筑物的水平距离很近时，应加强对临近建筑物和地下埋设物的现场监控。

（5）注浆点距离饮用水源或公共水域较近时，注浆施工如有污染应及时采取相应措施。

8.1.5 成品保护

1 注浆结束后，将注浆孔及检查孔封堵填实。

2 水泥浆液注浆后应保持潮湿环境，气温在5℃以上条件养护。

3 化学注浆后，应保持干燥环境，气温在5℃以上条件养护。

8.1.6 安全措施和环保措施

1 安全措施

1）加强现场安全用电管理，防止漏电。

2）机械设备转移时，统一指挥，防止伤人。

3）注意泵压变化，当出现不明压力时，立即停泵，查清原因，排除故障后，方可继续施工。

4）注浆过程中应加强监测，当发生围岩或衬砌变形、堵塞排水系统、串浆、危及地面建筑物等异常情况时，可采取下列措施：

（1）降低注浆压力或采用间歇注浆，直到停止注浆。

（2）改变注浆材料或缩短浆液凝胶时间。

（3）调整注浆实施方案。

2 环保措施

1）水泥宜采用散装水泥。

2）袋装材料的包装材料应回收或集中处理。

3）宜选择最优施工参数，减少资源消耗。

4）废弃的有毒材料处理应符合相关规定。

5）在注浆施工期间及施工结束后，应对水源取样检查，如有污染，应及时采取相应措施。

8.1.7 质量标准

Ⅰ 主 控 项 目

1 配制浆液的原材料及配合比必须符合设计要求。

检验方法：检查出厂合格证、质量检验报告、计量措施和试验报告。

2 注浆效果必须符合设计要求。

检验方法：采用钻孔取芯、压水（或空气）等方法检查。

Ⅱ 一 般 项 目

1 注浆孔的数量、布置间距、钻孔深度及角度应符合设计要求；注浆各阶段的控制压力和进浆量应符合设计要求。

检验方法：检查隐蔽工程验收记录。

2 注浆各阶段的控制压力和进浆量应符合设计要求。

检验方法：检查隐蔽工程验收记录。

3 注浆时浆液不得溢出地面和超出有效注浆范围。

检验方法：观察检查。

4 料浆对地面产生的沉降量不得超过 30mm，地面的隆起不得超过 20mm。

检验方法：用水准仪测量。

8.1.8 施工质量验收

1 检验批的验收由监理工程师或建设单位项目技术负责人组织项目专业质量检查员等进行验收。

2 注浆的施工质量检验数量，应按注浆加固或堵漏面积每 100m^2 抽查一处，每处 10m^2，且不得少于 3 处。

3 当地方标准有统一规定时，按当地标准执行。当地方无统一标准时，检验批质量验收记录宜采用表 8.1.8“预注浆、后注浆检验批质量验收记录表”。

表 8.1.8 预注浆、后注浆检验批质量验收记录表

编号：________

<table>
<tr><td colspan="2">单位（子单位）工程名称</td><td></td><td>分部（子分部）工程名称</td><td></td><td>分项工程名称</td><td></td></tr>
<tr><td colspan="2">施工单位</td><td></td><td>项目负责人</td><td></td><td>检验批容量</td><td></td></tr>
<tr><td colspan="2">分包单位</td><td></td><td>分包单位项目负责人</td><td></td><td>检验批部位</td><td></td></tr>
<tr><td colspan="2">施工依据</td><td colspan="2"></td><td>验收依据</td><td colspan="2">《地下防水工程质量验收规范》GB 50208－2011</td></tr>
<tr><td></td><td colspan="2">验收项目</td><td>设计要求及规范规定</td><td>最小/实际抽样数量</td><td>检查记录</td><td>检查结果</td></tr>
<tr><td rowspan="2">主控项目</td><td>1</td><td>配置浆液的原材料及配合比</td><td>符合设计要求</td><td></td><td></td><td></td></tr>
<tr><td>2</td><td>预注浆（或后注浆）注浆效果</td><td>符合设计要求</td><td></td><td></td><td></td></tr>
<tr><td rowspan="4">一般项目</td><td>1</td><td>注浆孔数量、布置间距、钻孔深度及角度</td><td>符合设计要求</td><td></td><td></td><td></td></tr>
<tr><td>2</td><td>各阶段的控制压力和注浆量</td><td>符合设计要求</td><td></td><td></td><td></td></tr>
<tr><td>3</td><td>注浆范围</td><td>不得溢出地面和超出有效注浆范围</td><td></td><td></td><td></td></tr>
<tr><td>4</td><td>注浆对地面产生的沉降和隆起量</td><td>对地面产生的沉降量不得超过 30mm，地面隆起不得超过 20mm</td><td></td><td></td><td></td></tr>
<tr><td colspan="3">施工单位
检查结果</td><td colspan="4">专业工长：
项目专业质量检查员：
年　月　日</td></tr>
<tr><td colspan="3">监理（建设）单位
验收结论</td><td colspan="4">专业监理工程师：
年　月　日</td></tr>
</table>

8.2 结构裂缝注浆

8.2.1 一般规定

1 结构裂缝注浆适用于混凝土结构宽度大于0.2mm的静止裂缝、贯穿性裂缝等堵水注浆。

2 裂缝注浆应待结构基本稳定和混凝土达到设计强度后进行。

3 结构裂缝堵水注浆宜选用聚氨酯、丙烯酸盐等化学浆液；补强加固的结构裂缝注浆宜选用水泥基灌浆材料、改性环氧树脂或丙烯酸盐等注浆材料。

4 地下防水工程渗漏水调查应符合本标准附录D的规定。

8.2.2 施工准备

1 技术准备

参见本标准第3.1.1条中相关内容。

2 材料准备

裂缝注浆材料品种、规格的选用，应符合设计和施工方案的要求，备用数量应满足工程需要。

3 施工机具

1）灌浆机具的电动泵、输浆管、混合室、注浆嘴、料桶，压缩机，贮气罐，料罐，皮管，双液齿轮计量泵、注浆泵，混合器，止浆塞，注浆专用钻机，注浆搅拌机。

2）其他工具。裂缝清理、配料、涂刷等项工作尚需使用拌合锅、铁板、电炉、天平、铲刀、毛刷、泥刀、止水夹、量杯、量筒等工具。

4 作业条件

结构基本稳定和混凝土达到设计强度。

8.2.3 材料质量控制

1 渗漏水治理防水材料应符合下列规定：

1）应适合现场环境条件。

2）与原防水材料相容，符合环保条件。

3）满足特定的使用功能要求。

2 聚氨酯灌浆材料

1）聚氨酯灌浆材料应为均匀的液体，无杂质、不分层，包装完好无损且标明灌浆材料名称、生产日期、生产厂名、产品有效期。

2）聚氨酯灌浆材料的物理性能应符合表 8.2.3-1 的规定，并应按现行行业标准《聚氨酯灌浆材料》JC/T 2041 规定的方法进行检测。

表 8.2.3-1 聚氨酯灌浆材料的物理性能

序号	试验项目	性能	
		水溶性	油溶性
1	黏度（mPa·s）	≤1000	
2	不挥发物含量（%）	≥75	≥78
3	凝胶时间（s）	≤150	—
4	凝固时间（s）	—	≤800
5	包水性（10 倍水，s）	≤200	—
6	发泡率（%）	≥350	≥1000
7	固结体抗压强度（MPa）	—	≥6.0

注：第 7 项仅在有加固要求时检测。

3）聚氨酯灌浆材料在存放和配制过程中不得与水接触，包装开启后宜一次用完。

3 丙烯酸盐灌浆材料

1）丙烯酸盐灌浆材料宜采用塑料桶盛装，包装应完好无损且标明灌浆材料名称、生产日期、生产厂名、产品有效期。

2）丙烯酸盐灌浆材料的物理性能与试验方法应符合表 8.2.3-2 和表 8.2.3-3 的规定，并应按现行行业标准《丙烯酸盐灌浆材料》JC/T 2037 规定的方法进行检测。

表 8.2.3-2 丙烯酸盐灌浆材料的物理性能

序号	项 目	性 能
1	外观	不含颗粒的均质液体
2	密度（g/cm^3）	1.1±0.1
3	黏度（mPa·s）	≤10
4	凝胶时间（s）	≤30
5	pH	≥7.0

表 8.2.3-3 丙烯酸盐灌浆材料固结体的物理性能

序号	项 目	性 能
1	渗透系数（cm/s）	<10^{-5}
2	挤出破坏比降	≥200
3	固砂体抗压强度（MPa）	≥0.2
4	遇水膨胀率（%）	≥30

3）材料应储存于阴凉干燥处，贮存期自生产之日起开始计算，至少为半年。

4 水泥基灌浆材料

1）水泥基灌浆材料的包装可以袋装或散装，袋装产品每袋净含量为 50kg，且不得少于标志净含量的 98%；随机抽取 20 袋总净含量不得少于 1000kg。其他包装形式由供需双方协商确定，但每袋净含量不得少于标志净含量的 98%，随机抽取 20 袋总质量不得少于标识净含量的总和。材料包装应完好无损且标明灌浆材料名称、生产日期、生产厂名、产品有效期。

2）水泥基灌浆材料的物理性能与试验方法应符合表 8.2.3-4 的规定。

表 8.2.3-4　水泥基灌浆材料的物理性能与试验方法

序号	项　目		性能	试验方法
1	粒径（4.75mm 方孔筛筛余，%）			现行行业标准《水泥基灌浆材料》JC/T 986
2	泌水率（%）		0	
3	流动度（mm）	初始流动度	≥290	
		30min 流动度保留值	≥260	
4	抗压强度（MPa）	1d	≥20	
		3d	≥40	
		28d	≥60	
5	竖向膨胀率（%）	3h	0.1～3.5	
		24h 与 3h 膨胀率之差	0.02～0.5	
6	对钢筋有无腐蚀作用		无	
7	比表面积（m^2/kg）	干磨法	≥600	现行国家标准《水泥比表面积测定方法 勃氏法》GB/T 8074
		湿磨法	≥800	

注：第 7 项仅适用于超细水泥灌浆材料。

3）水泥基灌浆材料在运输与贮存时，不得受潮和混入杂物，不得混杂。产品自生产日期起计算，在符合标准的包装、运输、贮存的条件下贮存期为 3 个月，过期应重新进行物理性能检验。

5　环氧树脂灌浆材料

1）环氧树脂灌浆材料 A、B 组分均匀，无分层。材料应用铁皮桶或塑料桶密封包装，包装应完好无损且标明灌浆材料名称、生产日期、生产厂名、产品有效期。

2）环氧树脂灌浆材料的物理性能应符合表 8.2.3-5 和表 8.2.3-6 的规定，并应按现行行业标准《混凝土裂缝用环氧树脂灌浆材料》JC/T 1041 规定的方法进行检测。

表 8.2.3-5 环氧树脂灌浆材料的物理性能

序号	项　目	性　能	
		低黏度型	普通型
1	外观	A、B组分均匀，无分层	
2	初始黏度（mPa·s）	≤30	≤200
3	可操作时间（min）	>30	

表 8.2.3-6 环氧树脂灌浆材料固化物的物理性能

序号	项　目		性　能
1	抗压强度（MPa）		≥40
2	抗拉强度（MPa）		≥10
3	粘结强度（MPa）	干燥基层	≥3.0
4		潮湿基层	≥2.0
5	抗渗压力（MPa）		≥1.0

注：固化物性能的测定龄期为 28d。

3）环氧树脂灌浆材料运输中应避免火种、受热及剧烈冲击和包装破损，不准倒置包装桶，运输时应轻拿轻放，包装应完好无损且标明灌浆材料名称、生产日期、生产厂名、产品有效期。材料应储存于干燥通风处，贮存期自生产之日起计算。

8.2.4 施工工艺

1 工作流程

施工方案编制→施工技术交底→施工现场准备→裂缝处理→注浆

2 工艺流程

注浆工艺包括裂缝清理、粘贴嘴子（或开缝钻眼下嘴）、裂缝和表面局部封闭、试气和施注 6 道工序。不同种类浆液的注浆工艺大同小异。

表面清理→粘贴嘴子封闭裂缝→沿裂缝进行表面封闭→试气检查密封情况→配制浆液→注浆→恒压→排浆处冒出浆为止→排出多余浆液，清洗工具

8.2.5 施工操作要点

1 结构裂缝注浆应符合下列规定：

1）施工前，应沿缝清除基面上的油污杂质。

2）浅裂缝应骑缝粘埋注浆嘴，必要时沿缝开凿“U”形槽并用速凝水泥砂浆封缝。

3）深裂缝应骑缝钻孔或斜向钻孔至裂缝深部，孔内安放注浆管或注浆嘴，间距应根据裂缝宽度而定，但每条裂缝至少有一个进浆孔和一个排气孔。

4）注浆嘴及注浆管应设在裂缝的交叉处、较宽处及贯穿处等部位。对封缝的密封效果应进行检查。

5）注浆后待缝内浆液固化后，方可拆下注浆嘴并进行封口抹平。

2 注浆必须待衬砌结构混凝土强度达到设计强度等级及基本稳定后，方可进行。

3 裂缝附近混凝土表面必须处理干净，确保封闭材料与混凝土有效粘结。裂缝处宜用丙酮或二甲苯的棉丝擦洗，不宜用水冲洗。

4 裂缝必须封闭严密，不得漏气。

5 严格执行操作顺序及注浆顺序，应遵照自上而下或自一端向另一端循序渐进的原则，保证注浆质量，严禁倒行逆施。

6 注浆结束后，及时清洗灌浆嘴及设备。

7 严格控制注浆压力，防止损害衬砌结构。较粗的缝（0.5mm 以上）宜用 0.2MPa～0.3MPa 的压力，较细的缝宜用 0.2MPa～0.3MPa。

8.2.6 成品保护

1 注浆结束后，将注浆孔及检查孔封堵填实。

2 水泥浆液注浆后应保持潮湿环境，气温在 5℃以上条件养护。

3 化学注浆后，应保持干燥环境，气温在 5℃以上条件养护。

8.2.7 安全、环保措施

1 丙凝、氰凝等材料有毒，材料进场后必须严格保管，防止中毒污染事件发生。

2 注浆工作面应具有良好的通风条件，同时操作人员必须配备手套、口罩等劳保用品。

3 废弃材料应严格按照废弃物的处理办法处理，严禁随意丢弃。

4 操作现场严禁烟火。

8.2.8 质量标准

Ⅰ 主 控 项 目

1 注浆材料及配合比必须符合设计要求。

检验方法：检查产品合格证、产品性能检测报告、计量措施和材料进场检验报告。

2 结构裂缝注浆的注浆效果必须符合设计要求。

检验方法：观察检查和压水或压气检查，必要时钻取芯样采取劈裂抗拉强度试验方法检查。

Ⅱ 一 般 项 目

1 注浆孔的数量、布置间距、钻孔深度及角度应符合设计要求。

检验方法：尺量检查和检查隐蔽工程验收记录。

2 注浆各阶段的控制压力和注浆量应符合设计要求。

检验方法：观察检查和检查隐蔽工程验收记录。

8.2.9 质量验收

1 检验批的验收由监理工程师或建设单位项目技术负责人组织项目专业质量检查员等进行验收。

2 注浆的施工质量检验数量，应按裂缝条数的10%抽查，每条裂缝为1处，且不得少于3处。

3 当地方标准有统一规定时，按当地标准执行。当地方无统一标准时，检验批质量验收记录宜采用表 8.2.9 “结构裂缝注浆检验批质量验收记录表”。

表 8.2.9 结构裂缝注浆检验批质量验收记录表

编号：________

<table>
<tr><td>单位（子单位）工程名称</td><td></td><td>分部（子分部）工程名称</td><td></td><td>分项工程名称</td><td></td></tr>
<tr><td>施工单位</td><td></td><td>项目负责人</td><td></td><td>检验批容量</td><td></td></tr>
<tr><td>分包单位</td><td></td><td>分包单位项目负责人</td><td></td><td>检验批部位</td><td></td></tr>
<tr><td>施工依据</td><td colspan="2"></td><td>验收依据</td><td colspan="2">《地下防水工程质量验收规范》GB 50208－2011</td></tr>
</table>

<table>
<tr><td rowspan="3">主控项目</td><td colspan="2">验收项目</td><td>设计要求及规范规定</td><td>最小/实际抽样数量</td><td>检查记录</td><td>检查结果</td></tr>
<tr><td>1</td><td>注浆材料及配合比</td><td>符合设计要求</td><td></td><td></td><td></td></tr>
<tr><td>2</td><td>注浆效果</td><td>符合设计要求</td><td></td><td></td><td></td></tr>
<tr><td rowspan="2">一般项目</td><td>1</td><td>注浆孔的数量、布置间距、钻孔深度及角度</td><td>符合设计要求</td><td></td><td></td><td></td></tr>
<tr><td>2</td><td>注浆各阶段的控制压力和注浆量</td><td>符合设计要求</td><td></td><td></td><td></td></tr>
<tr><td colspan="3">施工单位检查结果</td><td colspan="4">专业工长：
项目专业质量检查员：
年 月 日</td></tr>
<tr><td colspan="3">监理（建设）单位验收结论</td><td colspan="4">专业监理工程师：
年 月 日</td></tr>
</table>

9 子分部工程质量验收

9.0.1 地下防水工程质量验收的程序和组织，应符合现行国家标准《建筑工程施工质量验收统一标准》GB 50300 的有关规定。

9.0.2 检验批的合格判定应符合下列规定：

1 主控项目的质量经抽样检验全部合格。

2 一般项目的质量经抽样检验 80%以上检测点合格，其余不得有影响使用功能的缺陷。对有允许偏差的检验项目，其最大偏差不得超过本标准规定允许偏差的 1.5 倍。

3 施工具有明确的操作依据和完整的质量检查记录。

9.0.3 分项工程质量验收合格应符合以下规定：

1 分项工程所含检验批的质量均应验收合格。

2 分项工程所含检验批的质量验收记录应完善。

9.0.4 子分部工程质量验收合格应符合下列规定：

1 子分部所含分项工程的质量均应验收合格。

2 质量控制资料应完整。

3 地下工程渗漏水检测应符合设计的防水等级标准要求。

4 观感质量检查应符合要求。

9.0.5 地下防水工程竣工和记录资料应符合表 9.0.5 的规定。

表 9.0.5 地下防水工程竣工和记录资料

序号	项目	文件和记录
1	防水设计	施工图、设计交底记录、图纸会审记录、设计变更通知单和材料代用核定单
2	资质、资格证明	施工单位资质及施工人员上岗证复印证件
3	施工方案	施工方法、技术措施、质量保证措施

续表 9.0.5

序号	项目	文件和记录
4	技术交底	施工操作要求及安全等注意事项
5	材料质量证明	产品合格证、产品性能检测报告、材料进场检验报告
6	混凝土、砂浆质量证明	试配及施工配合比，混凝土抗压强度、抗渗性能检验报告，砂浆粘结强度、抗渗性能检验报告
7	中间检查记录	施工质量验收记录、隐蔽工程检查验收记录、施工检查记录
8	检验记录	渗漏水检测记录、观感质量检查记录
9	施工日志	逐日施工情况
10	其他技料	事故处理报告、技术总结

9.0.6 地下防水工程应对下列部位作好隐蔽工程验收记录：

1 防水层的基层。

2 防水混凝土结构和防水层被掩盖的部位。

3 变形缝、施工缝、后浇带等防水构造的做法。

4 管道穿过防水层的封固部位。

5 渗排水层、盲沟和坑槽。

6 结构裂缝注浆处理部位。

7 衬砌前围岩渗漏水处理部位。

8 基坑的超挖和回填。

9.0.7 地下防水工程的观感质量检查应符合下列规定：

1 防水混凝土应密实，表面应平整，不得有漏筋、蜂窝等缺陷；裂缝宽度不得大于 0.2mm，并不得贯通。

2 水泥砂浆防水层应密实、平整、粘结牢固，不得有空鼓、裂纹、起砂、麻面等缺陷；防水层厚度应符合设计要求。

3 卷材防水层接缝应粘结牢固、封闭严密，防水层不得有损伤、空鼓、折皱等缺陷。

4 涂料防水层应与基层粘结牢固，不得有脱皮、流淌、鼓泡、露胎、折皱等缺陷。涂层厚度应符合设计要求。

5　塑料防水板防水层应铺设牢固、平整，搭接焊缝严密，不得有下垂、绷紧破损现象。

6　金属板防水层焊缝不得有裂纹、未熔合、夹渣、焊瘤、咬边、烧穿、弧坑、针状气孔等缺陷；保护涂层应符合设计要求。

7　施工缝、变形缝、后浇带、穿墙管、埋设件、预留通道接头、桩头、孔口、坑、池等防水构造应符合设计要求。

9.0.8　特殊施工法防水工程的质量要求：

1　内衬混凝土表面应平整，不得有孔洞、露筋、蜂窝等缺陷。

2　盾构法隧道衬砌自防水、衬砌外防水涂层、衬砌接缝防水和内衬结构防水应符合设计要求。

3　锚喷支护、地下连续墙、复合式衬砌、沉井、逆筑结构等防水构造应符合设计要求。

9.0.9　排水工程的质量要求：

1　排水系统不淤积、不堵塞，确保排水畅通。

2　反滤层的砂、石粒径、含泥量和层次排列应符合设计要求。

3　排水沟断面及坡度应符合设计要求。

9.0.10　注浆工程的质量要求：

1　注浆孔的间距、深度及数量应符合设计要求。

2　注浆效果应符合设计要求。

3　地表沉降控制应符合设计要求。

9.0.11　地下工程出现渗漏水时，应及时进行治理，符合设计的防水等级标准要求后方可验收。

9.0.12　地下防水工程验收后，应填写子分部工程质量验收记录，随同工程验收资料分别由建设单位和施工单位存档。

附录A　参考的规范、标准、规程汇总表

A.0.1　本标准修编的依据见表A.0.1。

表A.0.1　修编依据表

序号	名　称	编　号
1	《地下防水工程绿色施工技术标准》	ZJQ 08-SGJB 208-2005
2	《中建八局10项新技术》	2011版
3	《建筑业10项新技术》(报批稿)	2016版
4	《中建八局科技推广应用技术清单》	2016版
5	《中建八局绿色施工手册》	2.0版
6	《中建八局绿色施工实施指南》	2016.03.26
7	《中建八局标准化管理手册》	2015版
8	《建筑施工手册》	第五版
9	《建筑工程施工质量验收统一标准》	GB 50300-2013
10	《地下防水工程质量验收规范》	GB 50208-2011
11	《建筑节能工程施工质量验收规范》	GB 50411-2007
12	《地下工程防水技术规范》	GB 50108-2008
13	《屋面工程技术规范》	GB 50345-2012
14	《混凝土结构工程施工规范》	GB 50666-2011
15	《建筑施工场界环境噪声排放标准》	GB 12523-2011
16	《自粘聚合物改性沥青防水卷材》	GB 23441-2009
17	《石油沥青纸胎油毡》	GB 326-2007
18	《改性沥青聚乙烯胎防水卷材》	GB 18967-2009
19	《弹性体改性沥青防水卷材》	GB 18242-2008
20	《塑性体改性沥青防水卷材》	GB 18243-2008
21	《聚氯乙烯（PVC）防水卷材》	GB 12952-2011

续表 A

序号	名 称	编 号
22	《氯化聚乙烯防水卷材》	GB 12953 - 2003
23	《高分子防水材料 第 1 部分：片材》	GB 18173.1 - 2012
24	《建筑用硅酮结构密封胶》	GB 16776 - 2005
25	《水泥基渗透结晶型防水材料》	GB 18445 - 2012
26	《盾构法隧道施工与验收规范》	GB 50446 - 2008
27	《预铺/湿铺防水卷材》	GB/T 23457 - 2009
28	《建筑工程绿色施工规范》	GB/T 50905 - 2014
29	《建筑工程绿色施工评价标准》	GB/T 50640 - 2010
30	《质量管理体系要求》	GB/T 19001 - 2008/XG1 - 2011
31	《环境管理体系要求及使用指南》	GB/T 24001 - 2015
32	《职业健康安全管理体系规范》	GB/T 28001 - 2011
33	《喷涂聚脲防水涂料》	GB/T 23446 - 2009
34	《聚氨酯防水涂料》	GB/T 19250 - 2013
35	《聚合物水泥防水涂料》	GB/T 23445 - 2009
36	《石油沥青玻璃纤维胎防水卷材》	GB/T 14686 - 2008
37	《施工现场临时用电安全技术规范》	JGJ 46 - 2012
38	《建筑机械使用安全技术规程》	JGJ 33 - 2012
39	《施工现场临时用电安全技术规范》	JGJ 46 - 2005
40	《冷拔低碳钢丝应用技术规程》	JGJ 19 - 2010
41	《混凝土泵送施工技术规程》	JGJ/T 10 - 2011
42	《喷涂聚脲防水工程技术规程》	JGJ/T 200 - 2010
43	《地下建筑工程逆作法技术规程》	JGJ 165 - 2010
44	《预拌砂浆应用技术规程》	JGJ/T 223 - 2010
45	《聚合物乳液建筑防水涂料》	JC/T 864 - 2008
46	《丙烯酸酯建筑密封胶》	JC/T 484 - 2006
47	《建筑防水沥青嵌缝油膏》	JC/T 207 - 2011
48	《砂浆、混凝土防水剂》	JC/T 474 - 2008

续表 A

序号	名 称	编 号
49	《建筑防水涂料用聚合物乳液》	JC/T 1017 - 2006
50	《水泥基灌浆材料》	JC/T 986 - 2005
51	《聚氨酯灌浆材料》	JC/T 2041 - 2010
52	《给水排水工程钢筋混凝土沉井结构设计规程》	CECS137：2015

附录B　地下工程用防水材料的质量指标

B.1　防水卷材的质量指标

B.1.1　高聚物改性沥青类防水卷材的主要物理性能应符合表B.1.1的要求。

表B.1.1　高聚物改性沥青类防水卷材的主要物理性能

<table>
<tr><th colspan="2" rowspan="3">项　目</th><th colspan="9">指　　标</th></tr>
<tr><th colspan="3">弹性体改性沥青防水卷材</th><th colspan="2">自粘聚合物改性沥青防水卷材</th><th rowspan="2">自粘改性沥青聚乙烯膜胎防水卷材</th><th colspan="3">湿铺防水卷材</th></tr>
<tr><th>聚酯毡胎体</th><th>玻纤毡胎体</th><th>聚乙烯膜胎体</th><th>聚酯毡胎体</th><th>无胎体</th><th>聚酯毡胎体</th><th colspan="2">高分子膜基
H　　E</th></tr>
<tr><td colspan="2">可溶物含量（g/m²）</td><td colspan="3">3mm厚≥2100
4mm厚≥2900</td><td>3mm厚
≥2100</td><td>—</td><td>—</td><td>3mm厚
≥2100</td><td>—</td><td>—</td></tr>
<tr><td rowspan="2">拉伸性能</td><td>拉力（N/50mm）</td><td>≥800
（纵横向）</td><td>≥500
（纵横向）</td><td>≥140（纵向）
≥120（横向）</td><td>≥450
（纵横向）</td><td>≥180
（纵横向）</td><td>≥200（纵横向）</td><td>≥600（纵横向）</td><td>≥300</td><td>≥200</td></tr>
<tr><td>延伸率（%）</td><td>最大拉力时
≥40（纵横向）</td><td>—</td><td>断裂时≥250
（纵横向）</td><td>最大拉力时
≥30（纵横向）</td><td>断裂时≥200
（纵横向）</td><td>断裂时≥250
（纵横向）</td><td>最大拉力时
≥40（纵横向）</td><td>≥50</td><td>≥180</td></tr>
<tr><td colspan="2">低温柔度（℃）</td><td colspan="3">−25，无裂纹</td><td colspan="6">−20，无裂纹</td></tr>
<tr><td colspan="2">热老化后低温柔度（℃）</td><td colspan="3">−20，无裂纹</td><td colspan="2">−22，无裂纹</td><td colspan="4">−18，无裂纹</td></tr>
<tr><td colspan="2">不透水性</td><td colspan="9">压力0.3MPa，保持时间120min，不透水</td></tr>
</table>

注：H—聚酯膜，高强型；E—聚乙烯双向层压膜，高延伸型。

B.1.2 合成高分子类防水卷材的主要物理性能应符合表 B.1.2 的要求。

表 B.1.2 合成高分子类防水卷材的主要物理性能

项　目	指　标				
	三元乙丙橡胶防水卷材	聚氯乙烯防水卷材	聚乙烯丙纶复合防水卷材	高分子自粘胶膜防水卷材	热塑性聚烯烃（TPO）防水卷材
断裂拉伸强度	≥7.5MPa	≥12MPa	≥60N/10mm	≥100N/10mm	≥12
断裂伸长率（%）	≥450	≥250	≥300	≥400	≥500
低温弯折性（℃）	−40,无裂纹	−20,无裂纹	−20,无裂纹	−20,无裂纹	−40,无裂纹
不透水性	压力 0.3MPa，保持时间 120min，不透水				
撕裂强度	≥25kN/m	≥40kN/m	≥20N/10mm	≥120N/10mm	≥60kN/m
复合强度（表层与芯层）	—	—	≥1.2N/mm	—	—

B.1.3 聚合物水泥防水粘结材料的主要物理性能应符合表 B.1.3 的要求。

表 B.1.3 聚合物水泥防水粘结材料的主要物理性能

项　目		指　标
与水泥基面的粘结拉伸强度（MPa）	常温 7d	≥0.6
	耐水性	≥0.4
	耐冻性	≥0.4
可操作时间（h）		≥2
抗渗性（MPa，7d）		≥1.0
剪切状态下的粘合性（N/mm，常温）	卷材与卷材	≥2.0 或卷材断裂
	卷材与基面	≥1.8 或卷材断裂

B.2 防水涂料的质量指标

B.2.1 有机防水涂料的主要物理性能应符合表B.2.1的要求。

表B.2.1 有机防水涂料的主要物理性能

项目		指标		
		反应型防水涂料	水乳型防水涂料	聚合物水泥防水涂料
可操作时间（min）		≥20	≥50	≥30
潮湿基面粘结强度（MPa）		≥0.5	≥0.2	≥1.0
抗渗性（MPa）	涂膜（120min）	≥0.3	≥0.3	≥0.3
	砂浆迎水面	≥0.8	≥0.8	≥0.8
	砂浆背水面	≥0.3	≥0.3	≥0.6
浸水168h后拉伸强度（MPa）		≥1.7	≥0.5	≥1.5
浸水168h后断裂伸长率（%）		≥400	≥350	≥80
耐水性（%）		≥80	≥80	≥80
表干（h）		≤12	≤4	≤4
实干（h）		≤24	≤12	≤12

注：1 浸水168h后的拉伸强度和断裂伸长率是在浸水取出后只经擦干即进行试验所得的值；

2 耐水性指标是指材料浸水168h后取出即进行试验，其粘结强度及抗渗性的保持率。试验方法见附录F。

B.2.2 无机防水涂料的主要物理性能应符合表B.2.2的要求。

表B.2.2 无机防水涂料的主要物理性能

项目	指标	
	掺外加剂、掺和料水泥基防水涂料	水泥基渗透结晶型防水涂料
抗折强度（MPa）	>4	≥4
粘结强度（MPa）	>1.0	≥1.0
一次抗渗性（MPa）	>0.8	>1.0
二次抗渗性（MPa）	—	>0.8
冻融循环（次）	>50	>50

B.3 止水密封材料的质量指标

B.3.1 橡胶止水带的主要物理性能应符合表 B.3.1 的要求。

表 B.3.1 橡胶止水带的主要物理性能

项目			指标		
			变形缝用止水带	施工缝用止水带	有特殊耐老化要求的接缝用止水带
硬度（邵尔 A，度）			60±5	60±5	60±5
拉伸强度（MPa）			≥15	≥12	≥10
扯断伸长率（%）			≥380	≥380	≥300
压缩永久变形（%）	70℃×24h		≤35	≤35	≤25
	23℃×168h		≤20	≤20	≤20
撕裂强度（kN/m）			≥30	≥25	≥25
脆性温度（℃）			≤−45	≤−40	≤−40
热空气老化	70℃×168h	硬度变化（邵尔 A，度）	+8	+8	—
		拉伸强度（MPa）	≥12	≥10	—
		扯断伸长率（%）	≥300	≥300	—
	100℃×168h	硬度变化（邵尔 A，度）	—	—	+8
		拉伸强度（MPa）	—	—	≥9
		扯断伸长率（%）	—	—	≥250
橡胶与金属粘合			断面在弹性体内		

注：橡胶与金属粘合指标仅适用于具有钢边的止水带。

B.3.2 混凝土建筑接缝用密封胶的主要物理性能应符合表 B.3.2 的要求。

表 B.3.2 混凝土建筑接缝用密封胶的主要物理性能

<table>
<tr><td colspan="4" rowspan="2">项　目</td><td colspan="4">指　标</td></tr>
<tr><td>25
(低模量)</td><td>25
(高模量)</td><td>20
(低模量)</td><td>20
(高模量)</td></tr>
<tr><td rowspan="3">流动性</td><td rowspan="2">下垂度
(N型)</td><td colspan="2">垂直 (mm)</td><td colspan="4">≤3</td></tr>
<tr><td colspan="2">水平 (mm)</td><td colspan="4">≤3</td></tr>
<tr><td colspan="3">流平性 (S型)</td><td colspan="4">光滑平整</td></tr>
<tr><td colspan="4">挤出性 (mL/min)</td><td colspan="4">≥80</td></tr>
<tr><td colspan="4">弹性恢复率 (%)</td><td colspan="2">≥80</td><td colspan="2">≥60</td></tr>
<tr><td colspan="2">拉伸模量
(MPa)</td><td colspan="2">23℃
−20℃</td><td>≤0.4 和
≤0.6</td><td>>0.4 或
>0.6</td><td>≤0.4 和
≤0.6</td><td>>0.4 或
>0.6</td></tr>
<tr><td colspan="4">定伸粘结性</td><td colspan="4">无破坏</td></tr>
<tr><td colspan="4">浸水后定伸粘结性</td><td colspan="4">无破坏</td></tr>
<tr><td colspan="4">热压冷拉后粘结性</td><td colspan="4">无破坏</td></tr>
<tr><td colspan="4">体积收缩率 (%)</td><td colspan="4">≤25</td></tr>
</table>

注：体积收缩率仅适用于乳胶型和溶剂型产品。

B.3.3 腻子型遇水膨胀止水条的主要物理性能应符合表 B.3.3 的要求。

表 B.3.3 腻子型遇水膨胀止水条的主要物理性能

项　目	指　标
硬度（C型微孔材料硬度计，度）	≤40
7d 膨胀率	≤最终膨胀率的 60%
最终膨胀率（21d,%）	≥220
耐热性（80℃×2h）	无流淌
低温柔性（−20℃×2h，绕 ϕ10 圆棒）	无裂纹
耐水性（浸泡 15h）	整体膨胀无碎块

B.3.4 遇水膨胀止水胶的主要物理性能应符合表 B.3.4 的要求。

表 B.3.4 遇水膨胀止水胶的主要物理性能

项目		指标	
		PJ220	PJ400
固含量（%）		≥85	
密度（g/cm^3）		规定值±0.1	
下垂度（mm）		≤2	
表干时间（h）		≤24	
7d拉伸粘结强度（MPa）		≥0.4	≥0.2
低温柔性（−20℃）		无裂纹	
拉伸性能	拉伸强度（MPa）	≥0.5	
	断裂伸长率（%）	≥400	
体积膨胀倍率（%）		≥220	≥400
长期浸水体积膨胀倍率保持率（%）		≥90	
抗水压（MPa）		1.5，不渗水	2.5，不渗水

B.3.5 弹性橡胶密封垫材料的主要物理性能应符合表 B.3.5 的要求。

表 B.3.5 弹性橡胶密封垫材料的主要物理性能

项目		指标	
		氯丁橡胶	三元乙丙橡胶
硬度（邵尔 A，度）		45±5～60±5	55±5～70±5
伸长率（%）		≥350	≥330
拉伸强度（MPa）		≥10.5	≥9.5
热空气老化（70℃×96h）	硬度变化值（邵尔 A，度）	≤+8	≤+6
	拉伸强度变化率（%）	≥−20	≥−15
	扯断伸长率变化率（%）	≥−30	≥−30
压缩永久变形（70℃×24h，%）		≤35	≤28
防霉等级		达到与优于 2 级	达到与优于 2 级

注：以上指标均为成品切片测试的数据，若只能以胶料制成试样测试，则其伸长率、拉伸强度应达到本指标的 120%。

B.3.6 遇水膨胀橡胶密封垫胶料的主要物理性能应符合表B.3.6的要求。

表B.3.6 遇水膨胀橡胶密封垫胶料的主要物理性能

项目		指标			
		PZ-150	PZ-250	PZ-400	PZ-600
硬度（邵尔A，度）		42±7	42±7	45±7	48±7
拉伸强度（MPa）		≥3.5	≥3.5	≥3.0	≥3.0
扯断伸长率（%）		≥450	≥450	≥350	≥350
体积膨胀倍率（%）		≥150	≥250	≥400	≥600
反复浸水试验	拉伸强度（MPa）	≥3	≥3	≥2	≥2
	扯断伸长率（%）	≥350	≥350	≥250	≥250
	体积膨胀倍率（%）	≥150	≥250	≥300	≥500
低温弯折（−20℃×2h）		无裂纹			
防霉等级		达到与优于2级			

注：1 PZ-×××是指产品工艺为制品型，按产品在静态蒸馏水中的体积膨胀倍率（即浸泡后的试样质量与浸泡前的试样质量的比率）划分的类型；
2 成品切片测试应达到本指标的80%；
3 接头部位的拉伸强度指标不得低于本指标的50%。

B.4 其他防水材料的质量指标

B.4.1 防水砂浆的主要物理性能应符合表B.4.1的要求。

表B.4.1 防水砂浆的主要物理性能

项目	指标	
	掺外加剂、掺和料的防水砂浆	聚合物水泥防水砂浆
粘结强度（MPa）	>0.6	>1.2
抗渗性（MPa）	≥0.8	≥1.5
抗折强度（MPa）	同普通砂浆	≥8.0
干缩率（%）	同普通砂浆	≤0.15
吸水率（%）	≤3	≤4
冻融循环（次）	>50	>50
耐碱性	10%NaOH溶液浸泡14d无变化	—
耐水性（%）	—	≥80

注：耐水性指标是指砂浆浸水168h后材料的粘结强度及抗渗性的保持率。

B.4.2 塑料防水板的主要物理性能应符合表 B.4.2 的要求。

表 B.4.2 塑料防水板的主要物理性能

项目	指标			
	乙烯—醋酸乙烯共聚物	乙烯—沥青共混聚合物	聚氯乙烯	高密度聚乙烯
拉伸强度（MPa）	≥16	≥14	≥10	≥16
断裂延伸率（%）	≥550	≥500	≥200	≥550
不透水性（120min，MPa）	≥0.3	≥0.3	≥0.3	≥0.3
低温弯折性（℃）	−35，无裂纹	−35，无裂纹	−20，无裂纹	−35，无裂纹
热处理尺寸变化率（%）	≤2.0	≤2.5	≤2.0	≤2.0

B.4.3 膨润土防水毯的主要物理性能应符合表 B.4.3 的要求。

表 B.4.3 膨润土防水毯的主要物理性能

项目		指标		
		针刺法钠基膨润土防水毯	刺覆膜法钠基膨润土防水毯	胶粘法钠基膨润土防水毯
单位面积质量（干重，g/m^2）		≥4000		
膨润土膨胀指数（mL/2g）		≥24		
拉伸强度（N/100mm）		≥600	≥700	≥600
最大负荷下伸长率（%）		≥10	≥10	≥8
剥离强度	非织造布—编织布（N/100mm）	≥40	≥40	—
	PE 膜—非织造布（N/100mm）	—	≥30	—
渗透系数（m/s）		$\leqslant 5.0\times10^{-11}$	$\leqslant 5.0\times10^{-12}$	$\leqslant 1.0\times10^{-12}$
滤失量（mL）		≤18		
膨润土耐久性（mL/2g）		≥20		

附录C　地下工程用防水材料标准及进场抽样检验

C.0.1　地下工程用防水材料标准应按表C.0.1的规定选用。

表C.0.1　地下工程用防水材料标准

类别	标准名称	标准号
防水卷材	1　聚氯乙烯（PVC）防水卷材	GB 12952
	2　高分子防水材料　第1部分：片材	GB 18173.1
	3　弹性体改性沥青防水卷材	GB 18242
	4　改性沥青聚乙烯胎防水卷材	GB 18967
	5　带自粘层的防水卷材	GB/T 23260
	6　自粘聚合物改性沥青防水卷材	GB 23441
	7　预铺/湿铺防水卷材	GB/T 23457
防水涂料	1　聚氨酯防水涂料	GB/T 19250
	2　聚合物乳液建筑防水涂料	JC/T 864
	3　聚合物水泥防水涂料	GB/T 23445
	4　建筑防水涂料用聚合物乳液	JC/T 1017
密封材料	1　聚氨酯建筑密封膏	JC/T 482
	2　聚硫建筑密封膏	JC/T 483
	3　混凝土建筑接缝用密封膏	JC/T 881
	4　丁基橡胶防水密封胶粘带	JC/T 942
其他防水材料	1　高分子防水材料　第2部分：止水带	GB 18173.2
	2　高分子防水材料　第3部分：遇水膨胀橡胶	GB 18173.3
	3　高分子防水卷材胶粘剂	JC/T 863
	4　沥青基防水卷材用基层处理剂	JC/T 1069
	5　膨润土橡胶遇水膨胀止水条	JG/T 141
	6　遇水膨胀止水胶	JG/T 312
	7　钠基膨润土防水毯	JG/T 193

续表 C.0.1

类别	标准名称	标准号
刚性防水材料	1 水泥基渗透结晶型防水材料 2 砂浆、混凝土防水剂 3 混凝土膨胀剂 4 聚合物水泥防水砂浆	GB 18445 JC/T 474 GB/T 23439 JC/T 984
防水材料试验方法	1 建筑防水卷材试验方法 2 建筑胶粘剂试验方法 3 建筑密封材料试验方法 4 建筑防水涂料试验方法 5 建筑防水材料老化试验方法	GB/T 328 GB/T 12954 GB/T 13477 GB/T 16777 GB/T 18244

C.0.2 建筑防水工程材料的现场抽样复验应符合表 C.0.2 的规定。

表 C.0.2 建筑防水工程材料的现场抽样复验

序号	材料名称	现场抽样数量	外观质量检验	物理性能检验
1	高聚物改性沥青防水卷材	大于 1000 卷抽 5 卷，每 500～1000 卷抽 4 卷，100～499 卷抽 3 卷，100 卷以下抽 2 卷，进行规格尺寸和外观质量检验。在外观质量检验合格的卷材中，任取一卷作物理性能检验	断裂、折皱、孔洞、剥离、边缘不整齐，胎体露白、未浸透，撒布材料粒度、颜色，每卷卷材的接头	可溶物含量，拉力，延伸率，低温柔度，热老化后低温柔度，不透水性
2	合成高分子类防水卷材	大于 1000 卷抽 5 卷，每 500～1000 卷抽 4 卷，100～499 卷抽 3 卷，100 卷以下抽 2 卷，进行规格尺寸和外观质量检验。在外观质量检验合格的卷材中，任取一卷作物理性能检验	折痕、杂质、胶块、凹痕，每卷卷材的接头	断裂拉伸强度，断裂伸长率，低温弯折性，不透水性，撕裂强度

续表 C.0.2

序号	材料名称	现场抽样数量	外观质量检验	物理性能检验
3	有机防水涂料	每 5t 为一批，不足 5t 按一批抽样	均匀黏稠体，无凝胶，无结块	潮湿基面粘结强度，涂膜抗渗性，浸水 168h 后拉伸强度，浸水 168h 后断裂伸长率，耐水性
4	无机防水涂料	每 10t 为一批，不足 10t 按一批抽样	液体组分：无杂质、凝胶的均匀乳液； 固体组分：无杂质、结块的粉末	抗折强度，粘结强度，抗渗性
5	膨润土防水材料	每 100 卷为一批，不足 100 卷按一批抽样；100 卷以下抽 5 卷，进行尺寸偏差和外观质量检验。在外观质量检验合格的卷材中，任取一卷作物理性能检验	表面平整，厚度均匀，无破洞、破边，无残留断针，针刺均匀	单位面积质量，膨润土膨胀指数，渗透系数、滤失量
6	混凝土建筑接缝用密封胶	每 2t 为一批，不足 2t 按一批抽样	细腻、均匀膏状物或黏稠液体，无气泡、结皮和凝胶现象	流动性、挤出性、定伸粘结性
7	橡胶止水带	每月同标记的止水带产量为一批抽样	尺寸公差；开裂，缺胶，海绵状，中心孔偏心，凹痕，气泡，杂质，明疤	拉伸强度，扯断伸长率，撕裂强度

续表 C.0.2

序号	材料名称	现场抽样数量	外观质量检验	物理性能检验
8	腻子型遇水膨胀止水条	每 5000m 为一批，不足 5000m 按一批抽样	尺寸公差；柔软、弹性匀质，色泽均匀，无明显凹凸	硬度，7d 膨胀率，最终膨胀率，耐水性
9	遇水膨胀止水胶	每 5t 为一批，不足 5t 按一批抽样	细腻、黏稠、均匀膏状物，无气泡、结皮和凝胶	表干时间，拉伸强度，体积膨胀倍率
10	弹性橡胶密封垫材料	每月同标记的密封垫材料产量为一批抽样	尺寸公差；开裂，缺胶，凹痕，气泡，杂质，明疤	硬度，伸长率，拉伸强度，压缩永久变形
11	遇水膨胀橡胶密封垫胶料	每月同标记的膨胀橡胶产量为一批抽样	尺寸公差；开裂，缺胶，凹痕，气泡，杂质，明疤	硬度，拉伸强度，扯断伸长率，体积膨胀倍率，低温弯折
12	聚合物水泥防水砂浆	每 10t 为一批，不足 10t 按一批抽样	干粉类：均匀，无结块； 乳胶类：液料经搅拌后均匀无沉淀，料粉均匀、无结块	7d 粘结强度，7d 抗渗性，耐水性

附录D　地下防水工程渗漏水调查与检测

D.1　渗漏水调查

D.1.1　明挖法地下工程应在混凝土结构和防水层验收合格以及回填土完成后，即可停止降水；待地下水位恢复至自然水位且趋向稳定时，方可进行地下工程渗漏水调查。

D.1.2　地下防水工程质量验收时，施工单位必须提供“结构内表面的渗漏水展开图”。

D.1.3　房屋建筑地下工程应调查混凝土结构内表面的侧墙和底板。地下商场、地铁车站、军事地下库等单建式地下工程，应调查混凝土结构内表面的侧墙、底板和顶板。

D.1.4　施工单位应在“结构内表面的渗漏水展开图”上标示下列内容：

1　发现的裂缝位置、宽度、长度和渗漏水现象；

2　经堵漏及补强的原渗漏水部位；

3　符合防水等级标准的渗漏水位置。

D.1.5　渗漏水现象的定义和标识符号，可按表D.1.5选用。

表D.1.5　渗漏水现象的定义和标识符号

渗漏水现象	定义	标识符号
湿渍	地下混凝土结构背水面，呈现明显色泽变化的潮湿斑	#
渗水	地下混凝土结构背水面有水渗出，墙壁上可观察到明显的流挂水迹	○
水珠	地下混凝土结构背水面的顶板或拱顶，可观察到悬垂的水珠，其滴落间隔时间超过1min	◇
滴漏	地下混凝土结构背水面的顶板（拱顶），渗漏水的滴落速度至少为1滴/min。	▽
线漏	地下混凝土结构背水面，呈渗漏成线或喷水状态	↓

D. 1. 6 “结构内表面的渗漏水展开图”应经检查、核对后，施工单位归入竣工验收资料。

D. 2 渗漏水检测

D. 2. 1 当被验收的地下工程有结露现象时，不宜进行渗漏水检测。

D. 2. 2 渗漏水检测工具宜按表 D. 2. 2 使用。

表 D. 2. 2 渗漏水检测工具

名 称	用 途
钢直尺	量测混凝土湿渍、渗水范围
精度为的钢尺	量测混凝土裂缝宽度
放大镜	观测混凝土裂缝
有刻度的塑料量筒	量测滴水量
秒表	量测渗漏水滴落速度
吸墨纸或报纸	检验湿渍与渗水
粉笔	在混凝土上用粉笔勾画湿渍、渗水范围
工作登高扶梯	顶板渗漏水，混凝土裂缝检查
带有密封缘口的规定尺寸方框	量测明显滴漏和连续渗流，根据工程需要可自行设计

D. 2. 3 房屋建筑地下工程渗漏水检测应符合下列规定：

1 湿渍检测时，检查人员用干手触摸湿斑，无水分浸润感觉。用吸墨纸或报纸贴附，纸不变颜色。要用粉笔勾画出湿渍范围，然后用钢尺测量并计算面积，标示在“结构内表面的渗漏水展开图”上。

2 渗水检测时，检查人员用干手触摸可感觉到水分浸润，手上会沾有水分。用吸墨纸或报纸贴附，纸会浸润变颜色。要用粉笔勾画出渗水范围，然后用钢尺测量并计算面积，标示在“结构内表面的渗漏水展开图”上。

3 通过集水井积水，检测在设定时间内的水位上升数值，计算渗漏水量。

D.2.4 隧道工程渗漏水检测应符合下列规定：

1 隧道工程的湿渍和渗水应按房屋建筑地下工程渗漏水检测。

2 隧道上半部的明显滴漏和连续渗流，可直接用有刻度的容器收集量测，或用带有密封缘口的规定尺寸方框，安装在规定量测的隧道内表面，将渗漏水导入量测容器内，然后计算 24h 的渗漏水量，标示在“结构内表面的渗漏水展开图”上。

3 若检测器具或登高有困难时，允许通过目测计取每分钟或数分钟内的滴落数目，计算出该点的渗漏量。通常，当滴落速度 3 滴/min～4 滴/min 时，24h 的渗水量就是 1L。当滴落速度大于 300 滴/min，则形成连续线流。

4 为使不同施工方法、不同长度和断面尺寸隧道的渗漏水状况能够相互加以比较，必须确定一个具有代表性的标准单位。渗漏水量的单位通常使用“L/（m^2·d)”。

5 未实施机电设备安装的区间隧道验收，隧道内表面的计算应为横断面的内径周长乘以隧道长度，对盾构法隧道不计取管片嵌缝槽、螺栓孔盒子凹进部位等实际面积。完成了机电设备安装的隧道系统验收，隧道内表面积的计算应为横断面的内径周长乘以隧道长度，不计取凹槽、道床、排水沟等实际面积。

6 隧道渗漏水量的计算可通过集水井积水，检测在设定时间内的水位上升数值，计算渗漏水量；或通过隧道最低处积水，检测在设定时间内的水位上升数值，计算渗漏水量；或通过隧道内设量水堰，检测在设定时间内的水流量，计算渗漏水量；或者通过隧道专用排水泵运转，检测在设定时间内排水量，计算渗漏水量。

D.3 渗漏水检测记录

D.3.1 地下工程渗漏水调查与检测，应由施工单位项目技术负责人组织质量员、施工员实施。施工单位应填写地下工程渗漏水检测记录，并签字盖章；监理单位或建设单位应在记录上填写处理意见与结论，并签字盖章。

D.3.2 地下工程渗漏水检测记录应按表 D.3.2 填写。

表 D.3.2 地下工程渗漏水检测记录 m²

<table>
<tr><td>工程名称</td><td colspan="2"></td><td>结构类型</td><td colspan="2"></td></tr>
<tr><td>防水等级</td><td colspan="2"></td><td>检测部位</td><td colspan="2"></td></tr>
<tr><td rowspan="3">渗漏水量检测</td><td colspan="5">单个湿渍的最大面积 m²；总湿渍面积 m²</td></tr>
<tr><td colspan="5">2 每 100m²的渗水量 L/(m²·d)；
整个工程平均渗水量 L/(m²·d)</td></tr>
<tr><td colspan="5">3 单个漏水点的最大漏水量 L/d；整个工程平均漏水量 L/d</td></tr>
<tr><td>结构内表面的渗漏水展开图</td><td colspan="5">（渗漏水现象用标识符号描述）</td></tr>
<tr><td>处理意见与结论</td><td colspan="5">（按地下工程防水等级标准）</td></tr>
<tr><td rowspan="3">会签栏</td><td rowspan="2">监理或建设单位(签章)</td><td colspan="4">施工单位(签章)</td></tr>
<tr><td colspan="2">项目技术负责人</td><td>质量员</td><td>施工员</td></tr>
<tr><td>年 月 日</td><td colspan="2">年 月 日</td><td></td><td></td></tr>
</table>

附录E　防水卷材接缝粘结质量验收

E.1　胶粘剂的剪切性能试验方法

E.1.1　试验制备应符合下列规定：

1　防水卷材表面处理和胶粘剂的使用方法，均按生产企业的技术要求进行；试验粘合时应用手辊反复压实，排除气泡。

2　卷材—卷材拉伸剪切强度试样应将与胶粘剂配套的卷材沿纵向裁取300mm×200mm试片2块，用毛刷在每块试片涂刷胶粘剂样品，涂胶面100mm×300mm，按图E.1.1(a)进行粘合，在粘合的试样上裁取5个宽度为(50±1)mm的试件。

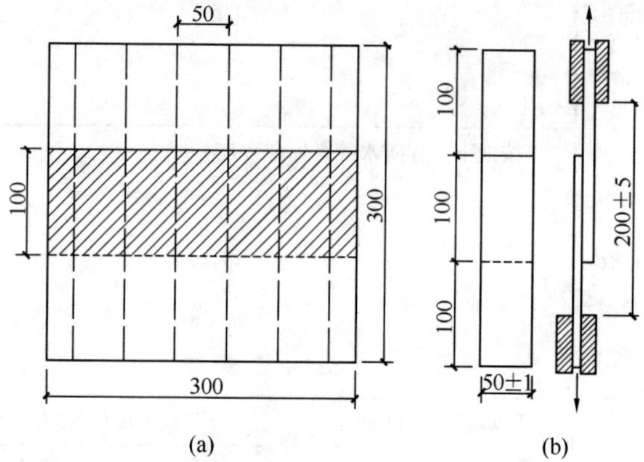

图E.1.1　卷材—卷材拉伸剪切强度试样及试验

E.1.2　试验条件应符合下列规定：

1　标准试验条件应为温度(23±2)℃和相对湿度(30～70)%。

2　拉伸试验机应有足够的承载能力，不应小于2000N，夹具拉伸速度为(100±10)mm/min，夹持宽度不应小于50mm，并配有记录装置。

3 试样应在标准试验条件下放置至少 20h。

E.1.3 试验程序应符合下列规定

1 试件应稳固地放入拉伸试验机的夹具中试件的纵向轴线应与拉伸试验机及夹具的轴线重合。夹具内侧间距为(200±5)mm 试件不应承受预荷载，如图 E.1.1（b）所示。

2 在标准试验条件下，拉伸速度应为(100±10)mm/min，记录试件拉力最大值和破坏形式。

E.1.4 试验结果应符合下列规定：

1 每个试件的拉伸剪切强度应按式（E.1.4）计算，并精确到 0.1N/mm。

$$\sigma = P/b \qquad \text{(E.1.4)}$$

式中：σ——拉伸剪切强度（N/mm）；

P——最大拉伸剪切力（N）

b——试件粘合面宽度 50mm。

2 计算试验结果时，应舍去试件距拉伸试验机夹具 10mm 范围内的破坏及从拉伸试验机夹具中滑移超过 2mm 的数据，用备用试件重新试验。

3 试验结果应以每组 5 个试件的算术平均值表示。

4 在拉伸剪切时，若试件都是卷材断裂，则应报告为卷材破坏。

E.2 胶粘剂的剥离性能试验方法

E.2.1 试样制备应符台下列规定：

1 防水卷材表面处理和胶粘剂的使用方法，均按生产企业提供的技术要求进行；试验粘合时应用手辊反复压实，排除气泡。

2 卷制—卷剥离高强度试样应将与胶粘剂配套的卷材纵向 300mm×200mm 试片 2 块，按图 E.2.1（a）所示，用胶粘剂进行粘结，在粘合的试样上截取 5 个宽度为（50±1）mm 的试件。

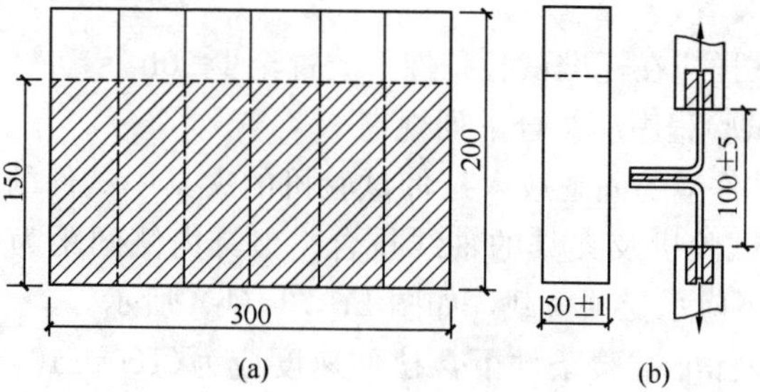

图 E. 2. 1　卷材—卷材剥离强度试样及试验

E. 2. 2　试验条件应按本规定第 E. 1. 2 条的规定执行。

E. 2. 3　试验程序应符合下列规定：

1　将试件未胶接一端分开，试件应稳固地放入拉伸试验机的夹具中，试件的纵向轴线应与拉伸试验机、夹具的轴线重合。夹具内侧间距宜为(100±5)mm，试件不应承受预荷载，如图 E. 2. 1（b）所示。

2　在标准试验条件下，拉伸试验机应以(100±10)mm/min 的拉伸速度将试件分离。

3　试验结果应连续记录直至试件分离，并应在报告中说明破坏形式，即粘附破坏、内聚破坏或卷材破坏。

E. 2. 4　试验结果应符合下列规定：

1　每个试件应从剥离力和剥离长度的关系曲线上记录最大的剥离力，并按式（E. 2. 4）计算最大剥离强度。

$$\sigma_T = F/B \tag{E. 2. 4}$$

式中：σ_T——最大剥离强度（N/50mm）；

E——最大的剥离力（N）；

B——试件粘合面宽度 50mm。

2　计算试验结果时，应舍去试件距拉伸试验机夹具 10mm 范围内的破坏及从拉伸试验机夹具中滑移超过 2mm 的数据，用备用试件重新试验。

3　每个试件在至少 100mm 剥离长度内，由作用于试件中间 1/2 区域内 10 个分点处的剥离力的平均值，计算平均剥离强度。

4 试验结果应以每组 5 个试件的算术平均值表示。

E.3 胶粘带的剪切性能试验方法

E.3.1 试样制备应符合下列规定

1 防水卷材试样应沿卷材纵向采取尺寸 150mm×25mm，胶粘带宽度不足 25mm，按胶粘带宽度裁样。

2 双面胶粘带拉伸剪切强度试样应用丙酮等适用的清洁剂适用的溶剂清洁基础材料的粘界面。从三卷双面胶粘带上分别取试样，尺寸分别为 100mm×25mm。按图 E.3.1 将胶粘带试样无隔离纸的一面粘贴在防水卷材上。揭去胶粘带试样上的隔离纸，在防水卷材的胶粘带试样的另一面粘贴防水卷材，然后用压辊反复滚压 3 次。

3 按上述方法制备防水卷材试样 5 个。

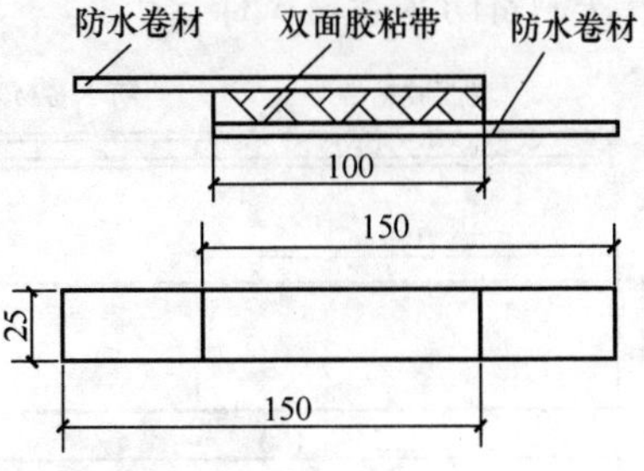

图 E.3.1 双面胶粘带拉伸剪切强度试样

E.3.2 试验条件应符合下列规定：

1 标准试验条件应为温度(23±2)℃和相对湿度(30～70)%。

2 拉伸试验机应有足够的承载能力，不应小于 2000N，夹具拉伸速度为(100±10)mm/min，夹持宽度不应小于 50mm，并配有记录装置。

3　压辊质量为(2000±50)g，钢轮直径×宽度为84mm×45mm，包覆橡胶硬度(邵尔A型)为80°±5°，厚度为6mm；

4　试样应在标准试验条件下放置至少20h。

E.3.3　试验程序应按照本标准E.1.3条的规定执行。

E.3.4　试验程序应按照本标准E.1.4条的规定执行。

E.4　胶粘带的剥离性能试验方法

E.4.1　试样制备应符合以下规定：

1　防水卷材试样应沿卷材纵向裁取尺寸150mm×25mm，胶粘带宽度不足25mm，按胶粘宽度裁样。

2　双面胶粘带剥离强度试样应用丙酮等适用的溶剂清洁基材的粘结面。从三卷双面胶粘带上分别取试样，尺寸为100mm×25mm。按图E.4.1将胶粘带试样无隔离纸的一面粘贴在防水卷材上。揭去粘胶带试样上的隔离纸，在防水卷材的胶粘带试样的另一面粘贴防水卷材，然后用压辊反复滚压3次。

3　按上述方法制备防水卷材试样5个。

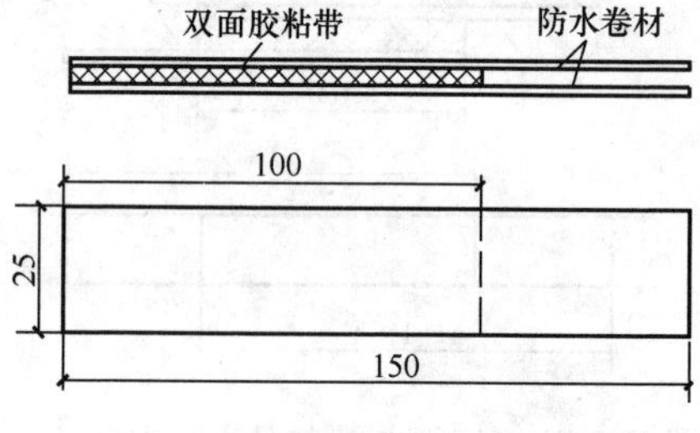

图E.4.1　双面胶粘带剥离强度试样

E.4.2　试验条件按本规范第E.3.2条的规定执行。

E.4.3　试验条件按本规范第E.2.3条的规定执行。

E.4.4　试验条件按本规范第E.2.4条的规定执行。

附录F　防水材料耐水性试验方法

F.0.1　本方法适用于防水涂膜耐水性的检测。

F.0.2　防水涂膜耐水性应通过测定试件在23℃±2℃的水中浸泡168h±2h前后，材料拉伸强度、断裂伸长率与基层粘结强度的变化。

F.0.3　耐水性检测试验步骤应符合下列规定：

1　每项指标浸水前后试件个数均不应小于6个；

2　试件制备方法应符合相关材料标准及现行国家标准《建筑防水涂料试验方法》GB/T 16777的规定；

3　浸水前的拉伸性能和粘结强度应按现行国家标准《建筑防水涂料试验方法》GB/T 16777规定的方法进行检测；

4　试件应全部浸入水中，并应定期搅拌容器中的水，试验用水应符合现行行业标准《混凝土用水标准》JGJ 63的规定；

5　浸水结束后，应取出试件，用湿抹布擦干表面明水，按现行国家标准《建筑防水涂料试验方法》GB/T 16777规定的方法分别检测拉伸强度、断裂伸长率与基层粘结强度，试验结果取所有试件的算术平均值；

6　以浸水后试验结果除以浸水前试验结果乘以100%，作为样品耐水性试验结果，数值精确到个位。

附录G　地下防水工程施工资料与记录

G.0.1　地下防水工程施工资料与记录见表G.0.1。

表G.0.1　地下防水工程施工资料与记录

资料分类	细目录名称
施工管理资料	施工图纸
	图纸会审、设计变更、洽商记录汇总表
	材料代用核定单
	地下防水深化设计资料
	地下防水施工技术方案
	技术交底记录
	工程施工日志
	专业操作上岗证
	其他施工管理资料
原材料（构配件）出厂质量证明资料	钢筋（钢丝网）质量证明文件
	水泥质量证明文件
	预拌混凝土质量证明文件
	预拌砂浆质量证明文件
	卷材防水材料质量证明文件
	涂膜防水材料质量证明文件
	塑料板防水材料质量证明文件
	金属板防水材料质量证明文件
	膨润土防水材料质量证明文件
	其他材料质量证明文件
施工试验资料	混凝土试块试验报告单
	砂浆试块试验报告单

续表 G.0.1

资料分类	细目录名称
施工试验资料	卷材防水的试验报告单
	涂膜防水的试验报告单
	塑料板防水的试验报告单
	金属板防水的试验报告单
	膨润土防水材料防水的试验报告单
	其他施工试验报告单
施工控制资料	平面放线记录
	标高抄测记录
	隐蔽工程检查验收记录
	地下防水子分部工程验收记录
	地下防水子分部工程观感检查记录
	分项工程质量验收记录
	检验批质量验收记录表
施工记录	预检记录
	班组自检记录
	工序交接检查记录
	新材料、新工艺施工记录
	混凝土坍落度测试记录
	特殊过程监控
	安全与功能抽样检验记录
	工程质量事故调（勘）查记录
	其他施工记录资料

1511230060

统一书号：15112 · 30060
定　　价：**42.00**　元

地下防水工程施工技术标准

Technical standard for underground
waterproof engineering

ZJQ08 - SGJB 208 - 2017

中国建筑第八工程局有限公司

2017 - 07 - 01 发布　　　　**2017 - 08 - 01** 实施

中国建筑工业出版社